全国优秀教材二等奖

"十四五"职业教育国家规划教材

"十二五"职业教育国家规划教材
经全国职业教育教材审定委员会审定

设备故障诊断与维修

第2版

主　编　丁加军　夏建成
参　编　庄俊东　胡天翔
主　审　张志英

U0379509

机 械 工 业 出 版 社

本书是"十四五"职业教育国家规划教材，并获首届全国优秀教材二等奖。

本书分为7个项目，35个任务，主要内容有设备故障诊断基础，设备故障诊断，机械设备的拆卸、清洗与检查，机械修理中的零件测绘，机械零件的修复，机械设备装配及检查，数控机床故障诊断与维修等。

本书既可作为高职高专院校机械设计制造类专业和机电设备类专业教材，又可作为其他层次院校机械类专业学生和相关专业工程技术人员的参考用书。

本书配有电子课件，凡使用本书作为教材的教师可登录机械工业出版社教育服务网 www.cmpedu.com 注册后下载。咨询电话：010-88379375。

图书在版编目（CIP）数据

设备故障诊断与维修/丁加军，夏建成主编 . —2 版 . —北京：机械工业出版社，2018.5（2025.1重印）

"十二五"职业教育国家规划教材　经全国职业教育教材审定委员会审定

ISBN 978-7-111-59567-0

Ⅰ.①设…　Ⅱ.①丁…②夏…　Ⅲ.①机电设备-故障诊断-高等职业教育-教材②机电设备-维修-高等职业教育-教材　Ⅳ.①TM07

中国版本图书馆 CIP 数据核字（2018）第 063270 号

机械工业出版社（北京市百万庄大街22号　邮政编码100037）
策划编辑：刘良超　　　　　　责任编辑：刘良超
责任校对：刘秀芝　刘　岚　封面设计：鞠　杨
责任印制：单爱军
北京虎彩文化传播有限公司印刷
2025 年 1 月第 2 版第 8 次印刷
184mm×260mm · 17.25 印张 · 420 千字
标准书号：ISBN 978-7-111-59567-0
定价：49.80 元

电话服务　　　　　　　　　　　网络服务
客服电话：010-88361066　　　　机 工 官 网：www.cmpbook.com
　　　　　010-88379833　　　　机 工 官 博：weibo.com/cmp1952
　　　　　010-68326294　　　　金 书 网：www.golden-book.com
封底无防伪标均为盗版　　　　机工教育服务网：www.cmpedu.com

关于"十四五"职业教育
国家规划教材的出版说明

为贯彻落实《中共中央关于认真学习宣传贯彻党的二十大精神的决定》《习近平新时代中国特色社会主义思想进课程教材指南》《职业院校教材管理办法》等文件精神，机械工业出版社与教材编写团队一道，认真执行思政内容进教材、进课堂、进头脑要求，尊重教育规律，遵循学科特点，对教材内容进行了更新，着力落实以下要求：

1. 提升教材铸魂育人功能，培育、践行社会主义核心价值观，教育引导学生树立共产主义远大理想和中国特色社会主义共同理想，坚定"四个自信"，厚植爱国主义情怀，把爱国情、强国志、报国行自觉融入建设社会主义现代化强国、实现中华民族伟大复兴的奋斗之中。同时，弘扬中华优秀传统文化，深入开展宪法法治教育。

2. 注重科学思维方法训练和科学伦理教育，培养学生探索未知、追求真理、勇攀科学高峰的责任感和使命感；强化学生工程伦理教育，培养学生精益求精的大国工匠精神，激发学生科技报国的家国情怀和使命担当。加快构建中国特色哲学社会科学学科体系、学术体系、话语体系。帮助学生了解相关专业和行业领域的国家战略、法律法规和相关政策，引导学生深入社会实践、关注现实问题，培育学生经世济民、诚信服务、德法兼修的职业素养。

3. 教育引导学生深刻理解并自觉实践各行业的职业精神、职业规范，增强职业责任感，培养遵纪守法、爱岗敬业、无私奉献、诚实守信、公道办事、开拓创新的职业品格和行为习惯。

在此基础上，及时更新教材知识内容，体现产业发展的新技术、新工艺、新规范、新标准。加强教材数字化建设，丰富配套资源，形成可听、可视、可练、可互动的融媒体教材。

教材建设需要各方的共同努力，也欢迎相关教材使用院校的师生及时反馈意见和建议，我们将认真组织力量进行研究，在后续重印及再版时吸纳改进，不断推动高质量教材出版。

机械工业出版社

前　　言

本书是"十四五"职业教育国家规划教材，并获首届全国优秀教材二等奖。

开展设备故障诊断与维修工作的直接目的和基本任务之一，就是预防和排除事故，保证人身和设备的安全。开展设备故障诊断工作能推动设备维修制度的改革，变事后维修制度为预防维修制度或预知维修制度，减少可能发生的事故损失和延长检修周期所带来的维修费用等，从而带来可观的经济效益。

人们可以运用当代一些科技新成就发现设备的隐患，对设备事故防患于未然。近年来，设备故障诊断技术发展十分迅速，已对保障生产安全，提高生产率起到了良好的作用，同时也成了现代设备管理与维修人员必备的基础知识。

为更好地使设备服务于生产，设备维修管理人员须建立维护保养制度，提高设备完好率；研究故障现象，探究故障机理，诊断故障原因，追寻故障源；拆卸机械设备，验证故障部件和零件；测绘损伤零件，确定修复方案；选择修复方法，降低维修成本；检查零件、装配恢复设备，验证设备功能；了解设备采购、安装、验收流程，制订维修计划，保障企业生产。

本书按设备故障诊断与维修流程选择了设备故障诊断基础，设备故障诊断，机械设备的拆卸、清洗与检查，机械修理中的零件测绘，机械零件的修复，机械设备装配及检查，数控机床故障诊断与维修7个项目，共计35个任务，按工作流程展开教学内容，通过知识准备、任务实施、知识拓展等环节串联，结合机修钳工应知知识、应会技能，整合教材内容。

将设备维修保养制度、维修计划、设备采购、安装、验收等设备管理工作内容融合在各项目的内容中，力求使读者了解更多的企业设备管理信息。

项目1介绍设备故障诊断基础知识，项目3、项目4、项目6、项目7以普通机床、数控机床为教学载体，项目2、项目5以常用机械设备为教学载体。任务安排按部件、零件种类或修复方法展开，任务实施以工作过程为导向，设有学习目标、知识目标、能力目标、任务描述和任务分析等环节，方便读者把握重点和难点。

本书介绍了故障的振动诊断技术、油样声光诊断技术、红外测温技术及数控机床可靠性评价方法，介绍了锥齿轮测绘、滚动轴承预紧、滚珠丝杠预紧、齿轮消隙、导轨贴塑、机床几何精度检测工具、数控机床定位精度测试、数控机床"交钥匙工程"等实用技术，可供设备维修管理人员参考。

本书由南京工业职业技术学院丁加军、夏建成任主编，庄俊东、胡天翔参加编写。具体编写分工为：项目1、项目6、项目7由丁加军编写；项目2、项目4由夏建成编写；项目3由丁加军、胡天翔编写；项目5由庄俊东、丁加军编写。南京数控机床有限公司张志英审阅了本书并提出了宝贵意见，在此表示感谢。

由于编者水平有限，书中不妥之处在所难免，恳请读者批评指正。

编　者

目　录

项目1　设备故障诊断基础

【学习目标】

在设备故障诊断与维修中，研究故障的目的是要查明故障模式，追寻故障机理，探求减少故障发生的方法，建立科学的维护与维修制度，提高机电设备的可靠程度和有效利用率。学习设备故障诊断与维修的基础知识，了解机械设备维护保养与维修制度，能够为学生从事企业机械设备维修与管理工作打下良好的基础。

【知识目标】

1）了解故障、故障率的基本概念。

2）掌握故障分析理论与故障诊断方法。

3）了解机械设备维护与管理制度。

【能力目标】

1）设备可靠性评价。

2）设备故障诊断。

3）设备维修计划制订。

4）设备故障诊断与维修。

任务1　设备可靠性评价

【任务描述】

设备的可靠性是设备应用与推广的前提，了解数控机床可靠性评价方法与指标，科学地评价设备的可靠性是设备维修管理人员的基本技能。

【任务分析】

1）了解故障、故障率的基本概念。

2）掌握设备故障诊断方法。

3）评价设备可靠性。

【知识准备】

1. 故障

在机电设备维修中，研究故障的目的是要查明故障模式，追寻故障机理，探求减少故障发生的方法，提高机电设备的可靠程度和有效利用率。同时，把故障的影响和结果反映给设计和制造部门，以便采取对策。

故障是指整机或零部件在规定的时间和使用条件下不能完成规定的功能，或技术经济指标偏离了它的正常状况，但在某种情况下尚能维持一段时间工作，若不能得到妥善处理将导致事故。例如：某些零部件损坏、磨损超限、焊缝开裂、螺栓松动，使工作能力丧失；发动机的功率降低；传动系统失去平衡和噪声增大；工作机构的工作能力下降；燃料和润滑油的消耗增加等，当其超出了规定的指标时，即发生了故障。

对于故障，应明确以下几点：

（1）规定的对象　对象是指一台单机、由某些单机组成的系统或机械设备上的某个零部件。不同的对象在同一时间将有不同的故障状况，例如：在一条自动化流水线上，某一单机的故障足以造成整条自动线系统功能的丧失；但在机群式布局的车间里，就不能认为某一单机的故障与全车间的故障相同。

（2）规定的时间　发生故障的可能性随时间的延长而增大。时间除了直接用年、月、日、时等作单位外，还可用机械设备的运转次数、里程、周期作单位。例如：车辆等用行驶的里程；齿轮用它承受载荷的循环次数等。

（3）规定的条件　这是指机械设备运转时的使用维护条件、人员操作水平、环境条件等。不同的条件将导致不同的故障。

（4）规定的功能　它是针对具体问题而言，例如：同一状态的车床，进给丝杠的损坏对加工螺纹而言是发生了故障；但对加工端面来说却不算发生故障，因为这两种情况所需车床的功能项目不同。

（5）一定的故障程度　即从定量的角度来估计功能丧失的严重性。

在生产实践中，为概括所有可能发生的事件，给故障下了一个广泛的定义，即"故障是不合格的状态"。

机电设备的故障必定表现为一定的物质状况及特征，它们反映出物理的、化学的异常现象，并导致功能的丧失。这些物质状况的特征称为故障模式，需要通过人的感官或测量仪器得到，相当于医学上的"病症"。

2. 故障率

故障率是指在每一个时间增量里产生故障的次数，或在时间 t 之前尚未发生故障，而在随后的 dt 时间内可能发生的故障的条件概率，用 $\lambda(t)$ 表示，其数学关系式为：

$$\lambda(t) = f(t)/R(t) \tag{1-1}$$

该式说明故障率为某一瞬时可能发生的故障相对于该瞬时无故障概率之比。

（1）故障率的类型　根据不同的变化规律，故障率可分为四种类型。

1）常数型。故障率基本保持不变，是一个常数，它不随时间而变化。此时的机械设备或零部件均未达到使用寿命，不易发生故障。但因某种原因也会导致发生故障，且有随机性。在严格操作、加强维护保养的情况下将随时排除故障，因此故障率很小。这是最常见的一种类型，见图 1-1 所示。

2）负指数型。又称为渐减型。由于使用了质量粗劣的零件，或制造中工艺疏忽，或装配质量不高，还有设计、保管、运输、操作等方面的原因，使机械设备投入运转的初期故障率很高，即有一个早期故障期。随着时间的推移，经过运转、磨合、调整，故障逐个暴露，并一个个排除后，故障率由高逐渐降低，并趋于稳定，成为负指数型故障率曲线，如图 1-2 所示。

3）正指数型。又称为渐增型。机械设备或零部件随着时间的增长，逐渐发生磨损、腐蚀、疲劳等，故障急剧增多，其故障率曲线是正指数型，如图 1-3 所示。

4）浴盆曲线型。机械设备或零部件发生故障，包括前述的三种类型，由三条曲线叠加而成一条浴盆曲线，如图 1-4 所示。

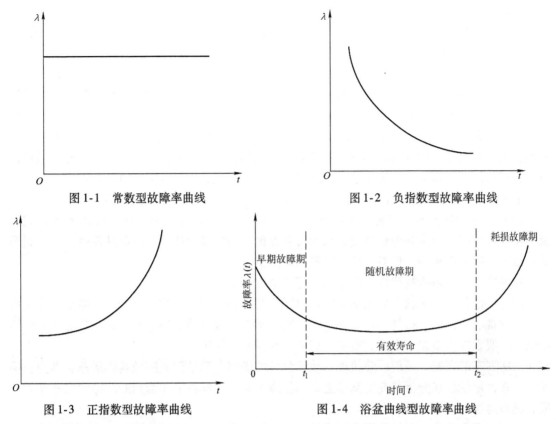

图 1-1　常数型故障率曲线　　　　　　　　　图 1-2　负指数型故障率曲线

图 1-3　正指数型故障率曲线　　　　　　　　图 1-4　浴盆曲线型故障率曲线

浴盆曲线型是最常见的一种故障率类型。曲线划分成早期故障期（初始故障）、随机故障期（偶发故障）、耗损故障期（衰老故障）三个阶段。

① 早期故障期（$0 \leqslant t \leqslant t_1$）。它相当于机电设备安装试车后，经过磨合、调整将进入正常工作阶段。若进行大修或技术改造后，早期故障期将再次出现。

② 随机故障期（$t_1 \leqslant t \leqslant t_2$）。此时期故障率较低且稳定，是设备的最佳工作期。

③ 耗损故障期（$t_2 \leqslant t \leqslant T_i$）。$T_i$ 为两次大修间的正常工作时间。大多数的机械设备或零部件经长期运转，磨损严重，增加了产生故障的机会。因此，应在这一时期出现前进行预防维修，或在这一时期刚出现时就进行小修，防止故障大量出现，降低故障率和减少维修工作量。

（2）平均故障间隔时间（MTBF）　它是可修复的机械设备和零部件在相邻两次故障间隔内正常工作时的平均时间。例如某机械设备第一次工作了 1000h 后发生了故障，第二次工作了 2000h 后发生了故障，第三次工作了 2400h 之后又发生故障，则该机械设备的平均故障间隔时间为：

$$(1000 + 2000 + 2400)h \div 3 = 1800h$$

平均故障间隔时间越长，说明越可靠。

平均故障间隔时间可用公式表示

$$\mathrm{MTBF} = \theta = \frac{\sum\limits_{i=1}^{n} \Delta t_i}{n} \tag{1-2}$$

式中　θ——平均故障间隔时间；

　　Δt_i——第 i 次故障前的无故障工作时间，也可用两次大修间的正常工作时间 T_i，代替；

　　n——发生故障的总次数。

3. 故障分析

故障理论揭示了设备在使用过程中的运动规律，它包括故障统计分析（即故障宏观理论）和故障物理分析（即故障微观理论）。

（1）故障统计分析　它是应用可靠性理论，运用统计技术和方法，从宏观现象上，定性地和定量地描述分析设备运动过程的模型、特点和规律性。显然，故障统计分析可以对设备进行规律性的大致描述，提供信息，反映主要故障问题，但不能揭示事物的根本性质。

故障统计分析包括故障的分类、故障分布和特征量、故障的逻辑决断等。

（2）故障物理分析　它是以机械设备在各种不同使用条件下发生的各种故障为研究对象，用先进的测试技术和理化方法，从微观和亚微观的角度分析研究故障从发生、发展到形成的过程，故障的机理、形态、规律及其影响因素。

故障物理分析包括故障机理和故障形态两个方面。

故障机理是研究机械设备发生故障的原因及其发展规律，即劣化理论。故障机理往往由于机械设备、零部件、材料、使用环境的差别而不同，很难扼要地把它说清，只能作简单地归纳，一般表现为断裂、磨损、变形、疲劳、腐性和氧化等。

故障形态的研究，是把故障机理和故障分析的研究，归结到故障的具体形态、类型和模式上。在大量统计和分析研究的基础上，用故障单元的外部特征作为判断故障内在联系的依据，具有鲜明、直观的特点。

故障机理和故障类型的分析是维修策略，包括维修方式、管理体制、改造和更新等的决策依据，是维修技术的基础理论，对维修技术的应用和发展有重要的影响。

4. 故障诊断

机械故障诊断的基本方法可按不同的观点来分类，分类方法有两种：一是按机械故障诊断方法的难易程度分类，可分为简易诊断法和精密诊断法；二是按机械故障诊断的测试手段来分类，主要分为直接观察法、振动噪声测试法、无损检测法、磨损残余物测定法和机器性能参数测定法。下面分别叙述这些方法。

（1）简易诊断法　简易诊断法是采用便携式的简易诊断仪器，如测振仪、声级计、工业内窥镜、红外测温仪对设备进行人工巡回监测，根据设定的标准或人的经验分析，了解设备是否处于正常状态。若发现异常则通过监测数据进一步了解其发展的趋势。因此，简易诊断法主要解决的是状态监测和一般的趋势预报问题。

（2）精密诊断法　精密诊断法指对已产生异常状态的原因采用精密诊断仪器和各种分析手段（包括计算机辅助分析方法、诊断专家系统等）进行综合分析，以期了解故障的类型、程度、部位和产生的原因及故障发展的趋势等问题。由此可见，精密诊断法主要解决的问题是分析故障原因和较准确地确定发展趋势。

（3）直接观察法　传统的直接观察法如"听、摸、看、闻"是早已存在的古老方法，并一直沿用到现在，在一些情况下仍然十分有效。但因其主要依靠人的感觉和经验，故有较大的局限性。随着技术的发展和进步，目前出现的光纤内窥镜、电子听诊仪、红外热像仪、激光全息摄影等现代手段，大大延展了人的感知，使这种传统方法又恢复了活力，成为一种有效的诊断方法。

（4）振动噪声测定法　机械设备在动态下（包括正常和异常状态）都会产生振动和噪声。进一步的研究还表明，振动和噪声的强弱及其包含的主要频率成分和故障的类型、程度、部位和原因等有着密切的联系。因此利用这种信息进行故障诊断是比较有效的方法，也是目前发展比较成熟的方法。特别是振动法，由于不受背景噪声干扰的影响，使信号处理比较容易，因此应用更加普遍。

（5）无损检测法　无损检测法是一种从材料和产品的无损检测技术中发展起来的方法，它是在不破坏材料表面及内部结构的情况下检验机械零部件缺陷的方法。它使用的手段包括超声波、红外线、X 射线、γ 射线、渗透染色等。这一套方法目前已发展成一个独立的分支，在检验由裂纹、砂眼、缩孔等缺陷造成的设备故障时比较有效。其局限性主要是其某些方法如超声波、射线检测等有时不便于在动态下进行。

（6）磨损残余物测定法　机器的润滑系统或液压系统的循环油路中携带着大量的磨损残余物（磨粒）。它们的数量、大小、几何形状及成分反映了机器的磨损部位、程度和性质，根据这些信息可以有效地诊断设备的磨损状态。目前磨损残余物测定方法在工程机械及汽车、飞机发动机监测方面已取得了良好的效果。

（7）机器性能参数测定法　机器的性能参数主要包括反映机器主要功能的一些数据，如泵的扬程，机床的精度，压缩机的压力、流量，内燃机的功率、耗油量，破碎机的粒度等。一般这些数据可以直接从机器的仪表上读出，由此可以判定机器的运行状态是否离开正常范围。这种机器性能参数测定方法主要用于状态监测或作为故障诊断的辅助手段。

【任务实施】　数控机床可靠性评价

依据《数控机床可靠性评定　第 1 部分：总则》（GB/T 23567.1—2009）对数控机床进行可靠性评价。

1. 抽样数量

抽样数量见表 1-1。

表 1-1　抽样数量

试验方式	试验场试验	现场跟踪统计试验
抽样数量	1~2 台	年产量的 5% 或 10~50 台

2. 故障判定

如果有若干功能丧失或性能指标超过了规定界限，而且它们是由同一个原因引起的，则判为机床只产生一个故障。

如果有一项功能丧失或性能指标超过了规定界限，而且它是由两个或更多独立的故障原因引起，则每一个独立的故障均判为机床的一个故障。如果在同一部位多次出现故障模式相同的间歇故障，则只判定机床产生了一个故障。故障模式相同，由同一个原因引起的重复发生的故障，则只判定机床产生了一个故障。

3. 可靠性试验运行记录

可靠性试验运行记录表见表 1-2。

表 1-2 可靠性试验运行记录表

产品名称				产品型号		出厂编号	
制造单位				出厂日期			
试验日期			年　月　日至　年　月　日				
日期	班次	机床运行时间/h		故障停机	恢复使用	预防性维修	试验者签字
		开始	结束	开始时间	时间	时间	

注：每台产品填写一份表格

4. 可靠性试验故障记录

可靠性试验故障记录表见表 1-3。

表 1-3 可靠性试验故障记录表

产品名称			产品型号		出厂编号	
制造单位			出厂日期			
试验日期		年　月　日至　年　月　日				
现场工况条件						
序号	故障发现时间	故障部位	故障现象	采取措施	修复时间	
累计工作时间/h		累计故障数		累计修复时间/h		

注：

填表人（签字）　　　　　　　试验单位（盖章）　年　月　日

5. 故障分析报告

故障分析报告见表 1-4。

表 1-4 故障分析报告

产品名称		出厂编号	
产品型号		出厂时间	
制造单位			
发现故障时间		累计工作时间	
修复时间		故障现象	
故障描述			

故障描述					
故障原因					
设计问题	□	零件质量问题	□	动力源问题	□
制造问题	□	误操作	□	松脱	□
装配问题	□	试验装置问题	□	损坏	□
选用不当	□	渗漏	□	从属故障	□
超负荷	□	失效、退化、磨损	□	其他	□
故障分类					
关联故障		□	非关联故障		□
对故障采取的措施					
设计更改		□	工艺更改		□
更换零件		□	材料更改		□
调整		□			

填表人（签字）　　　　　　　试验单位（盖章）　年　月　日

6. 可靠性评定指标

平均故障间隔时间 MTBF（指数分布）。

1）MTBF 的点估计：

$$m = k \frac{\sum_{j=1}^{n} T_j}{\sum_{j=1}^{n} r_j} \tag{1-3}$$

式中　m——MTBF 的点估计值；

　　　n——样机数；

　　　T_j——评定周期内第 j 台机床的累积工作时间（h）；

　　　r_j——评定周期内第 j 台机床的累积故障数；

　　　k——可靠性修正系数。

2）如果到定时截尾试验时间，机床没有出现故障，则 MTBF 的点估计为：

$$m = 3T \tag{1-4}$$

式中　m——MTBF 的点估计值；

　　　T——定时截尾试验总试验时间（h）。

3）MTBF 的区间点估计：

$$m_L = m C_L \tag{1-5}$$

$$m_U = m C_U \tag{1-6}$$

式中　m_L——MTBF 的单侧置信下限；

　　　m_U——MTBF 的单侧置信上限；

　　　m——MTBF 的点估计值（见式 1-3）；

　　　C_L——MTBF 置信下限系数；

　　　C_U——MTBF 置信上限系数。

4）平均修复时间 MTTR：

$$\text{MTTR} = \frac{\sum_{j=1}^{n} t_{Rj}}{\sum_{j=1}^{n} r_j} \tag{1-7}$$

式中　n——样品数；

　　　t_{Rj}——评定内第 j 台机床的累积修复时间（h）；

　　　r_j——评定周期内第 j 台机床的累积故障数。

【知识拓展】　开展设备诊断的意义

1. 预防事故，保证人身和设备的安全

预防事故，保证人身和设备的安全是开展设备诊断工作的直接目的和基本任务之一。但是对这一问题的深刻认识却是来之不易的。从某种意义上来说，设备诊断技术是在血和泪的反复教训下成长和发展起来的。

设备事故每年都有大量的报道，它反复地提醒人们，为了避免设备事故，保障人身和设备的安全，积极发展设备诊断技术的研究并在现场开展这方面的工作已到了刻不容缓的地步。

2. 推动设备维修制度的改革

与生产的发展水平相适应，设备维修制度主要有以下三种。

（1）事后维修制度　这是一种早期的维修制度，其特点为"不坏不修，坏了再修"。显然这是一种十分落后的方法，但目前对一些不重要的小型设备仍然沿用这种维修方式。

（2）预防维修制度　这种制度简称为 PM（Preventive Maintenance），又称为以时间为基础的维修制度［简称为 TBM（Time Based Maintenance）］或计划维修制度。20 世纪 50 年代，我国由苏联引进了这种维修方式并一直沿用至今，目前绝大多数企业仍然在继续采用。这是一种静态维修制度，其特点是当设备运行到达计划规定的台时或吨公里时便进行强制维修。无疑，这种维修制度比上述事后维修制度要大大前进了一步，对于保障人身和设备的安全，充分发挥设备的完好率起到了积极的作用。

预防维修主要有定期维修和状态维修两种。定期维修制度的基本点是：对各类设备按规定的修理周期结构及修理间隔期制订修理计划，到期按规定的修理内容进行检查和维修。状态维修是通过修前检查，按设备的实际技术状况确定修理内容和时间，制订出修理计划。这种维修方式比较切合实际，但必须做好设备技术状态的日常检查、定期检查和记录统计分析工作。

改善维修则从研究故障发生的原因出发，以消灭故障根源、提高设备性能和可靠性为目的而进行改造性修理采取的措施。根据我国设备拥有量大而构成相对落后的特点，应十分重视设备的"修中有改"，以此来提高工厂装备现代化水平。当前较普遍采用的方法是，在原有设备修理时，应用数控、数显、静压和动静压技术、节能技术等，来改造老设备，这样不仅可以达到时间短、收效快、针对性强的效果，还能节约购买新设备的投资。

预防维修与故障（事后）维修对设备性能的影响如图 1-5 所示。

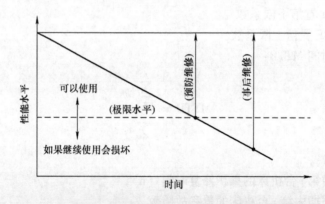

图 1-5　预防维修与故障（事后）维修对设备性能的影响

为提高设备维修效率，需重视设备维修的规律。通过对各种维修方式的实际记录进行统计与分析，可以看出预防维修的重要性，它使设备由随机故障期到耗损故障期的时间推迟，即设备的有效寿命被大大延长了。

实行预防维修制的基本做法有以下两点：

1）设专职点检员，对设备按照规定的检查周期和方法进行预防性检查（即点检），其目的是为了取得设备状态信息。

2）根据点检员提供的设备状态信息，制订有效的维修对策，对设备有计划地进行调整、维修，以使设备事故和故障消除在发生之前，做到在主要零部件磨损程度快要达到极限之前及时予以修理（或更换），使设备始终处于最佳状态。

点检是预防维修活动中的核心。

（3）预知维修制度。这种制度简称为 PRM（Predictive Maintenance），又称为以状态为基础的维修制度［简称为 CBM（Condition Based Maintenance）］。其特点为在状态监测的基础上，根据设备运行状态实际劣化的程度确定维修时间和维修的规模。显然这种维修方式的主要技术支撑是设备诊断技术，而且是一种比较理想的动态维修制度，它是目前预防维修制度改革的方向。

在以上三种维修制度中，我国企业设备管理制度目前正从预防维修阶段向预知维修过渡。推动目前维修制度改革的主要背景原因有以下几方面。

1）预防维修经过长期实践逐步暴露出明显的缺陷，即过剩维修和失修的问题。以轴承为例，同一型号的滚动轴承其实际使用寿命有时相差可达数十倍。在计划维修制度下，一些轴承虽然使用已达到维修时间但实际上尚有相当长的寿命，但也必须进行更新，这就造成了过剩维修。但也可能有一些轴承尚未达到计划维修时间就已经失效了，这就是失修。失修是造成事故的重要原因之一。

2）现代化机械设备一旦发生故障，造成的损失非常严重，特别是在一些高精尖部门（如航空、航天、核能等），尤为如此。

3）现代化机械设备，特别是大型关键设备，结构十分复杂，在运行中一般又不允许随便停机进行解体检查。

4）设备数量增长速度远比管理维修人员的素质提高快，再加上正常的离退休制度，使富有经验的技术人员相对地减少。

在上述原因的综合推动下，大力发展和推行设备诊断技术、改革现行的计划维修制度并逐步向预知维修制度过渡，已是势在必行。其中发展和普及设备诊断技术是推动改革的中心环节。

3. 提高经济效益

开展设备诊断所带来的经济效益应当包括减少可能发生的事故损失和延长检修周期所节约的维修费用两项。由于上述经济效益具有“隐含”的性质，因此往往被人们所忽视甚至拒绝承认。显然这是不正确的，国外一些调查资料显示，开展设备诊断可带来可观的经济效益。英国曾对 2000 个工厂进行调查，结果表明，采用设备诊断技术后维修费用每年节约 3 亿英镑，除去诊断技术的费用 0.5 亿英镑外，净获利 2.5 亿英镑。

任务 2　设备维护与维修

【任务描述】

设备维护与维修是设备管理人员的中心工作，制订设备维护保养制度、加强设备保养检查是保证设备完好率的根本措施，按照企业生产计划的要求，制订企业维修年度、季度维修计划，组织突出性设备故障维修是设备管理人员的基本职责。

【任务分析】

1）设备维护保养制度。

2）设备维修制度。

3）设备维修计划。

【知识准备】

一、设备维护保养制度

1. 设备的维护保养

通过擦拭、清扫、润滑、调整等一般方法对设备进行护理，以维持和保护设备的性能和技术状况，称为设备维护保养。

（1）设备维护保养的要求

1）清洁。使设备内外整洁，各滑动面、丝杠、传动副、油孔等处无油污，各部位不漏油、不漏气，设备周围的切屑、杂物要清扫干净。

2）整齐。工具、附件、工件（产品）要放置整齐，管道、线路要有条理。

3）润滑良好。按时加油或换油，不断油，无干磨现象，油压正常，油标明亮，油路畅通，油质符合要求，油枪、油杯、油毡清洁。

4）安全。遵守安全操作规程，严禁超负荷使用设备，设备的安全防护装置齐全可靠，及时消除不安全因素。

（2）设备的维护保养内容　设备的维护保养内容一般包括日常维护、定期维护、定期检查和精度检查，设备润滑和冷却系统维护也是设备维护保养的一个重要内容。

设备的日常维护保养是设备维护的基础工作，必须做到制度化和规范化。对设备的定期维护保养工作要制定工作定额和物资消耗定额，并按定额进行考核，设备定期维护保养工作应纳入车间承包责任制的考核内容。设备定期检查是一种有计划的预防性检查，检查的手段除人的感官以外，还要有一定的检查工具和仪器，定期检查并执行，定期检查又称为定期点检。对机械设备还应进行精度检查，以确定设备实际精度的优劣程度。设备维护应按规程进行。设备维护规程是对设备日常维护方面的具体要求和规定，坚持执行设备维护规程，可以延长设备使用寿命，营造安全、舒适的工作环境。其主要内容应包括：

1）设备要达到整齐、清洁、坚固、润滑、防腐、安全等方面的作业内容和作业方法，使用的工器具及材料，达到的标准及注意事项。

2）日常检查维护及定期检查的部位、方法和标准。

3）检查和评定操作工人维护设备程度的内容和方法等。

2. 设备的三级保养制

三级保养制包括：设备的日常维护保养、一级保养和二级保养。三级保养制是以操作者为主对设备进行以保养为主、保修并重的强制性维修制度。三级保养制是设备维护保养的有效办法。

（1）设备的日常维护保养　设备的日常维护保养，一般有日保养和周保养。

1）日保养。日保养由设备操作人员当班进行，认真做到班前四件事、班中五注意和班后四件事。

班前四件事：消化图样资料，检查交接班记录；擦拭设备，按规定加润滑油；检查手柄位置和手动运转部位是否正确、灵活，安全装置是否可靠；低速运转检查传动是否正常，润滑、冷却是否畅通。

班中五注意：注意设备的运转声音，温度、压力，液位、电气、液压、气压系统，仪表信号，安全保险是否正常。

班后四件事：关闭开关，所有手柄放到零位；清除铁屑、杂物，擦净设备导轨面和滑动面上的油污，并加油；清扫工作场地，整理附件、工具；填写交接班记录和运行记录，办理交接班手续。

2）周保养。周保养由设备操作工人在每周末进行，保养时间为：一般设备 2h，精、大、稀设备 4h。

保养内容：

① 外观。擦净设备导轨、各传动部位及外露部分，清扫工作场地，内部清洁、外部干净、无锈蚀，周围环境整洁。

② 操纵传动。检查各部位的技术状况，紧固松动部位，调整配合间隙；检查互锁、保险装置，达到传动声音正常、安全可靠。

③ 液压润滑。清洗油线、防尘毡、过滤器，为油箱添加油液或更换油液。检查液压系统，达到油质清洁，油路畅通，无渗漏，无损伤。

④ 电气系统。擦拭电动机、蛇皮管表面，检查绝缘、接地，达到完整、清洁、可靠。

（2）一级保养 一级保养是以操作人员为主，维修工人协助，按计划对设备局部拆卸和检查，清洗规定的部位，疏通油路、管道，更换或清洗油线、毛毡、过滤器，调整设备各部位的配合间隙，紧固设备的各个部位。一级保养所用时间为 4~8h，一级保养完成后应做记录并注明尚未清除的缺陷，车间机械员组织验收。一保的范围应是企业全部在用设备，对重点设备应严格执行。一保的主要目的是减少设备磨损，消除隐患，延长设备使用寿命，完成到下次一包期间的生产任务在设备方面提供保障。

（3）二级保养 二级保养是以维修工人为主，操作员协助，按二级保养列入的设备检修计划，对设备进行部分阶梯检查和修理，更换和修复磨损件，检查修理电气部分，使设备的技术状况全面达到规定设备完好标准的要求。二级保养所用时间为 7 天左右。二级保养完成后，维修工人应详细填写检修记录，由车间机械员和操作员验收，验收单交设备动力管理部门存档。二保的主要目的是使设备达到完好标准，提高和巩固设备完好率，延长大修周期。

实行"三级保养制"，必须使操作人员对设备做到"三好""四会""四项要求"，并遵守"五项纪律"。三级保养突出了维修保养在设备管理与计划检修工作中的地位，把对操作人员"三好""四会"的要求更加具体化，提高了操作人员维修设备的知识水平和技能。三级保养突破计划预修制的有关规定，改进了计划预修制中的一些缺点，更加切合实际。

3. 设备的使用维护要求

（1）精、大、稀设备

1）定使用人员。定人定机器制度，精、大、稀设备操作者选择本工种中责任心强、技术水平高和实践经验丰富的人员，并尽可能保持较长时间的相对稳定。

2）定维修人员。精、大、稀设备较多的企业，根据本企业条件，可组织精、大、稀设备专业维修或修理组，专门负责对精、大、稀设备的检查、精度调整、维护、修理。

3）定操作规程。精、大、稀设备应分机型逐台编制操作规程，并严格执行。

4）定备品配件。根据各种精、大、稀设备在企业生产中的作用及备份来源情况，确定储备定额，并优先解决。

（2）精密设备使用维护要求

1）必须严格按说明书规定安装设备。

2）对环境有特殊要求的设备（恒温、恒湿、防振、防尘）企业应采取相应措施，确保设备的精度、性能。

3）设备在日常维护保养中，不许拆卸零部件，发现设备运转异常应立即停车，不允许带故障运转。

4）严格执行设备说明书规定的切削规范，只许按直接用途进行零件精加工。加工余量应尽可能小。加工铸件时，毛坯面应预先喷砂或喷漆。

5）非工作时间应加护罩，长时间停歇，应定期进行擦拭、润滑、空运转。

6）附件和专用工具应有专用柜架搁置，保持清洁，防止损伤，不得外借。

（3）动力设备的使用维护要求

动力设备是企业的关键设备，在运行中有高温、高压、易燃、有毒等危险因素，是保证安全生产的要害部位，为做到安全、连续、稳定供应生产上所需要的动能，对动力设备的使用维护应有如下特殊要求：

1）设备操作人员必须事先培训并经过考试合格。

2）必须有完整的技术资料、安全运行技术规程和运行记录。

3）操作人员在值班期间应随时对设备进行巡回检查，不得随意离开工作岗位。

4）设备在运行过程中遇有不正常情况时，值班人员应根据操作规程紧急处理，并及时报告上级部门。

5）保证各种指示仪表和安全装置灵敏准确，定期校验。备用设备完整可靠。

6）动力设备不得带故障运转，任何一处发生故障必须及时消除。

7）定期对设备进行预防性检查和季节性检查。

8）经常对值班人员进行安全教育，严格执行安全保卫制度。

（4）设备的区域维护 设备的区域维护又称为维修工承包制。维修工人承担一定生产区域内的设备维修工作，与生产操作人员共同做好日常维护、巡回检查、定期维护、计划修理及故障排除等工作，并负责完成管辖区域内的设备完好率、故障停机率等考核指标。区域维修责任制是加强设备维修为生产服务、调动维修工人积极性和使生产工人主动关心设备保养和维修工作的一种良好机制。

设备专业维护主要组织形式是区域维护组。它的工作任务有如下几项：

1）负责本区域内设备的维护修理工作，确保完成设备完好率、故障停机率等指标。

2）认真执行设备定期点检和区域巡回检查制，指导和督促操作人员做好日常维护和定期维护工作。

3）在部门维修人员指导下参加设备状况普查，精度检查，调整、治漏，开展故障分析和状态监测等工作。

区域维护要编制定期检查和精度检查计划，并规定出每班对设备进行常规检查的时间。为了使这些工作不影响生产，设备的计划检查要安排在工厂的非工作日进行，而每班的常规检查要安排在生产工人的午休时间进行。

4. 提高设备维护水平的措施

为提高设备维护水平，维护工作应做到三化，即规范化、工艺化、制度化。

1）规范化就是使维护内容统一，哪些部位该清洗、哪些零件该调整、哪些装置该检查，要根据各企业情况按客观规律加以统一考虑和规定。

2）工艺化就是根据不同设备制订各项维护工艺规程，按规程进行维护。

3）制度化就是根据不同设备、不同工作条件，规定不同的维护周期和维护时间，并严格执行。对定期维护工作，要制定工时定额和物质消耗定额，并要按定额进行考核。

设备维护工作应结合企业生产经济承包责任制进行考核。同时，企业还应发动群众开展专群结合的设备维护工作（进行自检、互检，开展设备大检查）。

二、点检定修制

1. 点检定修制

点检定修制是一套加以制度化的比较完善的科学管理方法，它的实质就是以预防维修为基础，以点检为核心的全员维修制。它是从日本引进的设备维修管理方式，这套方式的核心内容是点检和定修，统称为点检定修制。

点检定修制的主要内容有：

（1）推行全员维修制　凡参加生产过程的一切人员都要参加设备维护工作。生产操作人员负有用好、维护好设备的直接责任，要承担设备的清扫、紧固、调整、给油脂、小修理和日常点检业务，承担的具体项目和内容由生产操作人员与维修人员协商确定，两个部门要签订生产、维修分工协议。

（2）对设备进行预防性管理　通过点检人员对设备进行点检，准确掌握设备技术状况，实行有效的计划维修，维持和改善设备工作性能，预防发生事故，延长机件寿命，减少停机时间，提高设备有效作业率，保证正常生产，降低维修费用。

（3）以提高生产效益为目标，搞好计划性检修　它包括以下两方面：

1）合理精确地制订（年）修计划，统一设定定修模型（即定修周期、日期、时间和负荷人数），并由生产计划部门确认，做到在适当的时间里进行恰当的维修，不因设备检修而打乱生产计划，力求减少或避免机会损失（即因检修准备不周而造成的生产损失）和能源损失。

2）为提高检修人员的工时利用率，以有限的人力完成设备所必需的全部检修工作量，对检修工程的实施分工、工程施工计划的编制、工程项目的委托、施工前后的安全确认、施工配合等一系列工作实行标准化程序管理。

2. 点检制

（1）点检　设备在运转和生产过程中会逐渐劣化，具体表现有磨损、腐蚀、变形、断裂、熔损、烧损、绝缘老化、异常振动等，设备的这些劣化现象是必然的，其结果会导致设备性能及精度下降，进而造成生产率和产品质量的下降。

所谓点检，简而言之就是预防性检查，它的定义是：为了维持生产设备原有的性能，通过用人的五感（视、听、嗅、味、触）或简单的工具仪器，按照预先设定的周期和方法对设备上的某一规定部位进行有无异常的预防性周密检查的过程，以使设备的隐患和缺陷能够得到早期发现、早期预防、早期处理，这样的设备检查称为点检。

点检的目的是通过对设备的检查、诊断，力求早期发现不良部位，确定消除隐患和缺陷的检修日期、范围和内容，制订检修工程计划，提出备件、主材需用计划等，这是设备管理的基础工作。为做好这项工作，点检人员事先应对每台设备的各个部位根据设备设计要求及自己的经验制订出一套维修标准，然后把点检结果和标准作一比较，就不难判定该设备应该在什么时候维修，需要进行什么样的维修，这就是点检的意义。

根据点检的周期和方法，一般分为日常点检、定期点检、精点检三大类。

1）日常点检。日常点检的内容有振动、异声、松动、温升、压力、流量、腐蚀、泄漏等可以从设备的外表进行监测的现象，主要凭感官进行检测。对于设备的重要部位，也可以使用简单的仪器，如测振仪、测温计等。日常检查主要由操作人员负责，使用检查仪器时，则需由专业人员进行操作，所以也称为在线检查。对一些可靠性要求很高的自动化设备，如流程设备、自动化生产线等，需要用精密仪器和计算机进行连续监测和预报的作业方法，称为状态监测。每种机型设备都要根据结构特点制订日常检查标准，包括检查项目、方法、判断标准等，并将检查结果填入点检卡，做好记录。

2）定期点检。设备定期检查的主要内容包括：检查设备的主要输出参数是否正常；测定劣化程度，查出存在的缺陷（包括故障修理和日常检查发现而尚未排除的缺陷）；提出下次预修的修理内容和所需备件或修改原定计划的意见；排除在检查中可以排除的缺陷。

定期检查的周期应大于 1 个月，一般为 3 个月、6 个月或 12 个月。

一般按设备的分类（如卧式车床、镗床、外圆磨床、空气锤、液压机、桥式起重机等）制定通用定期检查标准，再针对同类某种型号设备的特点，制订必要的补充标准，作为定期检查依据。

定期检查列入企业月份设备修理计划，由生产车间维修人员负责执行。对实行定期维护（一级保养）的设备，定期检查与定期维护应尽量结合进行。检查结果记入定期检查记录表。

3）精点检。金属加工设备为了保证加工件的精度，需要对设备几何精度和工作精度进行定期检测，以确定设备的实际精度，为设备调整、修理、验收和报废更新提供依据。根据前后两次的精度检查结果和间隔时间，可以计算出设备精度的劣化速度。新设备安装后的精度检验结果，不但是设备验收的依据，还可据此按产品精度要求来分析设备的精度储备量。

（2）点检制　点检制是设备管理工作中的一项有关点检的基本责任制度，也是以点检为核心的设备维修管理体制的简称。

点检制的主要内容：

1）建立以点检为核心的维修管理体制。

2）点检作业区承担维修管理业务。

3）严格按标准进行点检作业。

3. 定修制

（1）定修

1）主作业线。生产作业线可划分为两大类，即主作业线、普通作业线。凡停机后对总公司（或总厂）生产计划的完成有影响的称为主作业线，其设备称为主作业线设备。只要主作业线上任何环节发生故障，主作业线便会停止生产，而直接影响生产，因此，确保主作业线设备的正常运行是每个设备工作者的应尽职责。

但是，也有些生产作业线停机后并未影响生产计划的完成，对于这样的生产作业线称为普通作业线，其设备也称为普通作业线设备，如原料设备、运输设备及各主作业线以外的辅助设备。

2）定修及检修分工。由于生产作业线设备分为主作业线设备和普通作业线设备两大类。

所谓定修就是在主作业线停产条件下进行的计划检修，定修是按照一定的模式有计划地进行的。定修日期是固定的，每次定修时间一般不超过 16h。从安全角度考虑，原则上，定修日不安排在星期一、六、日进行。一般定修的周期应视设备状况而定，在不同的时期亦可作相应的调整。

所谓年维修就是连续几天进行的定修。

日维修是不需要在主作业线停产条件下进行的计划检修。即在进行日修时不影响正常的生产，它包括了对普通作业线设备的检修。

（2）定修制的意义、目的 定修制是一种生产设备组织计划检修的基本形式，是以设备的实际技术状况为基础而制定出来的一种检修管理制度；其目的是为了能安全、经济、优质、高效率地进行检修，防止检修时间的延长而影响生产。因此，在定修管理上必须遵循以下两项原则：

1）要确保主要生产设备能在适当的时间里进行恰当的维修，既要防止为追求产量而拼设备，造成设备因欠修而提前磨损或发生故障，也要防止设备不按计划检修而打乱生产计划的执行。

2）预先设定的检修负荷即各检修工种需用人数，应保证不因人力不足而削减点检的委托项目，但设定值也不宜过大，以免浪费人力。实施中一定要严加控制，以减小检修负荷的波动。

定修制就是为了实现以上两项原则而制定的检修管理制度，定修应看成是点检的继续，从某种意义上可以认为，点检制和定修制是两个有互为因果关系的维修管理制度，也是不可分割的整体。没有定修制，点检制也难以执行。点检制、定修制应该作为一个完整的制度推广，若只进行点检，不进行定修，仍沿用过去的大、中、小修，那么推行点检制就失去了现实意义。

（3）定修制的基本内容

1）设定定修模型。为了用最少的费用来取得最大的维修效果，充分利用现有的检修力量，设备部门应从全局利益出发，既要照顾生产要求，又要满足设备维护需要，对定修实行有效的标准化管理，这个管理标准就是定修模型。它是搞好设备维修管理极为重要的方法，具体做法是统一设定各主作业线设备的定修模式，其内容包括各主作业线设备的定修周期、定修时间、施工日期、负荷人数等设定值，以及各工序定修的配合方式。

2）制订定修计划。定修计划是控制定修实施的一种手段，它是定修模型在计划管理实施过程中的具体化，其目的是预知（年）定修项目数、确定的日期和时间，以便于预安排生产、设备方面的工作。定修计划有跨年度的长期计划、年度计划、季度计划和月度计划。

三、设备修理计划的编制

1. 设备修理类别

由于设备维修方式和修理对象、部位、程度以及企业生产性质等的不同，设备的修理类别也不完全相同。

机械工业企业的设备预防性计划修理，按修理内容、技术要求和工作量大小可划分为大修、项修和小修三种类型。在工业企业的实际设备管理与维修工作中，小修已和二级维护保养合在一起进行，项目维修主要是针对性修理，很多企业通过加强维护保养和针对性修理、改善性修理等来保证设备的正常运行；但是对于动力设备、大型连续性生产设备、起重设备以及某些必须保证安全运转和经济效益显著的设备，有必要在适当的时间安排大修。各类设备所包含的工作内容和要求不同，应根据每台设备的使用和磨损情况，确定不同的修理工作类别。

（1）小修　小修也称为日常维修，是指根据设备日常检查或其他状态检查中所发现的设备缺陷或劣化征兆，在故障发生之前及时进行排除的修理，属于预防修理范围，工作量不大。日常维修是车间维修组除项修和故障修理任务之外的一项极其重要的控制故障发生的日常性维修工作。

小修是对设备进行修复，更换部分磨损较快和使用期限等于或小于修理间隔期的零件，调整设备的局部机构，以保证设备能正常运转到下一次计划修理的时间。小修时，要对拆卸下的零件进行清洗，将设备外部全部擦净。小修一般在生产现场进行，由车间维修人员执行。通常情况下，可以用二级保养来代替小修。

小修主要内容包括：恢复安装水平；调整影响工艺要求的主要项目的间隙；局部恢复精度；修复或更换磨损零件；刮研磨损的局部；刮平伤痕、毛刺；清洗各润滑部位，更换油液并维修漏油部位；清扫、检查、调整电气部位；做好全面检查记录，为计划修理（大修、项修）提供依据。机电设备累计运转约2500h，要进行一次二级保养，一般停修时间为24～32h。

（2）项目修理　项目修理也称为针对性修理。项目修理是为了使设备处于良好的技术状态，对设备精度、性能、效率达不到工艺要求的某些项目或部件，按需要所进行的具有针对性的局部修理。修理时，一般要部分解体，修复或更换磨损零件，必要时进行局部刮削，校正坐标，使设备达到应有的精度和性能。进行项修时，只针对需检修部分进行拆卸分解、修复、更换主要零件；研制或磨削部分的导轨面；校正坐标，使修理部位及相关部位的精度、性能达到规定标准，以满足生产工艺的要求。

项目修理时，对设备进行部分解体，修理或更换部分主要零件与基准件的数量约为10%～30%，修理使用期限等于或小于修理间隔期的零件；同时，对床身导轨、刀架、床鞍、工作台、横梁、立柱、滑块等进行必要的刮削，但总刮削面积不超过30%～40%，其他摩擦面不进行刮削。项修时要求校正坐标，恢复设备规定精度、性能及功率；对其中个别难以恢复的精度项目，可以延长至下一次大修时恢复；对设备的非工作表面要打光后涂漆。项目修理的大部分修理项目由专职维修人员在生产车间现场进行，个别要求高的项目由机修车间承担。设备项修后，质量管理部门和设备管理部门要组织机械员、主修人员和操作者，根据项目修理技术任务书的规定和要求，共同检查验收。检验合格后，由项目修理质量检验员在检修技术任务书上签字，主修人员填写设备完工通知单，并由送修单位与承修单位办理交接手续。

项目修理的主要内容包括：

1）全面进行精度检查，据此确定拆卸分解需要修理或更换的零部件。

2）修理基准件，刮削或磨削需要修理的导轨面。

3) 对需要修理的零部件进行清洗、修复或更换（到下次修理前能正常使用的零件不更换）。

4) 清洗、疏通各润滑部位，更换油液，更换油毡、油线。

5) 修理漏油部位。

6) 涂装或补漆。

7) 按修理精度、出厂精度或项目修理技术任务书规定的精度标准检验，对修完的设备进行全部检查。但对项目修理时难以恢复的个别精度项目可适当放宽。

（3）大修　大修即大修理，是指以全面恢复设备工作精度、性能为目标的一种计划修理。大修是针对长期使用的机电设备，为了恢复其原有的精度、性能和生产效率而进行的全面修理。

在设备预防性计划修理类别中，设备大修是工作量最大、修理时间较长的一类修理。在进行设备大修时，应将设备全部或大部分解体；修复基础件；更换或修复磨损件及丧失性能的零部件、电器元件；刮削或磨削；刨削全部导轨；调整修理电气系统；整机装配和调试，以达到全面清除大修前存在的缺陷，恢复规定的性能、精度、效率，使之达到出厂标准或规定的检验标准。

对设备大修，不但要达到预定的技术要求，而且要力求提高经济效益。因此，在修理前应切实掌握设备的技术状况，制订切实可行的修理方案，充分做好技术和生产准备工作；在修理中要积极采用新技术、新材料、新工艺和现代管理方法，做好技术、经济和组织管理工作，以保证修理质量、缩短停修时间、降低修理费用。

在设备大修中，要对设备使用中发现的原设计制造缺陷，如局部设计结构不合理、零件材料设计使用不当、整机维修性差、拆装困难等，可应用新技术、新材料、新工艺去针对性地改进，以期提高设备的可靠性。也就是说，通过"修中有改、改修结合"来提高设备的技术性能。

大修时需将设备全部拆卸分解，进行磨削或刮削，修理基准件，更换或修复所有磨损、腐蚀、老化等已丧失工作性能的主要部件或零件，主要更换件数量一般达到 30% 以上。设备大修后的技术性能，要求能恢复设备的工作能力，达到设备出厂精度。外观方面，要求全部内外打光、刮腻子、刷底漆和涂装。一般设备大修时，可拆离基础件运往机修车间修理，为避免拆卸损失，大型精密设备可不必拆卸，在现场进行大修。设备大修后，质量管理部门和设备管理部门应组织使用和承修的有关人员按照"设备修理通用技术标准"和"设备修理任务书"的质量要求检查验收。检验合格后，由大修质量检验员在大修技术任务书上签字，由主修技术人员填写设备修理完工通知单，承修单位进行安装、调试并移交生产部门，由送修单位与承修单位办理交接手续。设备大修移交生产后，应有一定的保修使用期。

大修的主要内容包括：

1) 对设备的全部或大部分部件解体检查，进行全部精度检验，并做好记录。

2) 全部拆卸设备的各部件，对所有零件进行清洗，做出修复或更换的鉴定。

3) 编制大修理技术文件，并作好备件、材料、工具、检具、技术资料等各方面准备。

4) 修复或更换磨损零部件，以恢复设备应有的精度和性能。

5) 刮削或磨削全部导轨面（磨损严重的应先刨削或铣削）

6) 修理电气系统。

7）配齐安全防护装置和必要的附件。

8）整机装配，并调试达到大修质量标准。

9）翻新外观，重新涂装、电镀。

10）整机验收，按设备出厂标准进行检验。

除做好正常大修内容外，还应考虑适时、适当地进行相关技术改造，如对多发性故障部位，可改进设计来提高其可靠性；对落后的局部结构设计、不当的材料使用、落后的控制方式等，酌情进行改造；按照产品工艺要求，在不改变整机结构的情况下，局部提高个别主要部件的精度等。

对机电设备大修的总的技术要求是：全面清除修理前存在的缺陷，大修后应达到设备出厂或修理技术文件所规定的性能和精度标准。

2. 设备修理计划的编制

设备修理计划是企业生产、技术、财务计划的组成部分，一般分为年度、季度和月度计划。它同企业产品生产计划同时下达，并定期进行检查和考核。考核办法一般以年度计划为基础，以季度计划为依据，实行月检查、季考核。

正确地编制设备修理计划，可以统筹安排设备的修理及修理所需的人力、物力与财力，有利于做好修理前准备工作，缩短修理停歇时间，节约修理费用，并可与作业计划密切配合，既保证生产的顺利进行，又保证维修任务的按时完成。

设备修理计划的内容包括：确定计划期内修理的种类、劳动量、进度和设备的修理停歇时间；计算修理用材料和配件数量；编制修理费用预算等。

3. 年度修理计划的编制

机械设备年度修理计划，是企业设备维修工作的大纲，计划中包含有全年、各季和各月的设备修理任务。在年度计划中，一般只对设备的修理数量、修理类别和修理时间作大致安排，具体的内容，在季度、月度计划中作详细安排。

年度维修计划包括二级保养和项修、大修计划，高精度、大型和稀有设备修理计划、动力设备定期安全性能试验计划等，由设备管理部门负责编制。

（1）编制设备年度维修计划的基础资料

1）各种修理工作定额：复杂系数、劳动量定额、设备修理停歇时间定额、设备修理费用定额等。

2）设备的修理间隔期、修理周期和修理周期结构。

3）设备维修记录和故障统计资料。

4）设备年度技术状况普查资料。

5）计划期内各车间的年度生产计划等。

根据这些资料和设备实际运行时间，参考历次设备修理定额实际达到情况，在上一年第三季度提出计划年度应修设备的初步计划，然后由维修部门和使用部门共同组成设备状况检查小组，根据初步计划，逐台摸清应修设备的精度、性能和磨损情况，确定应大修、项修、小修或二级保养设备。最后根据检查结果和生产情况，分轻重缓急，修订初步计划，编制正式修理计划和修理用劳动力、材料、费用等计划。

（2）编制设备年度修理计划的基本原则　企业在安排设备年度修理计划时，必须通盘考虑、全面安排、综合平衡。

1）要考虑维修与生产之间的平衡。从设备维修部门来讲，应该尽量创造条件为生产服务。在维修计划的安排上，要先重点，后一般，确保关键，先把精密、大型、稀有、关键设备安排好；连续或周期性生产的设备（如热力、动力设备及单台关键设备）必须使设备检修与生产任务紧密结合；同型号设备尽可能连续修理。在一般设备中，又要先把历年失修的设备安排好，采取有效措施，尽最大可能压缩设备修理停歇时间，以利于生产。从生产部门来讲，安排生产任务一定要留有余地，不能为追求产值、产量而挤掉设备维修。在实际工作中，一个行之有效的方法就是实行"三同时"，即安排生产任务时，同时安排设备维修任务；检查考核生产任务时，同时检查考核设备维修任务；总结评比生产任务完成情况时，同时总结评比设备维修任务完成情况。把维修和生产统一起来，对生产是非常有益的。

2）要注意维修任务与维修力量的平衡。维修力量是指为维修全厂生产设备所配备的修理人员和主要的金属加工设备。维修人员一般按全厂生产设备的修理复杂系数配备，每1000个复杂系数应配备20～30人，或按企业生产人员总数的8%～15%配备维修人员。设备修理所需的主要金属加工设备，可按企业设备修理复杂系数总和进行配备，或按企业生产设备总台数的6%～8%配备。

3）要注意设备维修任务与维修需用的原材料、外购件、外协件和备件等供应之间的平衡。这是缩短修理时间、提高维修质量、保证修理周期、完成检修计划的重要环节。在实际工作中，有时会出现由于备件供应不足或不及时而影响维修任务完成的情况，因而影响了生产。

（3）编制年度修理计划应注意的问题

1）在安排设备修理进度时，对跨年、跨季、跨月的计划修理任务，应安排在要求完成的期限之内，要把年度计划与季度、月度计划很好地结合起来，按季、按月、分车间加以平衡，并使年度修理计划和生产计划相互衔接。一方面应根据机修车间和生产车间维修组的能力及设备的实际情况，调整进度，以达到每月修理劳动量大致平衡；另一方面，在平衡劳动量的同时，也要照顾到各车间生产设备修理台数的平衡，防止产生某一车间在某个月份检修设备过多，工时不足的现象。在进行平衡时，需编制修理用劳动力和设备能力计划，核实机修车间和生产车间维修组的人力配备和设备情况，以确保年度修理计划、备品、备件生产和日常维护任务的完成。

2）应考虑修理前技术、生产准备工作的工作量和时间进度。第四季度修理项目的工作量应适当减少，以便为下年度生产留出准备时间。

4. 季度和月度修理计划的编制

季度修理计划是年度修理计划的继续和具体化，是贯彻年度修理计划的保证，也是检查和考核维修任务完成情况的依据。季度修理计划一经正式下达，就要从各方面采取措施保证计划的执行。

设备季度修理计划是实现年度修理计划的重要环节，要做好各种技术文件与配件的供应，搞好修理前的准备工作。设备年度修理计划编制完成后，除一季度计划不变外，其他各季度的计划，由于各种因素，如修理前技术准备工作的变化、设备事故造成的损坏、生产任务的变化等，可能使年度修理计划不能全部按预定进度执行，需要结合设备状况和生产任务的变化等实际情况，对年度修理计划中规定的任务按季度进行适当的调整和落实。

月度修理计划是季度修理计划的具体化，是设备修理的作业计划。正确编制和认真执行月度修理计划，是保证设备处于良好状态及生产正常进行的重要条件。

月度修理计划要对季度计划中规定的下月任务提出具体安排和调整意见，由设备修理计划员汇总，并在安排好修前准备、落实好修理停歇时间的基础上编制下月修理计划。

根据季度修理计划和上月修理计划实际完成情况，由设备管理部门编制月份大修计划，车间编制本车间月份一、二级保养计划。在编制月度修理计划时，应与生产车间紧密联系，以便车间在编制月度生产作业计划时，考虑应停修的设备。同时也要考虑修前的准备工作，如技术文件是否齐备，备件、配件、外购件是否能保证供应等。

5. 分设备编制修理作业进度计划

为保证各种设备，特别是精密、大型、稀有关键设备能够按质、按时完成修理任务，还必须分设备编制修理作业进度计划。

对于结构复杂的高精度、大型、关键设备的大修计划应采用网络技术编制。实践证明，网络技术对人力、物力、设备、资金等资源的合理使用，对缩短修理工期、提高经济效益都有显著的效果。

6. 设备修理工作定额

设备的修理工作定额，是编制设备修理计划、组织修理业务的依据。正确确定修理工作定额，能加强修理计划的科学性和预见性，便于做好修理前的准备，使修理工作更经济合理。在编制机电设备修理计划前，必须事先确定各种修理定额。

设备修理定额主要有：设备修理复杂系数、修理劳动量定额、修理停歇时间定额、修理周期和修理间隔期、修理周期结构等。

（1）设备修理复杂系数 设备修理复杂系数又称为修理复杂单位或修理单位。修理复杂系数是表示机器设备修理复杂程度的一个数值，据以计算修理工作量的假定单位。这种假定单位的修理工作量，是以同一类的某种机器设备的修理工作量为代表的，它是由设备的结构特点、尺寸大小、精度等因素决定的，设备结构越复杂、尺寸越大、加工精度越高，则该设备的修理复杂系数越大。如在金属切削机床中，通常以最大工件直径为400mm、最大工件长度为1000mm的C620型车床作为标准机床，把它的修理复杂系数规定为10；电气设备是以额定功率为0.6kW的保护式笼型同步电动机为标准设备，规定其修理复杂系数为1。其他机器设备的修理复杂系数，便可根据它自身的结构、尺寸和精度等与标准设备相比较来确定。这样在规定出一个修理单位（用"矿"表示）的劳动量定额以后，其他各种机器设备就可以根据它的修理单位来计算它的修理工作量了。同时，也可以根据修理单位来确定修理停歇时间定额和修理费用定额等。

企业的主管部门在确定了各类设备、各种机床的修理复杂系数（机械、电气分别确定复杂系数）后，应将其制定成企业标准，供企业在进行设备维修工作时使用。

（2）修理劳动量定额 修理劳动量定额是指企业为完成机器设备的各种修理工作所需要的劳动时间，通常用一个修理复杂系数所需工时来表示。例如，一个修理复杂系数的机床大修工作量定额包括：钳工40h；机械加工20h；其他工种4h，总计为64h。

（3）设备修理停歇时间定额 设备修理停歇时间定额是指设备交付修理开始至修理完工验收为止所花费的时间。它是根据修理复杂系数来确定的。一般来讲，修理复杂系数越大，表示设备结构越复杂，而这些设备大多是生产中的重要、关键设备，对生产有较大的影响，因此，要求修理停歇时间尽可能短些，以利于生产。

（4）修理周期和修理间隔期   修理周期是相邻两次大修之间机器设备的工作时间。对新设备来说，是从投产到第一次大修之间的工作时间。修理周期是根据设备的结构与工艺特性、生产类型与工作性质、维护保养与修理水平、加工材料、设备零件的允许磨损量等因素综合确定的。

修理间隔期是相邻两次修理之间机器设备的工作时间。

检查间隔期是相邻两次检查之间，或相邻检查与修理之间机器设备的工作时间。

（5）修理费用定额   修理费用定额是指为完成机器设备修理所规定的费用标准，是考核修理工作的费用指标。企业应考虑修理的经济效果，不断降低修理费用定额。

【任务实施】 设备修理计划的实施

1. 设备维修工作内容

各种维修工作的相互关系如图1-6所示。

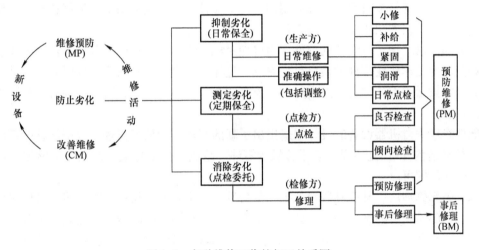

图1-6   各种维修工作的相互关系图

（1）维修工作的目标

1）以维持设备性能为目的，把故障率降低到最低限度。

2）根据维修活动中发现的问题，对设备进行改善，以提高维修效果。

（2）维修工作的功能   从维修工作的内容来看，与维修方式的要求是相对应的，各种维修工作的功能作用可以分为三类：

1）抑制设备性能的劣化。

2）测定设备性能的劣化程度。

3）消除设备的劣化。

这三类功能作用中，首先要做好抑制劣化工作，即通过日常保全来延缓与推迟设备性能的劣化。但设备总是要趋于劣化的，所以到一定时期后要进行一次测定，即通过定期保全，掌握设备的劣化程度，判断离劣化极限还相差多少，这就是第二类功能作用。经测定后，如果设备已达到需要修复的程度，再进行更换或修复，这就是第三类的功能作用，即通过修理来消除设备的劣化。

（3）维修工作的分工   通常，直接参与维修活动的主要有三方面的人员，三方维修业务分工如下：

第一类功能作用主要由生产人员完成，其中一部分生产人员难以完成的，则可由跟班的抢修人员（或值班维修工）完成。

第二类功能作用基本上由点检人员完成，有一些点检人员无法完成的项目，则可委托检修人员完成。

第三类功能作用主要由检修人员完成。

2. 设备修理计划的实施

设备修理计划一经确定，就应严格执行，保证实现，争取缩短修理停歇时间。对设备修理计划的执行情况，必须进行检查，通过检查既要保证计划进度，又要保证修理质量。设备修理完工后，必须经过有关部门共同验收，按照规定的质量标准，逐项检查和鉴定完工后设备的精度、性能，只有全部达到修理质量标准，才能保证生产正常地进行。

为了缩短修理停歇时间，保证计划的实现，应该根据不同的情况，采用相对应的修理组织方法。修理组织方法主要有下列三种：

（1）部件修理法　以设备的部件作为修理对象，修理时拆换整个部件。部件解体、配件装配和制造等工作放在部件拆换之后去完成，这样可以大大缩短修理停歇时间。部件修理法要求有一定数量的部件储备，要占用一些流动资金。这种方法比较适用于拥有大量同类型设备的企业。

部件修理法对机器设备的设计制造提出了新的要求。为便于修理，应把设备的部件设计成为"标准结构件"，还可以将若干分散的零件，组成一个小总成，使之成为整体部件，修理时拆换部件即可。

（2）分部修理法　某些机器设备生产负荷重，很难安排充裕的时间大修，可以采用分部修理法。分部修理法的特点是，设备的各个部件，不在同一时间修理，而是把设备的各个独立部件，有计划、按顺序分别安排进行修理，每次只修理其中一部分。分部修理法的优点是，可以利用节假日或非生产时间进行修理，以增加机器设备的生产时间，提高设备的利用率。分部修理法适用于构造上具有独立部件的设备以及修理时间较长的设备，如组合机床、特重运输设备等。

（3）同步修理法　同步修理法是指在生产过程中，把工艺上互相联系的几台设备安排在同一时间进行修理，实现修理同步化，以减少分散修理的停机时间。同步修理法常用于流水生产线设备，联动设备中的主机、辅机以及配套设备。

随着专业化和生产协作的发展，设备维修应按专业化原则进行组织。可以成立地区性的专业化设备维修厂和精密设备维修站，按照合同提供维修设备服务。由于专业化的设备维修厂可以将原来分散在各厂的维修力量集中起来，实行维修专业化。因此，可以在维修工作中采用先进的修理组织方法、技术和设备，从而提高设备维修效率，保证维修质量，降低维修成本。

项目 2　设备故障诊断

【学习目标】

研究故障现象，揭示故障本质，探寻故障规律，是设备故障诊断的基础。学习本项目后，学生应学会应用测振仪、测温仪、油样分析仪、超声波探头等仪器进行设备故障诊断，监测设备工作状态或诊断设备故障，分析故障原因，确定故障源，为设备维修提供可靠依据；应用设备故障诊断技术，诊断旋转轴、滚动轴承、齿轮等故障，为设备拆卸、零件检查、零件修复、设备恢复、功能检查等维修工作确定目标。

【知识目标】

1）掌握信号及特征信号的基本概念。

2）掌握测振仪、测温仪、油样分析仪、超声波探头的使用方法。

3）熟悉应用故障诊断仪器进行故障诊断的方法。

【能力目标】

1）油样分析。

2）超声波无损检测。

3）旋转轴故障诊断。

4）滚动轴承故障诊断。

5）齿轮故障诊断。

任务 1　振动、温度监测

【任务描述】

监测设备物理量变化、探究设备故障机理，寻找设备故障的特征物理量，是设备故障诊断的基础。应用测振仪、测温仪可测量设备的振动、温度信号，为机械设备故障诊断提供依据。

【任务分析】

1）信号的概念及分类。

2）振动测量仪原理及应用。

3）红外测温仪原理及应用。

【知识准备】

通常把可测量、记录、处理的物理量泛称为信号，它们一般是时间的函数。动态信号是指要进行分析处理的信号随时间有较大的变化，不是近似直流信号（随时间缓慢变化的信号）。研究动态信号分析处理中的有关问题，寻找故障的特征信号，应用仪器诊断设备故障，是设备故障诊断的基本方法。

1. 信号转换及传感器

机械故障诊断中待研究的许多物理量（如力、位移、转角、噪声等）并不是容易测量、记录、处理的物理量，通常使用各种传感器将其转换为电压、电流等可测物理量。传感器的种类很多，按工作原理不同可分为电感、电阻、电容、电涡流、压电、光电、热电以及霍尔效应等类型；按被测量对象不同可分为力、位移、温度、噪声、应变或其组合（如阻抗头可同时测力和加速度）等类型；按被测量的物体运动状态不同可分为直线运动、旋转运动及相应的接触式或非接触式等类型；按被测量物体的工作状态不同可分为一般工作环境及特殊工作环境（如超高压、超高温、超低压、超低温、强磁场、放射性、特殊气体及液体环境）等类型。这些传感器的技术参数主要有以下几类：

（1）动态范围 动态范围指传感器输出量与物理输入量之间维持线性比例关系的测量范围。一般动态范围越大越好。

（2）灵敏度 灵敏度指传感器输出量与物理输入量之比。灵敏度高，不需前置放大器即可进行测量；灵敏度低，需配接适当的放大器。有些传感器使用时就需配接专用放大器，此时灵敏度也可定义为专用放大器输出量与物理输入量之比。

（3）动态特性 动态特性指传感器的响应时延、幅频特性、相频特性等。一般要求在所测信号的频率范围内幅频特性是平直的，相频特性是线性的，响应时延越小越好，否则转换后的信号是失真的，进一步的分析处理也就失去意义。特殊情况下也可用传感器的非平直的幅频特性段，例如进行共振解调，诊断滚动轴承的故障等。

（4）稳定性 稳定性指传感器长时间使用后灵敏度、动态范围、动态特性的变化小，重复精度高，否则要经常进行传感器的标定工作。

在实际工作中，应按被测对象选择适当的传感器。

2. 信号采集

信号可用放大器放大，也可长距离传输。传感器、放大器需满足被测和放大信号稳定性、灵敏度、动态特性、动态范围的要求。实际测量中，传感器或放大器输出的信号也伴有噪声信号。噪声信号是由外界干扰（如雷电、空间电磁波、环境温度、湿度、光照、杂质、尘埃等）引起的，放大器输出信号除了放大传感器输出的信号外，也会附加放大器自身产生的电噪声信号。故障诊断时，需采取各种处理措施排除噪声信号，获得有效的目标信号。

3. 信号分类

信号可分为确定性信号及非确定性信号，确定性信号是指可用数学关系式描述的信号，可分为周期信号及非周期信号，正弦波、方波等是典型的周期信号，脉冲、半正弦脉冲等是典型的非周期信号。非确定性信号是指不能用数学关系式描述的信号，也无法预知其将来的幅值，又称为随机信号，如电噪声信号及在不平坦的道路上行驶的汽车，车内产生的振动信号。

信号还可按其取值情况分为模拟信号和数字信号。模拟信号一般都是连续的，而数字信号则是离散的。大多数传感器输出的信号是模拟信号，如各种压电式、磁电式、电容式、电涡流式及霍尔效应等类型的传感器；少数传感器输出的信号是离散的，如测量转动的圆光栅，其输出信号为脉冲，通过脉冲计数确定转过的角度。计算机只能处理数字信号，因此必须使用模拟–数字（A–D）转换器将模拟信号转换为数字信号。

4. 特征信号的选择

机器在运行中能提供的信号很多，但不是每一种信号都对工况监测有积极的意义。要选择能实时采集的、且能敏感反映工况状态变化的信号，这类信号称为特征信号。选择特征信号时主要应考虑以下几方面：

（1）信号的敏感性　机械设备故障诊断与医学诊断有许多相似之处。在医学诊断中，医生通常是应用各种检测仪器，从身体外部获取如体温、心率、血压、X光片等能够反映病症特征的各种信息，在此基础上进行诊断。在机械系统的运行过程中，我们也可以应用各种科学仪器（包括计算机的软硬件）获取各种信号，对机器的整体或部件进行诊断，判别工况是否异常。

机器和人体一样，有问题时也会出现各种征兆，如振动、温度、压力等信号的变化，但不是所有信号对工况状态都很敏感。如一个人患了心脏病，其心率变化就比体温敏感，X光片所提供的人体内部信息就更直接。但如果一个人不是患心脏病而是患感冒，这时体温的变化就比心率要显著得多。不同的机器在不同的运行状态下，其特征信息的敏感程度是不相同的。特征信号蕴含了实际机器运行状态的本质信息，各种机器具有各自的特征变化规律。

特征信号的获取，不仅与所选择的信号内容有关，而且与传感器型号、传感器的精度和测点位置有关。

（2）在线（On－line）与实时性　只有能在线与实时采集的信号才能成为特征信号，特征信号的采集是故障诊断的基本条件。

振动是可能判断下列动力状态的最佳特征信号：平衡，轴承稳定性和叶片、齿轮的齿等元件上所受的动态应力。此外，一般机器的异常，如联轴节同轴度误差和不适当的间隙等，经常可从振动特征中显示出来。

测量旋转轴相对于静止元件的位置，就可用测得间隙来预防事故。

测量温度常用于两个目的。一个是用来测量和评价机器状态或施加于某些如推力轴承等特定元件上的负载。二是作为一个保证辅助系统（例如冷却器）工作正常以及确定热动力性能和效率的特征信号。

压力也是一项很有价值的辅助诊断信号，因为压力变化常是故障的征兆，例如内部间隙的堵塞或变化，将影响推力负载。

监测油的状态可以预警油品是否需要更换，还可以对油中的磨粒进行观察和分析，从而比较准确地判别故障的程度、部位、类型和原因。

【任务实施1】　振动测量仪器及其应用

振动测量仪器可分为袖珍式振动表、手持式振动仪、频谱分析仪、计算机辅助状态监测系统等，如图2-1所示。

最简单的振动监测是用简易袖珍式振动表，在特定的频率范围内测量振动信号。将其测量结果与标准或为每台机器建立的参考值作比较。可对机械设备的工作状态进行现场评估。

用频谱分析仪，可在早期检测诊断并预示故障隐患。现场进行频率分析，绘出频谱图。把即时频谱与已记录的参考频谱进行比较，评估机械设备工作状态。

当测试点的数量较多时，用计算机辅助比较系统较经济。每台机器的振动样本可以记录在存储介质上，在实验室进行自动分析。

1. 宽频带测振

手持式振动仪可测量高达10kHz振动加速度的峰值和方均根振动极值。方均根值是判断机械设备工作状态的根据，峰值可判断机械设备是否需要维修。手持式振动仪如图2-2所示。用手持式振动仪可监测滚动轴承工作状态，进行早期预警。

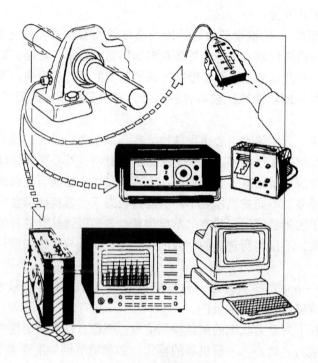

图2-1　振动测量仪器

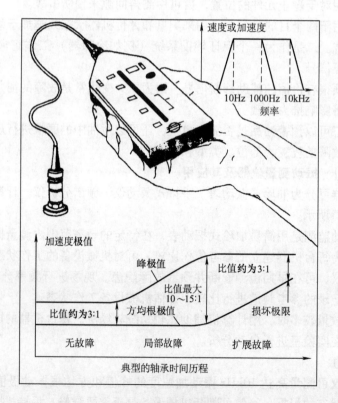

图2-2　宽频带测量

当滚动轴承的滚子和内、外环开始产生轻微的缺陷时，它们会产生高频振动脉冲，可用振动仪中的峰值检测器测量。早期，尽管振动峰值明显地增加，但是在方均根值中只能看到很小的变化。峰值与方均根值之比称为"波峰系数"，通过测量"波峰系数"就可对许多滚动轴承在其磨损发展的初期检测出故障。

手持式振动仪，可在宽频范围内测量出总振动极值。振动极值为纵坐标值，表示了主要频率分量的振动极值，当同一振动信号经频率分析后，振动频谱以图形绘出，如图 2-3 所示。

图中，频率分量 B 确定了总振动极值，早期检测峰值由频率分量 A 确定。缩小分析带宽，可以分离出各个峰值，获得更详细的频谱。一方面，分析带宽越窄，检测到发展的故障越早。另一方面，带宽越窄，分析时间则越长。

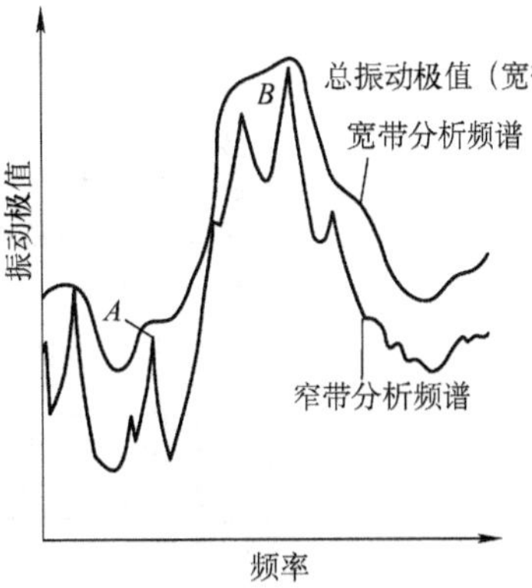

2. 频谱分析仪测振

用便携式（电池供电）振动分析仪和电平记录器

图 2-3　窄带分析和宽带分析频谱

可组成频谱分析测试系统，可在现场画出监测点窄带频谱图。当预先确定测量参数时，测量更快捷，数据可由人工记录在每个监测点的记录表上。

（1）振动故障诊断　每个监测点的参考频谱（基线）记录后，复制在透明的图表纸上。当某些频率分量的极值变化时，可用振动极值 – 时间曲线图分析诊断故障。也可先进行宽带监测，在振动极值显著变化时，再使用频率分析仪分析。

图 2-4 所示为设备参考频谱与实测频谱的比较。上图为设备大修后的频谱，用作参考频谱，参考频谱也称为"基线"。下图为设备使用一年后的实测频谱，可以看到 205Hz 的振动分量显著增加。这是故障信号，经分析确定为滚动轴承故障。

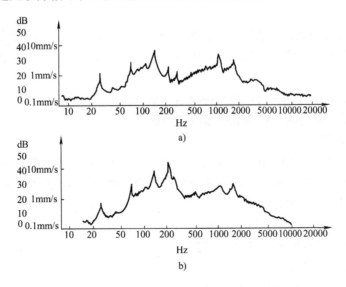

图 2-4　设备参考频谱与实测频谱的比较

（2）静平衡与动平衡　设备过度振动的主要原因是不平衡，可在静、动平衡仪上进行转子平衡，也可在频谱分析仪上增加一个带转速探头的相位计和一个加速度计，现场动平衡，如图2-5所示。不平衡的相位和振动极值现场测量，确定需要修正的质量及在转子的修正面上的角度位置。

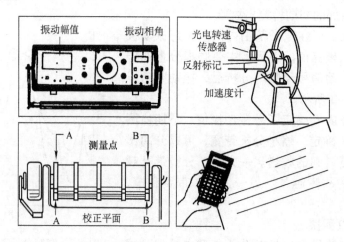

图2-5 振动频谱和现场动平衡

3. 计算机辅助状态监测系统

计算机辅助状态监测系统适合于对大量的机器进行监测时使用。采集的数据直接存储在存储器上，再将数据传送给高分辨率FFT频率分析仪。连接计算机与频率分析仪，通过专用计算机软件进行频谱分析。计算机辅助状态监测系统提高了设备状态监测能力，并且降低了设备状态监测费用。

线性频率的窄带频率分析，用FFT频率分析仪，显示谐波和边带频率分量极为理想，并对以后的诊断有用。当FFT频率分析仪有频谱展宽功能时，频谱细节可被放大，可进行进一步分析。

专用频率分析软件能对大量的复杂机器振动数据进行日常分析。程序可把恒带宽频谱转换为恒百分比带宽的参考频谱。优点是测量转换时允许机器速度变化，特别是程序可以加宽参考频谱的峰宽。磁盘可以储存大量参考频谱，如果新的频谱中任何极值超过了预置的参考频谱谱线的极值，计算机则会自动地打印出这些信息。

【任务实施2】 红外测温仪在故障诊断中的应用

1. 红外测温原理

（1）红外线分类 红外光谱的波段为 $0.76 \sim 1000 \mu m$，比可见光波段宽。为了研究和应用的方便，根据红外辐射与物质作用时各波长的响应特性和在大气中传输吸收的特性，可把红外线按波长划分为4部分：

1）近红外线——波长为 $0.76 \sim 3 \mu m$。

2）中红外线——波长为 $3 \sim 6 \mu m$。

3）远红外线——波长为 $6 \sim 15 \mu m$。

4）超远红外线——波长为 $15 \sim 1000 \mu m$。

目前，600℃以上的高温红外线仪表利用近红外线波段，600℃以下的中、低温测温仪表及热成像系统多利用中、远红外线波段，而红外线加热装置则利用远红外线波段。超远红外线的利用尚在开发研究中。

（2）斯蒂藩–波尔茨曼定律（Stefan – Boltzmann） 斯蒂藩–波尔茨曼定律描述了全辐射度 M 与热力学温度 T 的关系：

$$M = \varepsilon\sigma T^4 \qquad (2\text{-}1)$$

此定律表明，全辐射度与热力学温度的四次方成正比。当温度有轻微变化时，即可引起物体红外辐射较大的变化。例如当 $T = 300\text{K}$ 时，温度每增加 1K，辐射功率将增加 1.34%。这从理论上提供了红外温度监测可行性的基础。

2. 红外测温系统

自辐射强度与温度的关系发现后，红外探测技术也就应运而生了。特别是军事和航天工程的迫切需要以及半导体物理学、光学、低温技术和计算机技术的日益成熟，促进了红外探测技术的迅速发展。

图 2-6 所示为红外测温系统的组成，红外测温系统的主要组成如下：

（1）红外传感器 红外传感器是红外检测系统中关键的部件，它将接收的红外辐射转换成易于测量的电量，由于红外辐射会产生热效应和光电效应，因此就形成了热敏传感器和光电传感器两个大类的仪器。

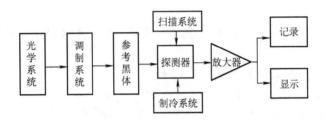

图 2-6　红外测温系统的组成

1）热敏传感器。热敏传感器是将被测物体红外辐射的照射引起的温度变化转化为电量输出，温升的大小与入射能成正比。热敏传感器的优点是对于各种波长的红外辐射具有相同的响应率（图 2-7），响应时间较长，在毫秒（10^{-3}s）数量级以上。热敏电阻传感器是热敏传感器的一种，它是基于热敏电阻受辐射加热时电阻发生变化的原理制成。由于热敏传感器对辐射的各种波长基本上都有相同的响应率，所以热敏传感器也称热传感器。

2）光电传感器。光电传感器是一种半导体器件，其电特性为当光子投射到这类半导体材料上时，电子–空穴分离，产生电信号。由于光电效应很快，所以光电传感器对红外辐射响应时间极短，比热敏传感器快三个数量级，最短响应时间达纳秒（10^{-9}s）数量级。其缺点是光谱响应范围有限，响应率低于波长 λ_p 时达到极大，超过 λ_p 的长波区，响应率便迅速锐减截止，如图 2-8 所示。其原因是大于一定波长的光子，其能量不足以使电子释出。增强光子探测电活性的办法是将传感器致冷，常用的致冷剂为液氮（-196℃），这样使它们在较长的波段上都有响应并达到最佳灵敏度。

（2）光学系统 光学系统分为望远镜和显微镜两部分，是由一系列透镜和反光镜组成的，其作用是把红外辐射聚焦到传感器的敏感元件上，尽可能多地吸收辐射而使噪声最小。

（3）调制系统（调制盘） 调制盘是一种可调节的装置，周期地阻断从目标到达传感器上的红外辐射，使得传感器的输出是交流信号，以便进行放大处理。在调制系统内，可在快门关闭的时间内使传感器接受参考黑体的辐射，该参考黑体保持在已知的温度上，从而可建立目标辐射测量的基准，以便进行定量显示。

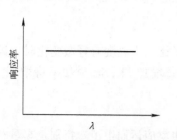

图2-7　热敏传感器响应曲线

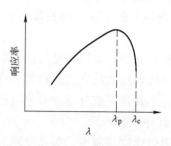

图2-8　光电传感器响应曲线

（4）制冷系统　制冷系统的作用有两个：一是提高探测率，二是扩大传感器的工作波段。入射光子的能量要求大到一定程度，也即波长小到一定程度，才能使物质内部基本粒子实现运动状态的跃迁。将敏感元件降温到接近0K时，可使传感器的热能含量低到不因其自身温度而自发跃迁的程度，但低能的入射光子（波长相对来说较长）也能足以激发电子的跃迁。红外传感器的制冷方法主要是利用液体气化时吸热，常用液氮致冷，液氮气化的沸点为77K。

（5）显示系统　显示系统包括示波器波形显示、电视图像显示、照相成像、数学转换和等温图打印显示等。

（6）扫描系统　扫描系统是为显示辐射体的形状及温度场而设置的，它是一个光学机械扫描系统。扫描成像示意图如图2-9所示。

将红外传感器置于光学系统的焦点，它在每一瞬时只可以看到目标区域abcd中的小部分，应用机械装置使光学系统能上下和左右移动，这样瞬时视场就自左而右，自上而下地扫过

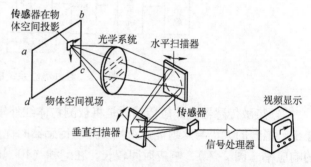

图2-9　扫描成像示意图

整个目标，称它为一帧，一帧上往往包含着上万个像元。红外传感器"看"到任一瞬时视场时（设它的响应时间足够快），就立即输出一个与所接受的辐射通量成正比的信号，把每一瞬时视场得到的输出放大转换为视频信号，在荧光屏上还原成目标的图像，显示或记录下来，这就是光机扫描热成像的过程。

热像仪还有很方便的温度量化功能，既可测出温度场，又可指示温度值的大小。热像仪的图像分辨率可以大到一个地区（地质遥测勘探），小到几微米（红外显微镜窥视），温度分辨率可小到千分之一摄氏度。

3. 红外测量仪表

红外测温仪表主要是指测量目标表面某点温度的红外测温仪。按其工作原理不同，红外测温仪可分为全辐射测温仪、单色测温仪和比色测温仪三类。

（1）全辐射测温仪　这种类型的测温仪表，如 IRT－1200、IRT－3000、HCW－1、HW－2、HD－400 等型号的红外测温仪，其特点为结构简单，使用方便，但灵敏度较低，

误差较大。

（2）单色测温仪 这种测温仪在测量误差方面有所改进。HCW－400 型就属于这种类型的测温仪。

（3）比色测温仪 比色测温仪具有灵敏度高、误差小等优点，但结构复杂，价格相对较高。HCW－ⅢA 型远红外测温仪就属于这种类型。

4. 红外技术在设备故障诊断中的应用

红外测温具有非接触，响应速度快，目标温度无扰动，测温范围宽等特点，因而发展很快。如列车红外轴温传感器，该传感器安装在铁路两旁，列车通过时可自动记录每个轴承箱的轴温及其位置，并转换为电脉冲信号，对超出阈值的异常轴承箱可立即发出报警信号，并通知检车人员进行处理。这就彻底改变了过去依靠检车人员"听、摸、看、闻"的传统方法，提高了检车效率。

从红外测温到红外热成像是红外技术的一个重大发展，它使红外技术的应用更加深入和广泛。红外热成像技术可用于军事，如红外夜视、红外制导等，并在设备诊断方面日益显示出重要作用。

任务 2　油样分析及超声波无损检测

【任务描述】

收集润滑油液，通过对油样中磨损颗粒进行定性、定量分析，判断设备的工作状态。大型设备中关键零件的裂纹是设备事故的隐患，应用超声波无损检测仪，可检测出零件裂纹排除设备事故隐患。油样分析及超声波无损检测是设备故障诊断的有效手段之一。

【任务分析】

1）油样分析。

2）声发射技术。

3）超声波无损检测。

【知识准备】

一、油样分析

润滑油在设备中循环流动，携带着设备中零部件运行状态的大量信息，这些信息可以提示我们机器中零件磨损的类型、部位、程度和原因，进而判断机器工作状态和预测机器的故障发生时间。因此近年来国内外都十分重视开展对润滑油液的分析和研究工作。

根据工作原理和检测手段的不同，目前在机械故障诊断中，油样分析可分为：磁塞法、颗粒计数器法、油样光谱分析法、油样铁谱分析法等，它们对油样中磨粒尺寸的敏感范围的比较如图 2-10 所示。

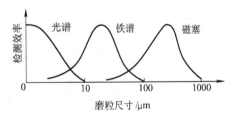

图 2-10　各种油样分析方法的检测效率

1. 磁塞法

磁塞法是在机器的油路系统中插入磁性传感器（磁塞），搜集油液中的铁磁性磨粒，并定期进行观察以判断机器的磨损状态。该方法简便易行，但对早期磨损故障的预报灵敏度较差。

2. 颗粒计数器法

颗粒计数器法是对油样内的颗粒进行粒度测量，并按预选的粒度范围进行计数，从而得到有关磨粒粒度分布的信息，以判断机器磨损的状况。该方法所提供的数据过于笼统，只能作为一种辅助方法。

3. 油样光谱分析法

原子是由原子核和绕核运动的电子组成。当基态原子受到热、电弧冲击、粒子碰撞或光子照射时，会吸收一定的能量 ΔE 而处于激发状态。激发状态的原子很不稳定，又会回到基态，同时发射一定波长的光谱线，辐射出所吸收的能量 ΔE。每种元素的原子在激发和跃迁过程中所吸收或辐射的能量 ΔE，以及吸收或发射光子的波长 λ，都是固定的。所以，测出用特征波长射线激发原子后辐射强度的变化（由于一部分能量被吸收），可以知道所对应元素的含量（浓度）；用一定方法将含数种金属元素的原子激发后，测出其发射的辐射线的波长，就可以知道油样中所含元素的种类。前者称为原子吸收光谱分析法，后者称为原子发射光谱分析法。

（1）原子吸收光谱分析法（图2-11） 试样被吸入燃烧头，经火焰加热变成原子蒸气。同时，元素灯（其灯丝是由待检元素所制成）发射某一特定波长的光束穿过火焰，被基态原子所吸收。仪器的检测系统测出吸光度，并换算成对应元素的浓度。其精度可达到1nm，但每测一种元素就要换一种元素灯，比较麻烦。

（2）原子发射光谱分析法（图2-12） 用高压电（15kV）直接激发样品中的金属杂质，并对它们发射出的特性光谱进行分析，显示出金属的种类及含量。发射光谱分析仪器价格昂贵，但分析速度快，分析20种元素时为40个样品/h。

例如，对某推土机变速器中的油样进行分析检测。油样分析记录列于表2-1。

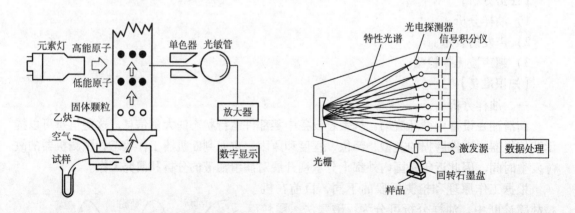

图2-11 原子吸收光谱仪工作原理图　　　　图2-12 发射光谱测定方法原理图

由表2-1可见，在运行6027h的油样中Fe含量达525mg/L，超过极限值，因此及时通知了用户。但该机仍继续运行，在运转到6591h后再采样分析，Fe含量已达928mg/L，在第二个警告信息还未送达用户时，该机变速器前进档位就已经损坏，结果停机修理了一个月时间。如果当时及时修理，这停机一个月的损失是可以避免的。

表 2-1　推土机变速器油样分析记录

试验室编号	取油样日期	分析日期	运转时间 /h	Cu 含量 /(mg/L)	Fe 含量 /(mg/L)	Cr 含量 /(mg/L)	Al 含量 /(mg/L)	Si 含量 /(mg/L)
128	2016. 12. 6	2016. 12. 20	5614	13	85	0		16
274	2017. 1. 27	2017. 2. 14	6027	20	525	1	2	24
343	2017. 3. 6	2017. 3. 14	6591	24	928	1	4	17
694	2017. 6. 6	2017. 6. 6	7458	18	86	0	3	10

4. 油样铁谱分析法

自 1971 年在美国出现第一台铁谱仪的样机以来，经过多年的发展，至今已形成了"分析"式铁谱仪、"直读"式铁谱仪、在线式铁谱仪和"旋转"式铁谱仪四种主流形式。其中前两种比较成熟，应用较为普遍。

(1) "分析"式铁谱仪

1) 组成及工作原理。"分析"式铁谱仪主要由铁谱仪和显微镜两大部分组成。它们的组成及工作原理如图 2-13、图 2-14

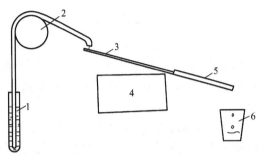

图 2-13　铁谱仪的组成及工作原理
1—油样　2—微量泵　3—玻璃基片　4—磁铁
5—导管　6—储油杯

所示。显微镜的特点是，它具有两个独立的反射和透射的双色（红、绿）光源，故称为双色显微镜。两个光源可以单独使用也可以同时使用，这可使其分析鉴别功能大为加强。它的另一个特点是，若在显微镜上加装一个光密度式的读数器，则可对基片同时完成定量分析。

"分析"式铁谱仪的工作原理：将经过稀释的油样注入倾斜安放的玻璃基片上，油样中的磨粒在磁场力的作用下沉淀在基片上，然后用双色显微镜或扫描电子显微镜对磨粒进行观察或读数。

2) 定性分析。所谓定性分析主要是指对磨粒的形貌（包括形态特征、颜色特征、尺寸大小及其差异等）及成分进行检测和分析，以便确定故障的部位、磨损的类型、磨损的严重程度和失效的机理等。显微镜光源在不同照明方式下进行分析的方法主要有以下三种。

① 白色反射光。白色反射光可用来观测磨粒的大小、形态和颜色。例如铜基合金呈黄色或红褐色，而其他金属粒子多呈银白色。钢质磨粒由于形成过程中一般受到热效应而处于回火状态，其颜色处于黄蓝之间。由此可判断磨损的严重程度。

② 白色透射光。白色透射光用来观察磨粒的透明程度，以识别磨粒的类型。例如游离金属由于消光率大而呈黑色。一部分元素和所有的化合物的磨粒都是透明的或半透明的。

③ 双色照明。红色反射光和绿色透射光同时照射时，比单色照明可以有更强的识别能力。如金属磨粒由于不透明，只能反射红光而呈现红色。化合物如氧化物、氯化物、硫化物等均为透明或半透明而显示绿色，有的是部分吸收绿光或部分反射红光而呈黄色或粉红色。这样通过颜色的检验可以初步识别磨粒的类型、成分或来源。

除以上照明方式外，还可以进一步采用偏振光照明、斜向照明等方式进行更深入的观察。同时根据基片上磨粒沉积的排列位置和方式，也可以初步识别铁磁性磨粒（铁、钴、镍等）和非铁磁性磨粒。一般铁磁性磨粒按大小顺序呈链状排列，而非铁磁性磨粒则无规则地沉积在铁磁性磨粒行列之间。

定性分析还可以用电子扫描显微镜、X 射线以及对基片进行加热回火处理等方法。

3）定量分析。定量分析的目的是确定磨损故障进展的程度。这对进行设备诊断决策十分重要。因此定量分析主要是指对检测基片上大、小磨粒的相对含量进行定量检测。其方法是检测基片上不同位置上大、小磨粒的覆盖面积所占的百分数。检测所用的设备是铁谱显微镜上的读数器。读数器由光密度计和数字显示部分组成。具体方法和判别指标如下：

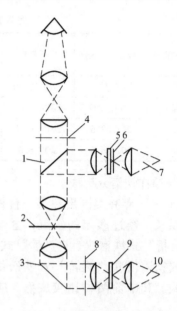

图 2-14　双色显微镜的光路原理
1—半透膜反光镜　2—载物台　3—反射镜
4—检偏器　5—红色滤光片　6—起偏器
7—反射光光源　8—起偏器　9—绿色滤光片
10—透射光源

设基片上无磨粒覆盖时为 0%（全透光），而磨粒覆盖至不透时为 100%。读数器的显示器可根据基片透光的程度直接换算成覆盖面积百分数。一般规定用 10×物镜和反射光在检测基片入口处进行纵横扫描，找出最大的读数值 A_L，它代表油样中大磨粒（>5μm）的密度，即大磨粒的覆盖面积百分数。再在 50mm 处进行横向扫描，读出该处的最大读数 A_S，它代表油样中小磨粒（1~2μm）的密度。由此可以定义一个判别磨粒发展进程的指标，称为磨损烈度指数 I_S：

$$I_S = (A_L + A_S)(A_L - A_S) = A_L^2 - A_L^2 \qquad (2-2)$$

其中 $A_L + A_S$ 是大、小磨粒覆盖面积所占百分比之和，称为磨粒浓度。其值越大表示磨损的速度越快。$A_L - A_S$ 代表大于 5μm 以上磨粒在磨损进程中所起的作用，称为磨损烈度。它反映的是磨损严重程度，而磨损烈度指数 I_S 则是以上两者的组合。因而综合反映了磨损的进程和严重程度，即全面地反映了磨损的状态。但这一指标并不是唯一的，目前文献上还不断地在定义一些新的指标，这里就不一一说明了。

（2）"直读"式铁谱仪　"直读"式铁谱仪的基本结构与"分析"式铁谱仪类似，只是不需要基片和显微镜。它用斜置于磁铁上方的沉淀管代替测量基片，如图 2-15 所示。

当配制好的油样在虹吸作用下穿过沉积管时，在高梯度磁场力作用下，油样中大于 5μm 的大磨粒首先沉淀，而 1~2μm 的小颗粒则相继沉淀在较远处。在大小颗粒沉淀位置，由光导纤维引导两个光束穿过沉淀管，并被另一侧的光电传感器所接受。第一道光束设置在能沉淀大磨粒的管的进口处，第二道光束设置在相距 5mm 处的较小磨粒沉淀位置。随着磨损颗粒的沉淀，光电传感器所接受的光强度将逐渐减弱。因此数字显示器所显示的光密度读数将与该位置沉积的磨粒数量成正比。磨粒在沉积管中的排列状况如图 2-16 所示。

设 D_L 表示第一道光束处，大磨粒的沉淀覆盖面积百分数；设 D_S 表示第二道光束处，小磨粒的沉淀覆盖面积百分数。则可按前述方法定义磨损烈度指数为：

$$I_S = (D_L + D_S)(D_L - D_S) = D_L^2 - D_S^2 \qquad (2-3)$$

"直读"式铁谱仪具有测试速度快，数据重复性好，操作方便等优点，但不能进一步观察和分析磨粒的形貌。因此它适用于状态监测工作。一旦发现磨损异常时，再采用"分析"式铁谱仪进行进一步观察和分析。因此，两种仪器经常是相互配合而使用。

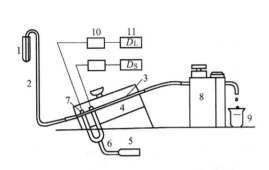

图 2-15　"直读"式铁谱仪的组成及工作原理
1—油样　2—毛细管　3—沉积管　4—磁铁　5—灯
6—光导纤维　7—光电传感器　8—虹吸泵　9—废油
10—电子线路　11—数显屏

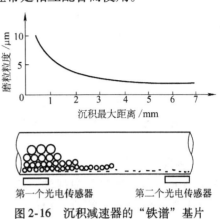

图 2-16　沉积减速器的"铁谱"基片

例如：某化工厂搅拌器减速器监测。在该减速器的基片上发现入口端的磨粒沉积量很高，其中有许多大的金属磨粒，这些金属磨粒呈片状，其表面没有线痕和氧化的迹象，它们的尺寸达 80μm 以上，其尺寸与厚度之比约为 10∶1。由于基片上没有发现氧化微粒，金属磨粒表面也没有氧化迹象，因而排除了减速器曾在高速、高温下运转或有润滑不良的情况。磨粒表面没有线痕表明其滑动速度低。根据以上观察分析，判断结果是由于齿轮的过载及齿轮疲劳，正处于严重磨损期，预计六个月后减速器将损坏。

二、声发射技术

声发射技术的原理是基于金属在被拉伸或进行相变过程中会发出声响的物理现象。经系统的研究，现在机械设备的故障诊断中，声发射技术已经作为对材料进行断裂监测的有效手段而被广泛应用。

1. 声发射原理

声发射就是材料在外载荷或内力作用下以弹性波的形式释放应变能的现象。当材料受外载荷作用时，由于内力结构的不均匀及各种缺陷的存在造成应力集中，从而使局部应力分布不稳定。当这种不稳定的应力分布状态所积蓄的应变能达到一定程度时，将产生应力的重新分布，从而达到新的稳定状态。金属材料由于晶格的位错、流变、龟裂和晶界滑移，或者由于内部裂纹的产生和发展，均要释放弹性波。这种被释放的应变能，一部分是以应力波的形式发射出去，由于最先注意到的应力发射现象是人耳可听领域的声波，所以就称它为声发射。例如，"锡鸣"是金属锡在人耳能够听到的声频范围内的声发射现象。实际上，应力波发射的频率范围远比声频广得多。从次声波到超声波，多数金属特别是钢、铁材料，应力波发射大部分处于超声波范围，检测频率大多在 100～300kHz。

2. 声发射信号的传输

图 2-17 所示是声发射信号的传输模型。图 2-17a 是理想的模型，内部的点状声发射源以球面波等速向各个方向发射弹性波。而位于表面的声发射源则除了球面波的形式外还有表面波向各个方向逸散。图 2-17b 是近乎实际的传输模型。由于声发射不是点声源，有不同的

形状，传递介质又是各向异性体。因此，在各向异性体中传播的弹性波，其波前、方向不断产生变化，并且伴有衍射、散射、干涉和折射等复杂的物理现象。

3. 声发射技术的特点

声发射与多数无损检测方法的区别有：

1）多数无损检测方法是射线穿透检查，被检零件处于静止、被动状态，而声发射是动态检查，只有被检零件受到一定载荷、有开放性裂纹发生和发展的前提下才会有声发射可以接收。

2）多数无损检测方法是射线按一定途径穿透试件，而声发射是试件本身发射的弹性波，由传感器加以接收，因此，接收到的信号，其幅值、相位、频率不能直接表明发射源位置。

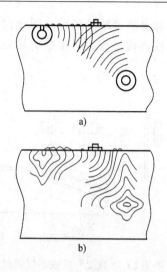

图2-17　发声射信号的传输模型

4. 声发射技术测量参数

在金属材料的断裂过程中，裂纹每扩展一步，就释放一次能量，产生一个声发射信号，于是传感器就接收到一个声发射波，我们称它为一个声发射事件。描述这种事件基本上用三种方法：事件计数法、信号幅度分布和频谱。

（1）事件计数法　事件计数法通过声发射事件的计数来描述。而计数常采用两种计数方法，即声发射事件的计数率和声发射次数的总和。前者是指单位时间内的声发射次数，后者是指发射的累计脉冲数。图2-18是材料被拉伸时应力 – 微应变曲线1、声发射计数率 – 微应变曲线2和累计脉冲计数率 – 微应变曲线3的对应关系。由图可见，当材料应力达到屈服极限时，计数率有一峰值，而累计脉冲则直线增加。此时材料将发射大量的声发射脉冲。

但是，事件计数法只注意了事件的频度，较少涉及信号的幅度，着重反映了裂纹扩展的步进次数。

（2）信号幅度分布　由力学知识可知，振荡的能量与振幅的平方成正比。故可用声音发射信号的幅度作为声发射源释放能量的量度。在连续信号中，尤其重视测量幅度。其值可采用峰值或有效值。

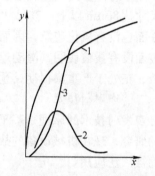

图2-18　声发射事件的表示方法
x—微应变　1—应力 – 微应变曲线
2—声发射计数率 – 微应变曲线
3—累计脉冲计数率 – 微应变曲线

一般情况下，对于材料受载断裂的声发射监测，声发射幅度的描述是用幅度分布来说明的。

信号幅度分布就是按信号幅度的大小对声发射信号进行事件计数，又分为事件分级幅度分布法和事件累计幅度分布法。把仪器的动态范围分为若干等级，每个等级有一定的电平范围。若把声发射事件按幅度的等级分别计数，就称为事件分级幅度分布，如图2-19所示。若把声发射事件按超过各等级幅度的事件数进行累计计数，则称为事件累计幅度分布，如图2-20所示。

（3）频谱　对声发射信号进行功率谱分析时，需要考虑由于传感器与被检工件间的声耦合问题。传感器在声发射频带内的频响特性、信号源和传感器之间的传递通道及其相应的传递函数三个因素使原始信号引起畸变。为此，采用 27.6kPa 压力的氦喷嘴作为标准声发射源（图 2-21）。首先测定接收传感器的宽带响应谱，然后测定传感器对样件中声发射的宽带响应谱，再将两个谱图相减，即可去除上述三个因素的影响，从而获得所测信号的功率谱。

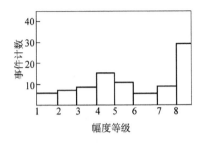

图 2-19　事件分级幅度分布

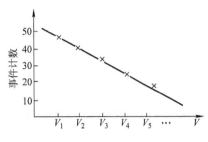

图 2-20　事件累计幅度分布

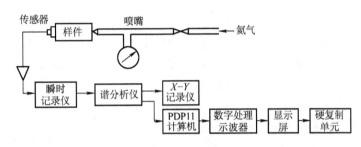

图 2-21　氦喷嘴的应用

目前，声发射技术在结构完整性的探查方面已获得广泛应用。对于运行状态下构件缺陷的发生和发展进行在线监测，声发射方法已成为不可缺少的手段。国内外已经有各种类型的仪器出售，如丹麦 B&K 公司生产的 8312、8313 及 8314 型高灵敏度压电换能器，配套使用的 2637 型前置放大器、2638 型宽带调节放大器和 4429 型脉冲分析仪，其主要应用的场合有：构件裂纹的发生和发展、压力容器水压试验的指示、氢脆和应力腐蚀裂纹、中子辐射脆化、周期性超载和应变老化、焊接质量的监测及声图像分析等。

三、超声波诊断法

1. 超声波故障诊断的基本原理

在声学中，人耳可听到的声波频率范围大致在 20Hz～20kHz，频率低于 20Hz 的称为次声波，频率高于 20kHz 的就称为超声波。用于无损检测的超声波频率主要为 1～5MHz。超声波在无损检测中得到广泛应用的主要原因在于：超声波的波长以毫米计，有很好的指向性，而且频率越高，指向性越好；超声波可在物体界面上或内部缺陷处发生反射、折射和绕射，据此可对物体内部进行测量，并且波长越短，识别缺陷的尺寸越小。

（1）超声波的发生与接收　超声波无损检测所用的高频超声波是在压电材料，如石英、钛酸钡等晶片上施加高频电压后产生的。在晶片的上、下两面镀银作为电极，在电极上加上高频电压后，晶片就在厚度方向上产生伸缩。这样就把电的振荡转换为机械振动，并在介质中进行传播，如图 2-22 所示。

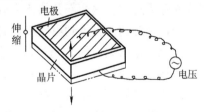

图 2-22　超声波的产生

反之，将高频振动（超声波）传到晶片上时，使晶片发生振动，这时在晶片的两极间就会产生频率与超声波一样，但强度与超声波强度成正比的高频电压，这就是超声波的接收。

（2）超声波的种类　作为一种弹性波，超声波是靠弹性介质中的质点不断运动进行传播的。当质点振动方向与弹性波传播的方向相同时，称作纵波，如图2-23a 所示。纵波又称为疏密波，是由于介质中的质点交替地受到拉伸和压缩形成的波形，纵波可以在固体、气体和液体介质中传播。质点振动方向与传播方向垂直的弹性波称作横波，如图 2-23b 所示。横波只能在固体中传播。此外还有在表面传播的表面波（图2-23c）和在薄板中传播的板波。表面波的质点运动兼有纵波和横波的特性，运动轨迹比较复杂。

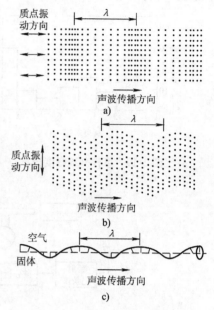

图 2-23　纵波、横波和表面波
a）纵波　b）横波　c）表面波

声波在介质中传播的速度是由传播介质的弹性系数和密度以及声波的种类决定的，它与晶片和频率无关，表2-2 列出了声波在几种介质中传播的速度。

横波的声速可以认为是纵波的一半。

声速 C 与波长 λ、频率 f 之间有如下的关系：

$$C = f\lambda \qquad (2-4)$$

例如，在钢中，传播频率为 1MHz 的超声波，如果是纵波，则其波长应为 5.9mm，频率为 2MHz 的超声波纵波波长应为 2.95mm；如果是横波，则其波长分别为 3.2mm 和 1.6mm。

表2-2　几种介质中的声速　（单位：km/s）

介质	纵波	横波
铅	6.26	3.10
钢	5.90	3.23
水	1.50	不传播横波
油	1.40	不传播横波
甘油	1.90	不传播横波

（3）超声波的反射与穿透　当超声波传到缺陷处、被检物底面或者不同金属结合面处的不连续部分时，会发生反射。不连续部分就是指正在传播超声波的介质与另一个不同介质相接触的界面。

1）垂直入射时的反射和穿透。当超声波垂直传到界面上时，一部分被反射，而剩余的部分就穿透过去。这两部分的比率取决于接触界面的两种介质的密度和在该介质中传播的声速。当钢中的超声波传到空气界面时，由于声波在空气和钢中传播的声速相差较大，且两者的密度也相差很大，因此超声波在界面上几乎 100% 地被反射了，它完全传播不到空气中去。在钢与水的界面上，88% 的能量被反射，12% 穿透出来。

因此，如果探头与被检物之间有空气存在时，对超声波实际不作传递，只有两者之间涂满了油或甘油等液体（耦合剂），才能使超声波较好地传播过去。

2）斜射时的反射和穿透。当超声波斜射到界面上时，在界面上会产生反射和折射。当介质为液体时，反射波和折射波为纵波。当斜探头接触钢件时，因为两者都是固体，所以反射波和折射波都存在纵波和横波。

在斜射时，折射的穿透率与折射角有关，通常，斜探头采用的折射角为 35° ~ 80°，这时穿透率最好。

（4）小物体上的超声波反射 当超声波碰到缺陷（即异物）或者空洞时，就会在那里反射和散射。可是，当这些缺陷的尺寸小于波长的一半时，由于衍射的作用，波的传播就与缺陷是否存在没什么关系了。因此，在超声波无损检测中缺陷尺寸的检出极限为超声波波长的一半。

2. 超声波诊断仪

（1）超声波探头 超声波探头实际上是一种机械能和电能互相转换的换能器，大多数是利用压电效应制作的，其功能在于发生和接收超声波。根据超声波波型的不同，探头可分为纵波探头（又称为直探头或平探头）、横波探头（斜探头）和表面波探头等。根据诊断方法不同，探头又可分为接触式和水浸式。

纵波探头用于发射和接收纵波，其结构如图2-24所示，它由保护膜、压电晶片、阻尼块、外壳、电气接插件等组成。

横波探头是应用波型转换而得到横波的，其结构如图2-25所示，通常由压电晶片、声陷阱、传声件、阻力块、电气接插件和外壳组成。由于在工件中折射横波时，压电晶片产生的纵波要倾斜

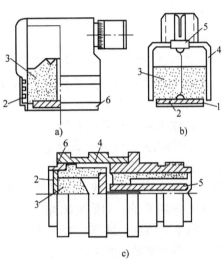

图 2-24 纵波探头的结构形式
1—保护膜 2—晶片 3—阻尼块 4—外壳
5—电极 6—接地用金属环

入射到工作表面上，因此，晶片是倾斜放置的。由于有一部分声能在传声件边界上反射后，经过探头内的多次反射，返回到晶片被接收，从而加大发射脉冲的宽度，形成固定干扰杂波。所以，声陷阱吸收声能。可以用在传声件某部位打孔、开槽、贴吸声材料等方法制做声陷阱。横波探头的晶片是粘贴在传声件上的，晶片多用方形，传声件多用有机玻璃，为了使反射的声波不致返回到晶片上，因此，不同折射角的探头，传声件的尺寸和形状应当不同。

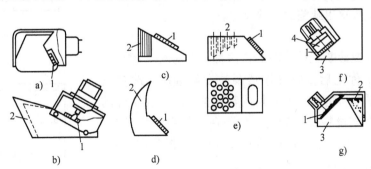

图 2-25 横波探头的结构形式
1—压电晶片 2—声陷阱 3—传声件 4—阻力块

横波探头的入射角和频率应根据理论计算确定。

（2）超声波诊断仪　超声波诊断仪种类繁多，常见的分类如下：

1）按发射波连续性分，有连续波无损检测仪、共振式无损检测仪、调频式无损检测仪、脉冲波无损检测仪。

2）按缺陷显示方式分，有 A 型无损检测仪、B 型无损检测仪、C 型无损检测仪。

3）按通道数量分，有单通道无损检测仪、多通道无损检测仪。

目前使用最多的是脉冲反射式超声波无损检测仪。

【任务实施】　超声无损检测技术及其应用

1. 脉冲反射法

脉冲反射法是用一定持续时间、一定频率发射的超声脉冲进行缺陷诊断的方法，其结果用示波管显示。

诊断原理如图 2-26 所示。将探头置于被测面上，电脉冲激励的超声脉冲经耦合剂进入工件，传播到工件底面，如果工件底面光滑，则脉冲反射回探头，声脉冲又变换回电脉冲，由仪器显示。仪器显示屏上的时基线与激励脉冲是同步触发的，在时基线的始端出现"始波" T（图 2-27），当探头接收到底面反射波时，时基线上出现"底波" B。时基线

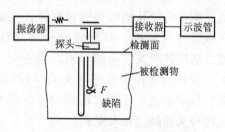

图 2-26　脉冲反射垂直检测原理

上从 T 扫描到 B 的时间恰为脉冲在工件中的传播时间，据此可算出其厚度。如果工件中有缺陷，探头接收到的缺陷反射"伤波" F 将显示在时基线上，故可利用 T、F、B 之间的距离关系，判断出缺陷的部位及其大小。

设探伤面到缺陷的距离为 x，材料厚度为 t，于是在示波管上可以显示出发射脉冲 T 到缺陷回波 F 处的长度 L_F，从 T 到底面回波 B 处长度 L_B。因为声速在被检查物中传播是一个定值，因此可得下式：

$$\frac{x}{t}=\frac{L_F}{L_B} \tag{2-5}$$

由此式，就可以准确地求出缺陷位置。

另外，因缺陷回波高度 h_F 是随缺陷的增大而增高的，所以可由 h_F 来估计缺陷的大小。当缺陷很大时，可移动探头，按显示缺陷的范围求出缺陷的延伸尺寸。

2. 共振法

应用共振现象诊断工件缺陷的方法称为共振法。探头把超声波辐射到工件上后，通过连续调整发射频率，改变波长。当工件的厚度与超声波半波长成整数关系时，在工件的两个侧壁间超声能量将发生振荡，从而在工件中产生驻波，其波腹在工件的表面上。在测得共振频率 f 和共振次数 n 后，可用下式计算工件厚度 δ：

$$\delta=n\cdot\frac{\lambda}{2}=\frac{n\cdot c}{2f} \tag{2-6}$$

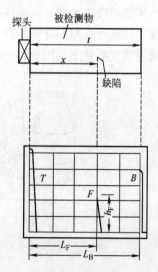

图 2-27　无损检测图形的观察方法

式中　δ——试件厚度（mm）；

　　　c——超声波在工件中的传播速度（km/s）；

　　　f——共振频率（MHZ）；

　　　λ——波长（mm）；

　　　n——谐波阶次。

此法除用于壁厚的测量外，在工件中若存在较大的缺陷或厚度改变时，将使共振现象消失或共振点偏移。可用此现象诊断复合材料的胶合质量、板材点焊质量、均匀腐蚀量和板材内部夹层等缺陷。

3. 穿透法

穿透法测量如图 2-28、图 2-29 所示，这种方法采用两个探头，一个探头发射超声能量，另一个探头接收超声能量。由于透过被检零件的超声能量取决于零件内部的状态，存在有严重的疏松或气穴时，大部分能量就会反射或散射，因此另一探头所接收到的能量就会有不同程度的减少，根据荧光屏上比较发射脉冲和接收脉冲的幅值 A_T 与 A_R 就可以判断材料的粘结质量和检查内部的缺陷。

图 2-28 所示为探头直接和被检零件接触的方式，图 2-29 所示为用水作耦合剂的方式。为了取得较好的效果，可以用钛酸钡制作发射探头，用硫化锂制作接收探头，常用的超声波频率为 $0.2 \sim 0.9 \mathrm{MHz}$。

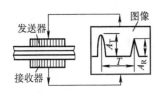

图 2-28　接触式穿透法

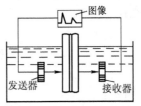

图 2-29　耦合剂式穿透法

4. 管壁腐蚀超声波监测

管道的管壁腐蚀情况是化工、炼油和动力厂设备运行状态监测的重要项目，常用的方法是用回波脉冲法。但由于被检零件的两侧表面不平行，反射脉冲的幅值降低，反射脉冲的数目减少，特别是管道外径小时更为严重。因此，这种方法只适用于外径大于 20mm 的管道。

如图 2-30 所示，当管壁受到严重的腐蚀时，由于内壁形状不规则，回波信号将变宽，数目减少。一般情况下，往往只有第一个回波才能够清楚地分辨出来，用它可以确定管壁的壁厚。当管壁进一步受到腐蚀时，第一个回波与发射脉冲已难以区分，由于散射和干涉的作用，回波的幅值也将大为减少。

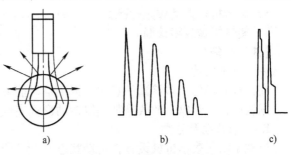

图 2-30　管道腐蚀的超声波监测

为了能使这种方法获得满意的效果，要求管道的外壁光滑规则，没有漆层或其他包裹物。用这种方法所能达到的检测精度随管道的材料、晶粒的大小和排列的方向而定。对于锅炉管道用钢和细颗粒碳钢，测厚的精度可达到 ±0.1mm；而对于铸件、奥氏体合金、黄铜、锰、铅等，可以达到 0.1～0.5mm。

5. 活塞状态检测

检查 1200kW 柴油机活塞在运行过程中的活塞裂纹。

超声波无损检测：拆卸缸盖，检查活塞的裂纹。

活塞由球墨铸铁铸造，产生裂纹的原因是结构设计不良，材料选择不当，铸造工艺和热处理有问题。

裂纹可能发生的区域如图 2-31 所示。超声探头沿半径方向在活塞顶部自 A 到 M 点移动时，检查步骤：

设 A、M 为幅值定标点，因此处厚度可测量。

1——无信号定标点。

2、3——当活塞无裂纹时，应从裙部反射超声信号。

S——无裂纹时应为远信号，无回波。

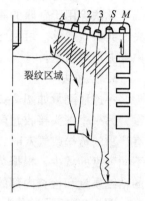

图 2-31　活塞裂纹的检查

当活塞上预计的裂纹区内有裂纹时，从 A 到 S 各位置的探头所发射的超声回波可反映出异常情况。

可以看出，用超声方法对活塞进行现场探查有如下优点：

① 灵敏度高，反应快，可以迅速确定缺陷的位置。

② 渗透力强，可以检测原材料。

③ 只需从一个方向检查活塞，不需拆开机器。

超声波无损检测目前被广泛地应用在锻、铸件的缺陷诊断、焊缝的缺陷诊断以及关键件的在线监测上。

任务 3　旋转轴故障诊断

【任务描述】

旋转轴是机械传动的常用部件，旋转轴不平衡、旋转轴不对中、轴线变形会产生振动和噪声，影响机械设备的工作状态和机器的使用寿命，大型机械上出现上述故障时，会酿成事故。用振动频谱分析方法，可以诊断旋转轴故障现象，分析排除故障，保障机械设备运行。

【任务分析】

1）旋转机械振动分析。

2）旋转机械监测参数。

3）旋转机械振动评定标准。

4）旋转机械故障诊断。

【知识准备】

一、机械振动

在机械故障的众多诊断信息中，振动信号能够更迅速、更直接地反映机械设备的运行状态，据统计，70% 以上的故障都是以振动形式表现出来的。

1. 机械振动及分类

机械振动是表示机械设备在运动状态下，机器上某观测点的位移量围绕其均值或相对基准随时间不断变化的过程。

旋转机械振动情况可分成稳态振动和随机振动两大类，如图 2-32 所示。稳态振动是指在某一时间 t 后，其振动波形的均值不变，方差在一定的范围内波动；而随机振动是指信号的均值和方差都是时间函数。

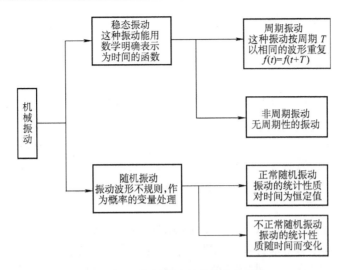

图 2-32　机械振动的种类和特征

2. 简谐振动

简谐振动是最基本的周期振动，各种不同的周期振动都可以用无穷多个不同频率的简谐运动的组合来表示。

简谐运动的运动规律可用函数表示，即质点的运动规律为

$$y = A\sin\left(\frac{2\pi}{T}t + \phi\right)$$
$$= A\sin(2\pi ft + \phi)$$
$$= A\sin(\omega t + \phi) \tag{2-7}$$

式中　y——质点位移；

　　　t——时间；

　　　f——振动频率；

　　　A——位移的最大值，称为振幅；

　　　T——振动周期，为振动频率 f 的倒数；

　　　ω——振动角频率；

　　　ϕ——初始相位角。

对应于该简谐振动的速度 v 和加速度 a 分别为

$$v = \frac{\mathrm{d}u}{\mathrm{d}t} = \omega A\cos(2\pi ft + \phi) \tag{2-8}$$

$$a = \frac{\mathrm{d}v}{\mathrm{d}t} = -\omega^2 A\sin(2\pi ft + \phi) = -\omega^2 y \tag{2-9}$$

综上所述可见，速度的最大值比位移的最大值超前 90°，加速度的最大值比位移最大值超前 180°。

3. 周期振动及其性质

波形按周期 T 重复，即

$$y(t) = y(t + nT)，n = 0,1,2,\cdots\cdots$$

成立时，称为周期振动。旋转机械按固定的转速运动，由于随机干扰，也伴随着许多随

机振动信息，所以，旋转机械的振动过程是一个以周期振动为主的随机过程。

根据函数的傅里叶级数展开定理，周期函数可以展开为傅里叶级数，即

$$y(t) = \frac{a_0}{2} + \sum_{n=1}^{\infty} (a_n)\cos n\omega t + b_n\sin n\omega t \tag{2-10}$$

由上可知，任何周期振动都可以看作是由简谐振动叠加而成的，进一步简化可写成

$$y(t) = A_0 + A_1\sin(\omega t + \phi_1) + A_2\sin(2\omega t + \phi_2) + \cdots + A_n\sin(n\omega t + \phi_n) + \cdots \tag{2-11}$$

式中的第一项 A_0 为均值或直流分量，第二项 A_1 为基本振动或基波，第三项 A_2 以后总称为高次谐波振动，如果系统中有随机振动成分，某项的 A_i，ω_i，ϕ_i 都是随机变化的，由于旋转振动时具有上述特性，故要用频谱分析方法进行研究。

4. 时域－频域分析

时域和频域是对同一给定信号从两个不同的角度去观察的简称，如图 2-33 所示。在时域中，幅值－时间是分别用垂直轴和水平轴表示的两维图。在频域中，是从时域端头看的，幅值仍旧是垂直轴，但这水平轴表示频率。这表明对于时域信号无论是正弦波，还是复合波，两者是没有差异的，因为后者可以用一系列正弦波表示。所以在幅值和周期或频率已知的条件下，是很容易从一个域转换到另一个域的。简单地说它们好像是从两个相对位置成90°的窗口分别观察一个信号。至于选哪一个窗口更好，则应取决于测量的目的和探测的对象。

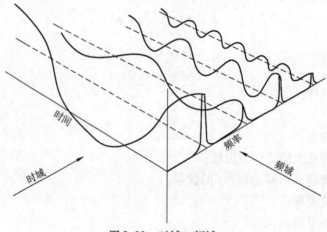

图 2-33　时域－频域

5. 转子的临界转速

旋转机械在升降速过程中，在某个（或某几个）转速下出现振动急剧增大的现象，有时甚至在工作转速下振动也比较强烈。其振动原因往往是由于转子系统处于临界转速附近，产生了共振。

在无阻尼的情况下，转子的临界转速等于其横向固有频率，因此转子的临界转速个数与转子的自由度相等。对实际转子来说，理论上有无穷多个临界转速，但由于转子的转速限制，往往只能有几个临界转速。

在有阻尼的情况下，转子临界转速略高于其横向固有频率。

根据转子的工作转速 n 与其第一阶临界转速 n_{cr1} 间的关系，可将转子划分为：

$n < 0.5\ n_{cr1}$　　　　　　刚性转子

$0.5n_{\text{cr1}} \leqslant n < 0.7n_{\text{cr1}}$　　　准刚性转子

$n \geqslant 0.7n_{\text{cr1}}$　　　　　　　挠性转子

刚性转子与挠性转子两者的动力学特性有很大不同，这对于动平衡来说十分重要。

二、振动监测及分析

1. 监测参数

振动是故障诊断必须监测的参数之一。此外，与之相关的过程参数、工艺参数也应该予以足够的重视。测量参数可分为静态参数和动态参数两种。

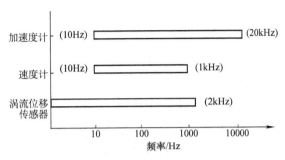

图 2-34　标准振动传感器的测量范围

（1）动态参数

1）振幅。它表示振动的严重程度，可用位移、速度或加速度表示。常见振动传感器的使用频率范围，如图 2-34所示。

2）振动烈度（即振动速度的方均根值）。近年来国际上已统一使用振动烈度作为描述机器振动状态的特征量。振动烈度的计算如下：

$$v_{\text{rms}} = \frac{1}{T}\int_0^T v^2(t)\,\mathrm{d}t = \sqrt{\frac{1}{2}(v_1^2 + v_2^2 + \cdots + v_n^2)}$$

$$= \sqrt{\frac{1}{2}(A_1^2\omega_1^2 + A_2^2\omega_2^2 + \cdots + A_n^2\omega_n^2)} \tag{2-12}$$

式中　　ω_1，ω_2，$\cdots\omega_n$——非简谐振动的各个角频率；

　　　　v_1，v_2，$\cdots$，v_n——相应角频度下的振动速度值；

　　　　A_1，A_2，$\cdots$，A_n——相应角频率下的振动位移峰值。

3）相位。它对于确定旋转机械的动态特性，故障特性及转子的动平衡等具有重要意义。

（2）静态参数

1）轴心位置。在稳定情况下，轴承中心相对于转轴轴颈中心的位置，在正常情况下，转轴在油压、阻尼作用下在一定的位置上浮动，在异常情况下，由于偏心太大，会发生轴承磨损的故障。

2）轴向位置。轴向位置是机器转子上止推环相对于止推轴承的位置。当轴向位置过小时，易造成动静摩擦，产生不良后果。

3）差胀。差胀指旋转机械中转子与静子之间轴向间隙的变化值。它对机组安全起动具有十分重要的意义。

4）对中度。对中度指轴系转子之间的连接对中程度，它与各轴承之间的相对位置有关，不对中故障是旋转机械的常见故障之一。

5）温度。轴瓦温度反映轴承运行情况。

6）润滑油压。反映滑动轴承油膜的建立情况。

2. 旋转机械振动故障分析

旋转机械振动信号常用的分析方法除一般的信号分析与处理方法（如时域分析、频域方法、时序分析，小波分析等）外，针对旋转机械的特点，常用以下几种图形分析方法：

（1）波特图（Bode Plot） 波特图是机器振幅与转速频率，相位与转速频率的关系曲线，如图2-35所示。图中横坐标为转速频率，纵坐标为振幅和相位。常用波特图、1×（即转速频率）滤波波特图和2×（即二倍转速频率）滤波波特图。从波特图上可以得到转子系统在各个转速下的振幅和相位、在运行范围内的临界转速值、阻尼大小等，综合转子系统上几个测点可以确定转子系统的振型。

（2）极坐标图 极坐标图是把上述幅频特性和相频特性曲线综合在极坐标上表示出来，如图2-36所示。图上各点的极点半径表示振幅值，角度表示相位角。其作用与波特图相同，但更为直观。

（3）轴心位置图 借助于相互垂直的两个电涡流传感器，监测直流间隙电压，即可得到转子轴颈中心的径向位置。如图2-37所示，轴心位置图与极坐标图不同，轴心位置图是指转轴在没有径向振动的情况下轴心相对于轴承中心的稳态位置；极坐标图是指转轴随转速变化时的工频振动矢量图。通过轴心位置图可判断轴颈是否处于正常位置、对中好坏、轴承标准高是否正常、轴瓦是否变形等情况，从长时间轴心位置的趋势可观察出轴承的磨损等。

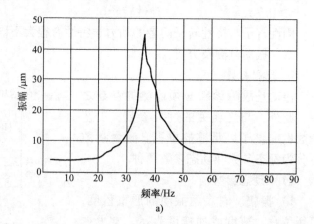

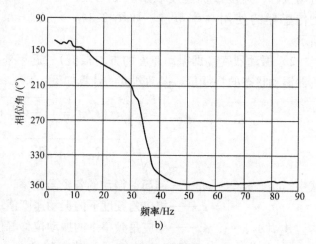

图2-35 波特图
a）频率与振幅的关系 b）频率与相位的关系

（4）轴心轨迹图 转子在轴承中高速度旋转时并不是只围绕自身中心旋转，而是还环绕某一中心作涡动运动。产生涡动运动的原因可能是转子不平衡、对中不良、动静摩擦等，这种涡动运动的轨迹称为轴心轨迹。

轴心轨迹是利用相互垂直的两个非接触式传感器分别安置于轴截面上，同时刻采集数据绘制或由示波器显示，也称为李莎育图形。通过分析轴心轨迹的运动方向与转轴的旋转方向，可以确定转轴的进动方向（正进动和反进动）。轴心轨迹在故障诊断中可用来确定转子的临界转速、空间振型曲线及部分故障，如不对中、摩擦、油膜振荡等，只有在正进动（轴的旋转方向与轴心轨迹旋转方向一致。反之，称为反进动）的情况下才有可能发生油膜振荡。

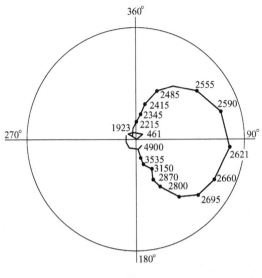

图 2-36　极坐标图

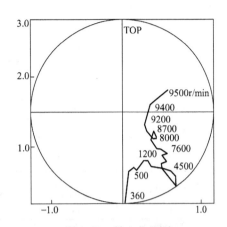

图 2-37　轴心位置图

振幅 50μm/每读数单位（逆时针方向旋转）

（5）频谱图　振动信号绝大多数是由多种激励信号合成的复杂信号，按照傅里叶分析原理，这种复杂信号可以分解为一系列谐波分量（即频率成分），每一谐波分量又含有幅值和相位特征量。各个谐波分量以频率轴为坐标，按频率高低排列起来的谱图，就叫频谱图。各谐波分量分别以幅值或相位特征量来表示，分别称为幅值频谱（简称幅值谱）和相位频谱（注意与波特图的区别）。

目前幅值频谱的应用非常普遍，也非常有效，而相位频谱在应用中尚存在一些问题，因此尚处于研究开发中。图 2-38 所示为一台透平压缩机转子振动的幅值谱。转子转速 $n =$ 5273r/min（工作频率 $f_r = 87.9$Hz）。

在同步振动中，其基频成分与转子的工作频率即旋转频率 f_r 相等，为了便于识别各频率成分（包括基频、倍频及分数倍频等）与故障的联系，常将频谱图的频率轴（横坐标）改用工作频率的倍数来表示，而纵坐标仍表示幅值。这种谱图称为"阶比"幅值谱图。图 2-39 为图 2-38 的"阶比"幅值谱。两图形状相似，仅在横轴方向比例有所改变。

3. 旋转机械振动评定标准

目前常用振幅来衡量机械运行状态，主要分为以下两种：

（1）轴承振动评定　承振动评定是把接触式传感器（例如磁电式振动速度传感器或压电式振动加速度传感器）放置在轴承座上进行测量。

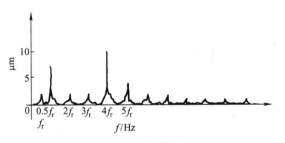

图 2-38　幅值谱

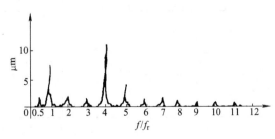

图 2-39　"阶比"幅值谱

（2）轴振动评定　轴振动评定是用非接触式传感器（例如电涡流式传感器）测量轴的相对振动值或轴的绝对振动值。

评定参数可用振动位移峰峰值和振动烈度（它代表了振动能量的大小）来表示。

表 2-3 为离心鼓风机和压缩机的轴承振动标准。表 2-4 为汽轮机的轴承振动标准。

表 2-3　离心鼓风机和压缩机的轴承振动标准

振动标准/μm	转速/(r·min⁻¹)			
	≤3000	≤6500	≤10000	>10000~16000
主轴轴承	≤50	≤40	≤30	≤20
齿轮轴承		≤40	≤40	≤30

表 2-4　IEC 汽轮机的轴承振动标准

振动标准/μm	转速/(r·min⁻¹)				
	≤1000	1500	3000	3600	≥6000
轴承上	75	50	25	21	12
轴上（靠近轴承）	150	100	50	44	20

由上述两表可以看出，转速低，允许的振动大；转速高，允许的振动小。同时，上述表中的振幅均为双振幅（即峰峰值），而有些国家、公司采用峰值标准，相应允许值要减少 1/2，这点应给予重视，以免造成不必要的损失。

国际标准化组织（ISO）给出了用振动烈度评定机械振动特性的国际标准，见表 2-5。ISO3945 用于评定功率大于 300kW，转速为 600~12000r/min 的大型原动机和其他具有旋转质量的大型机器。

表 2-5　振动烈度标准

振动强度范围[速度有效值/(mm/s)]	ISO2372				ISO3945	
	Ⅰ类	Ⅱ类	Ⅲ类	Ⅳ类	刚性基础	柔性基础
0.28						
0.45	A					
0.71		A				
1.12	B		A	A	优	优
1.8		B				
2.8	C		B			
4.5		C		B		
7.1			C		良	良
11.2				C		
18					可	可
28	D	D	D			
45				D	不可	不可
71						

注：Ⅰ类小型机械（例如 15kW 以下电动机）；Ⅱ类中型机械（例如 15~75kW 电动机和 300kW 以下机械）；Ⅲ类大型机械（安装在坚固重型基础上，转速 600~12 000r/min，振动测定范围 10~1 000Hz）；Ⅳ类大型机械（安装在较软的基础上）。表中：A-好，B-满意，C-不满意，D-不合格。

【任务实施】 旋转轴故障诊断

旋转机械的故障是多种多样的，旋转轴典型故障的特征及其诊断方法如下。

1. 不平衡振动

（1）不平衡振动的特征 转子的质量不平衡所产生的离心力始终作用在转子上，它相对于转子是静止的，其振动频率就是转子的转速频率，也称为工频（即工作频率），在频率分析时，首先要找的就是工频成分。其特征（图 2-40）有：

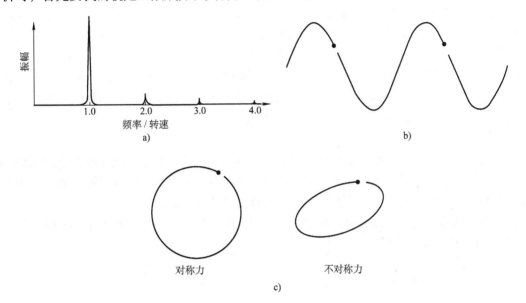

图 2-40 不平衡特征

a）频谱 b）波形 c）轴心轨迹

1）对于刚性转子，不平衡产生的离心力与转速的平方成正比，而在轴承座测得的振动随转速增加而加大，但不一定与转速的平方成正比，这是由于轴承与转子之间的振动耦合的非线性所致。

2）在临界转速附近，振幅会出现一个峰值，且相位在临界转速前后相差近 180°。

3）振动频率和转速频率一致，转速频率的高次谐波幅值很低，在时域上波形接近于一个正弦波。

（2）固有不平衡 由于各转子残余不平衡的累积、材质不良、安装不当等原因，即使机组在制造过程中已对各个转子进行了动平衡，但是连接起来的转子系统还是存在固有不平衡。为消除质量不平衡产生的振动，应在平衡机或现场进行静平衡和动平衡试验，加以校正。

（3）转子弯曲 转子弯曲有初始弯曲与热弯曲之分。

转子的初始弯曲是由于加工不良、残余应力或碰撞等原因引起的，它将引起转子系统工频振动，通过振动测量并不能把它与转子的质量不平衡区分开来。而应在低速转动下检查转子各部位的径向圆跳动量予以判断。当转子弯曲不严重时也可以用平衡方法加以校正；当弯曲严重时，必须进行校正或更换。

转子热弯曲的主要原因有：由于转子与静子（如密封处）发生间歇性局部接触，产生摩擦热引起的转子临时性弯曲；转子不均匀受热或冷却引起转子的临时性弯曲。其特点是转子的振动随时间、负荷的变化而在大小和相位上均有改变。因此，可通过变负荷或一段时间的振动监测判断转子热弯曲故障。防止热弯曲一方面要减小使转子不均匀受热的影响因素，如起停机时充分暖机，保证机组均匀膨胀；另一方面应注意装配间隙，各部件要有相近的线（膨）胀系数。

（4）转子部件脱落　当旋转转子上部件突然脱落时，转子产生阶跃性的不平衡变化，其表现形式也是每转一次的振动成分，使机组振动加剧。但由于转子部件脱落不平衡矢量与原始转子不平衡矢量的叠加，使合成的不平衡矢量在大小、相位和位置三方面均与原始转子不平衡矢量发生了变化，因此，可通过测量相位进一步诊断。

（5）联轴器精度不良　如图 2-41 所示，联轴器精度不良在对中时产生的端面偏摆和径向偏摆，相当于给转子施加一个初始不平衡量，使转子振动增大。这时可能会出现二倍于转速频率的振动，频谱图上有明显的二次谐波谱值。

2. 转子不对中

旋转机械一般是由多根转子组成的多转子系统，转子间一般采用刚性或半挠性联轴器联接。由于制造、安装及运行中支承轴的不均匀膨胀、管道力作用、机壳膨胀、地基不均匀下沉等多种原因影响，造成转子不对中故障，从而引起机组的振动。

不对中故障是旋转机械常见故障之一，不对中分为平行不对中、角度不对中以及这两者的组合，如图 2-42 所示。

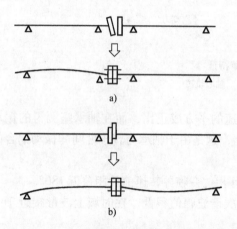

图 2-41　联轴节精度不良引起的初始弯曲
a）端面偏摆　b）径向偏摆

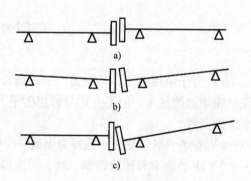

图 2-42　联轴节的不对中
a）平行不对中　b）角度不对中　c）组合不对中

转子不对中故障的主要特征（图 2-43）有：

1）改变轴承的支承负荷，使轴承的油膜压力也随之改变，负荷减少，轴承可能会产生油膜失稳。

2）最大振动往往在不对中联轴器两侧的轴承上，振动与转子的负荷有关，随负荷的增大而增高。

3）平行不对中主要引起径向振动，振动频率为旋转频率的 2 倍，同时也存在多倍频振动。

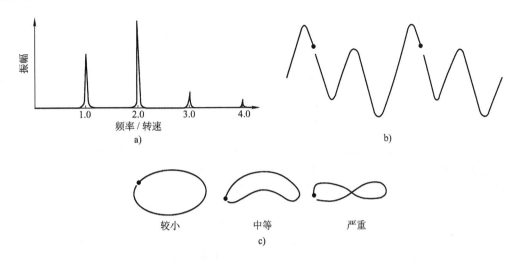

图2-43 不对中的特征
a) 频谱 b) 波形 c) 轴心轨迹

3. 动、静摩擦

在旋转机械中，由于转子弯曲、转子不对中引起轴心严重变形、间隙不足和非旋转部件弯曲变形等原因引起转子与固定件接触碰撞而引起的异常振动时有发生。动、静摩擦分为全圆径环形摩擦和局部摩擦两种，其特征（图2-44、图2-45）有：

1）振动频带宽，既有与转速频率相关的低频部分，也有与固有频率相关的高次谐波分量，并伴随有异常噪声，可根据振动频谱和声谱进行判别。

2）振动随时间而变。在转速、负荷工况一定时，由于接触摩擦局部发热而引起振动矢量的变化，其相位变化与旋转方向相反。

3）接触摩擦开始瞬间会引起严重相位跳动（大于10°相位变化）。局部摩擦时，无论是同步还是异步，其轨迹均带有附加的环。

摩擦时，轴心轨迹总是反向进动，即与转轴旋转方向相反，由于摩擦还可能出现自激振动，自激的涡动频率为转子的一阶固有频率，但涡动方向与转子旋转方向相反。

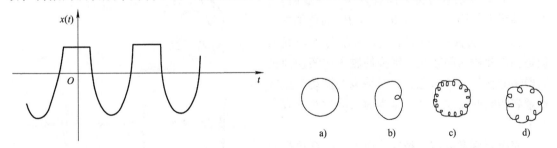

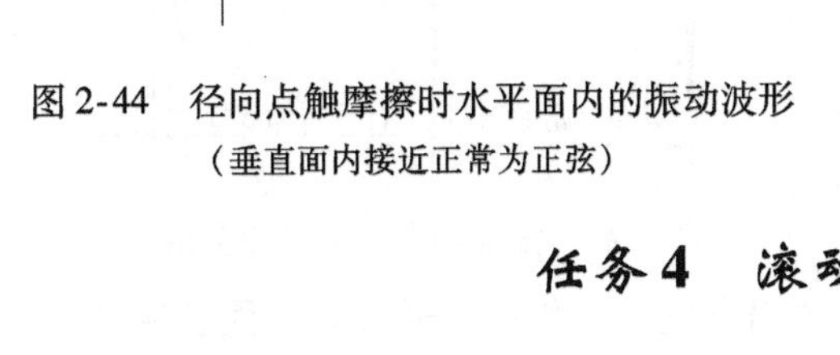

图2-44 径向点触摩擦时水平面内的振动波形
（垂直面内接近正常为正弦）

图2-45 接触碰撞引起振动的摩擦轨迹

任务4 滚动轴承故障诊断

【任务描述】

滚动轴承是机械设备中最常见也是最易损坏的零件之一，研究滚动轴承失效形式、探索滚动轴承故障诊断方法，监测滚动轴承特征信号，对保障机械设备的可靠运行有重要意义。

【任务分析】

1）滚动轴承振动机理。

2）滚动轴承振动信号测量。

3）滚动轴承故障诊断。

【知识准备】

滚动轴承是机械设备中最常见也是最易损坏的零件之一。滚动轴承有很多损坏形式，常见的有磨损失效、疲劳失效、腐蚀失效、断裂失效、压痕失效和胶合失效。当它出现随机性的机械故障时，所产生的振幅将相应增加，如图 2-46 所示。

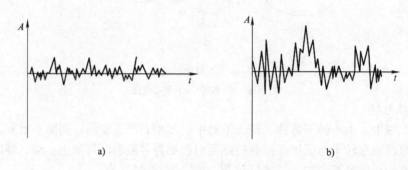

图 2-46　轴承振动的时域信号

a）新轴承的振动波形　b）表面劣化后的振动波形

1. 滚动轴承的振动机理

（1）轴承刚度变化引起的振动　在滚动轴承运转时，由于刚度参数形成的周期变化和滚动体产生的激振力及系统存在非线性，便产生多次谐波振动并含有分谐波成分，无论滚动轴承正常与否，这种振动都要发生。

（2）由滚动轴承运动副引起的振动　滚动轴承滚动元件产生的频率计算见表 2-6。

（3）滚动轴承元件的固有频率　一般而言，滚动轴承元件固有频率在 20 ~ 60kHz 的范围内。

（4）滚动轴承故障所产生的振动　表面皱裂是轴承使用时间较长，磨损使轴承的滚动面全周慢慢劣化的异常形态，此时轴承的振动与正常轴承有相同的特点，区别是表面皱裂时的振幅变大了。

表面剥落是疲劳、裂纹、压痕、胶合等失效形式所造成的滚动面的异常形态。它们所引起的振动如图 2-47 所示。在它含有的频谱中有一类为低频脉动形式，即为轴承的传输振动，其含有

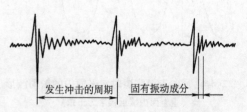

图 2-47　滚动轴承发生的冲击振动

的特征频率的能量将更突出。另一类为轴承构件的固有振动。所以，通过查找固有振动中的特征频率是否出现，是轴承故障诊断的可靠判据。

烧损是由于轴承润滑状态恶化等原因造成的，在达到烧伤的过程中，轴承的振动幅值急

速增大。

（5）与滚动轴承安装有关的振动　安装滚动轴承的轴系弯曲，或者不慎将滚动轴承装歪，使保持架座孔和引导面偏载，轴运转时则引起振动（图2-48）。其振动频率成分中含有轴旋转频率的多次谐波。此外，滚动轴承紧固过紧或过松，在滚动体通过特定位置时，也会引起振动，其频率与滚动体通过频率相同（图2-49）。

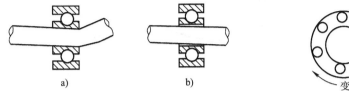

图 2-48　轴承与轴的歪斜状态图

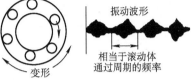

图 2-49　因紧固过紧等原因引起的振动

2. 滚动轴承振动信号检测

滚动轴承故障的振动识别必须以轴承本身的真实振动信号为依据。由于轴承异常所引起的振动与轴的旋转速度、轴承损伤部分的形状以及轴承和外壳振动系统的传递特征有关。因而，在测取轴承振动信号时，无论测哪个方向的振动信号，传感器都必须安置在轴承载荷区的中心。同时，要注意信号传递通道的影响，即必须考虑金属结构传递振动信号的通道性质。由于传感器都放在轴承座外面，为了消除传递通道的非线性影响，应保证在轴承与传感器之间直接传递的途径，尽量保证没有水套、填料及螺栓连接一类的中间介质。传递通道中的中间界面越多，对信号的干扰越大。最好是只有一个轴承座圈和轴孔间的界面。

【任务实施】　滚动轴承的故障诊断

滚动轴承的故障种类很多，常用滚动轴承的故障诊断方法如下：

1. 概率密度函数法

将滚动轴承的振动或噪声信号通过数据处理得到不同形式的概率密度函数图形，根据图形的形式可以初步确定轴承是否存在故障、故障的状态和故障位置。

宽带随机信号的概率密度函数的图形呈高斯分布，而正弦信号则呈鞍形，据此不难分析出图2-50所示的4种不同状态轴承的工作状况。图2-50a接近高斯分布；图2-50b图形方差较大，但无鞍形，可以说无明显故障；图2-50c数据集中的成分大，在均值左右出现较明显的鞍形，低值分散，存在划伤现象；图2-50d图形方差很大，数据非常分散，这是疲劳的明显特征。

2. 谐振信号接收法

谐振信号接收法是当前使用得比较普遍的方法，在这一方法中，以30~40kHz作为监测频率，所选择的压电晶体加速度传感器的磁座、机壳以及其邻近零件的谐振频率均远离30~40kHz。这样，当被监测的滚动轴承正常运行时，在此监测频率内不会出现共振峰。一旦轴承损坏产生脉动时，轴承零件在此监测频率内的谐振信号由传感器接收，经电荷放大器放大和30~40kHz带通滤波器滤波，即可获得较强的监测信号。当监测到的振动幅值大于相应工况下的规定值时，则可以认为轴承有故障产生，然后可进行进一步诊断。

3. 频谱分析法

轴承振动信号的频谱图，可以从频率的结构上提供故障信息。

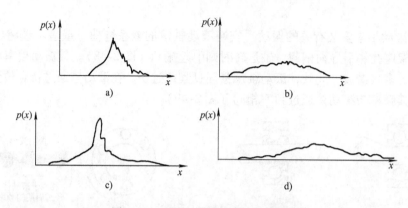

图 2-50　几种不同的概率密度函数图

（1）基频识别　在频谱图上找出根据滚动轴承的运动形式计算得到的特征频率，并观察其变化，从而判别故障的存在和原因。需要说明的是各种特征频率都是从理论上推导出来的，而实际上，轴承的几何尺寸误差、轴承安装后的变形，都会使实际的频率与计算所得的频率有出入，所以在频谱图上寻找各特征频率时，需在计算的频率值上找其近似的值来做诊断。

图 2-51a 所示为外环有划伤的轴承频谱图，可以看出其频谱中有较大的周期成分，其基频为 184.2Hz，而图 2-51b 则是与其相同的完好轴承的频谱图。通过比较可以看出，当出现故障后频谱图上有较高阶谐波。在此例中出现了 184.2Hz 的 5 阶谐波，且在 736.9Hz 上出现了谐波共振现象。图 2-51 虽是一个典型的频谱图，但一般滚动轴承在更高的频率域上会出现更明显的波形，尽管随着轴承的大小不同，频率域会有所不同，但一般都在 2 ~ 50kHz 附近出现

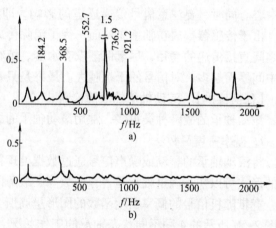

图 2-51　轴承故障分析图

明显的波峰，该波峰是由于外圈的变形振动（圆环振动）所致。

（2）"谐频"识别　根据"谐频"的间距来判别。在分辨率较高的功率谱图上常见到均匀的棒线或尖峰，细心测量其间距大小可以判断什么部位发生故障。特别是采用加速度测量时，在高频可提供预期警告的信息。即使故障很轻微，在基频上幅值变化 ΔA 很小，由于加速度幅值变化 $a = \omega^2 A$，随 ω^2 增大，使某些高阶"谐频"上 a 仍有较大增加。这种方法可以给出故障预期警告，缺点是误差较大。

（3）倒频谱法　对于一个复杂的振动情况，其谐波成分更加复杂而密集，仅仅去观察其频谱图，可能什么也辨认不出。这是由于各运动件在力的相互作用下各自形成特有的通过频率，并且相互叠加与调制，因此在功率谱图上则形成多族谐波成分，如用倒频谱则较易于识别。

图 2-52a 是内圈轨道上有疲劳损伤和滚子有凹坑缺陷的轴承的振动时间历程。图 2-52b

则是其频谱图，该图不便识别。而图 2-52c 是其倒频谱，从图中可以明显看出有 106Hz 及 26.39Hz 成分，理论计算的滚子故障频率为 106.35Hz，内圈故障频率为 26.35Hz，可见，倒频谱反映的故障频率与理论值误差较小。

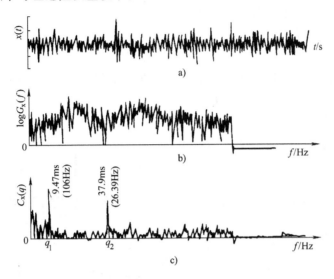

图 2-52 倒频谱分析示意图

在滚动轴承故障信号分析中，由于存在着明显的调制现象，并在频谱图中形成不同族的调制边带。当内圈有故障时，则内圈故障频率构成调制边带；当滚子有故障时，则又以滚子故障频率成另一族调制边带。故轴承故障的倒频谱诊断方法可以提供有效的预报信息。

4. 包络法

作为以上频谱分析的信息是机械振动的低频信息。在接收振动信号时传感器都避开了其可能产生自振的频率。事实上，当轴承由于自身缺陷而在运行中引起脉动时，将使传感器本身以其固有频率产生高频振动，此高频振动的幅值受到上述脉动激发力的调制，这一部分输出是用适当的滤波器滤除的，如图 2-53a 所示。

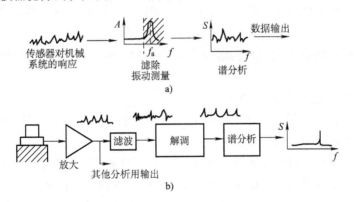

图 2-53 低频信号接收法和包络法拾取信息过程

相反，包络法则选择传感器的一阶谐振频率区作为监测频带，而将其他低频分量滤除，如图 2-53b 所示。在包络法中，将上述经调制的高频率分量拾取，经放大、滤波后送入峰值跟踪器解调，即可得到原来的低频脉动信号，再经谱分析获得要求的功率谱。

图 2-54 所示的是低频信号接收法和包络法的比较。图 2-54a、c 分别为轴承在正常状态运行时用低频信号接收法和包络法得到的谱图。而图 2-54b、d 分别为轴承在缺陷状态运行时用上两种方法得到的谱图。比较这四张谱图可以看到，在正常状态下运行的滚动轴承，用包络法得到的谱图上没有明显的谱峰，而用低频信号接收法得到的谱图上，有各类干扰存在仍然出现一些谱峰。对照有故障的状态，包络法的两张谱图（图 2-54c 与图 2-54d），其差异十分明显，包络法将与故障有关的信号从高频调制信号中取出，从而避免了其他低频信号的干扰，故有较高的灵敏度和诊断可靠性。

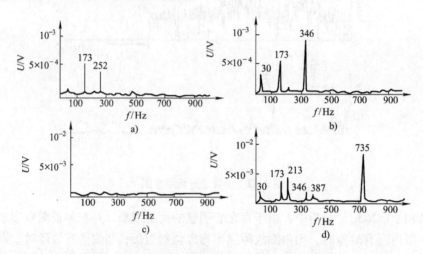

图 2-54　低频信号接收法和包络法得到的谱图

5. 冲击脉冲法

冲击脉冲是由于机械撞击而产生的一种持续时间很短的压力脉冲。如滚道和滚动元件的不规则表面就会产生这种撞击。显然，冲击脉冲和轴承运转状态之间有着明显的对应关系，冲击脉冲的峰值取决于撞击速度，而不受物体质量与形状的影响。用冲击脉冲法检测轴承，就是由装在轴承上的传感器从运转着的轴承中检测到冲击脉冲，用谐振解调法从传感器拾取的信号中提取冲击信号。然后，可利用冲击波形最大值 P（图 2-55），也可将冲击波形做绝对值处理后的波形平均值 A 或二者的组合 P/A 指标与正常轴承的相应指标比较来判定是否存在异常。

6. 滚动轴承的其他监测诊断方法

（1）接触电阻法　接触电阻法所依据的基本原理和振动测量完全不同。它是与振动监测法相互补充的一种监测诊断技术。

旋转中的滚动轴承，由于在轨道与滚动体之间形成油膜，所以内、外圈之间有很大电阻。在润滑状态恶化或轨道面、滚动面上产生破损时，油膜就被破坏。正常状态的轴承，其油膜厚度至少是表面粗糙度的 4 倍，因此轴承内、外圈之间的平均电阻值高达 $1 \times 10^6 \Omega$，当轴承零件出现剥落、腐蚀坑、裂纹或磨损时，油膜被破坏，接触电阻下降至 0Ω。

接触电阻法的监测原理如图 2-56 所示，依照电阻测量原理，滚动轴承的内、外圈之间需加微小的电压，一般为 1V 左右。

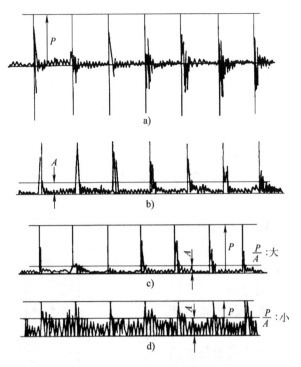

图 2-55　冲出脉冲诊断示意图

振动监测和接触电阻监测对于不同的轴承缺陷敏感程度不一样,振动监测法对剥落,凹坑比较敏感,而接触电阻法对磨损、腐蚀等缺陷比较敏感。两者是相互补充的。

接触电阻法进行轴承的监测诊断,简单易行,明确迅速,但在使用时应注意下面几点:

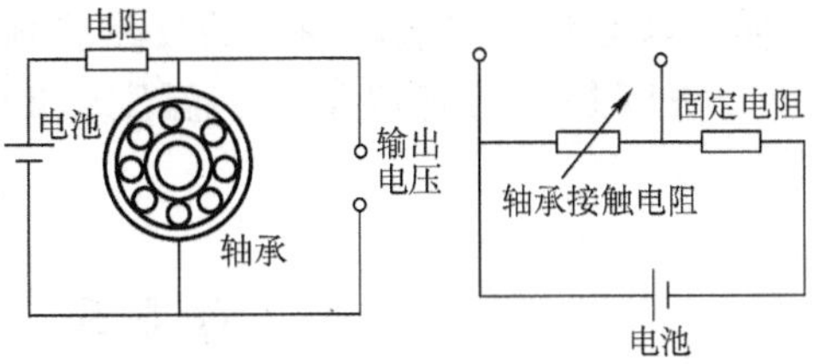

1) 转速低时,不能使用此法,因为这种工况下,滚道与滚动体间的油膜也可能被破坏。

2) 旋转轴和外壳必须绝缘。

3) 对表面剥落、裂纹、压痕等异常监测能力不好。

图 2-56　接触电阻法的监测原理

(2) 光纤监测技术

1) 光纤监测原理。光纤监测是一种直接从轴承内、外圈表面提取信号的诊断技术。其原理如图 2-57a 所示,用光导纤维束制成的位移传感器,包含有发送光纤束 1 和接收光纤束 2。光线由发送光纤束经过传感器端面与轴承内、外圈表面的间隙,反射回来,再由接收光纤束接收,经过光电元件转换为电压输出,间隙量 d 改变时,导光锥 3 照射在轴承表面的面积和反光锥 4 接收反射光束的面积产生变化,因而转换后的输出电压也随之改变。传感器输出电压 – 间隙量特性曲线如图 2-57b 所示。

在图 2-57b 中,特性曲线前侧开始有一段线性区 L,这是由于导光锥照射在轴承表面的面积越来越大,接收光纤束所接收的照度不断增大,直到达到峰值为止。此后,当间隙量进一步增大时,接收光纤束所接收的照度与间隙的平方成反比,其输出电压逐渐下降。

光纤式位移传感器的安装方法如图 2-58 所示。

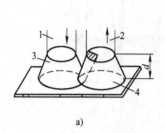 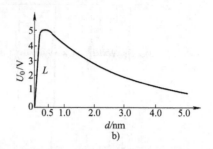

a) b)

图2-57　光纤监测原理及光纤式位移传感器特性曲线
1—发送光纤束　2—接收光纤束　3—导光锥　4—反光锥

2）采用光导纤维位移传感器进行滚动轴承故障诊断有如下优点：

① 光纤位移传感器具有高的灵敏度（50mV/mm），外形细长，便于安装。

② 可减小或消除振动传递通道的影响，从而提高信噪比。

③ 可以直接反映滚动轴承的制造质量、工作表面磨损程度、轴承载荷、润滑和间隙的情况。

除了以上介绍的滚动轴承的故障监测诊断方法以外，还有声学法、温度诊断法等。

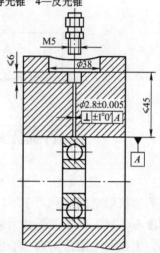

图2-58　光纤式位移传感器的安装方法

任务5　齿轮故障诊断

【任务描述】

齿轮是常见的机械传动零件，齿轮由于制造误差、装配不当或在不适当的条件下使用，常会发生损伤，影响机械设备的正常运转。因此应定期拾取振动信号，分析齿轮损伤原因，并采取相应措施，保障机械设备正常运行。

【任务分析】

1）齿轮损伤形式。

2）振动信号分析。

3）齿轮故障诊断。

【知识准备】

1. 齿轮常见故障

齿轮是最常见的机械传动零件。齿轮由于制造误差、装配不当或在不适当的条件（载荷、润滑等）下使用，常会发生损伤，常见的损伤大约可分为以下四类：

（1）齿断裂　齿断裂有疲劳断裂和过载断裂两种。最常见的是疲劳断裂，通常先从受力侧齿根产生裂纹，逐渐向齿端发展而致折断。过载断裂是由于机械系统速度的急剧变化、轴系共振、轴承破损、轴弯曲等原因，使齿轮一端接触，载荷集中到齿面一端而引起的。

（2）齿面磨损　由于金属微粒、污物、尘埃和沙粒等进入齿轮而导致材料磨损、齿面局部熔焊随之又撕裂的现象等均属于齿面磨损的情况。

（3）齿面点蚀　由于齿面接触应力超过材料允许的疲劳极限，表面层先是产生细微裂纹，然后是小块剥落，直至严重时整个轮齿断裂。

（4）齿面塑性变形　如压碎、起皱。

在设备运行时，人们很难直接检测某一个齿轮的故障信号，一般是在轴承、箱体有关部位测量，所测得的信号是轮系的信号，再从轮系的信号中分离出故障信息。在减速器故障诊断中，振动检测是目前的主要方法。当齿轮旋转时，无论齿轮发生异常与否，齿的啮合都会产生冲击振动，其振动波形表现出振幅受到调制的特点，甚至既调幅又调频。

2. 齿轮传动装置的动力特征

通常齿轮传动装置产生一个复杂的宽带振动频谱，频率从低于轴的旋转频率开始伸展到齿轮啮合频率（齿数×轴的旋转频率）的数倍。图 2-59 所示为一个典型齿轮传动装置产生的振动频谱。在谱的低频端是齿轮轴的旋转频率和它的倍频。通常在轴转速的第四或第五阶倍频上的幅值即降到基本频率处的 1% 以下，因此在实际应用中可以忽略。

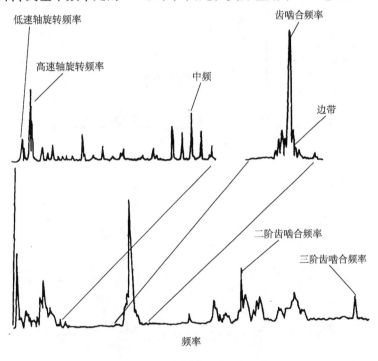

图 2-59　典型的齿轮振动频谱

下一组频率是中频，通常出现在旋转频率与啮合频率之间。中频组是一系列与一根或二根轴的旋转频率倍数同步的频率，因此很容易从机械上予以解释。此外还有一种情况，便是这些频率与齿轮传动零件本身的固有频率相重合，所以中频可能是由于一种非常低级别激励产生的共振放大引起的。但在许多情况下，中频的幅值变化可作为齿轮传动失效的高灵敏度的初期指示。

齿轮啮合频率及其谐振频率通常是从齿轮传动装置上记录下来的壳体振动和声频谱中的

最显著分量。啮合频率可以是一个单一的显著频率，也可以是在此频率的两边并有边带（边频带）围绕，边频带是一些在啮合频率两边以齿轮轴旋转频率为间隔的频率分量。啮合频率上的幅值从一个轮齿到另一个轮齿可以有很大的变化，受齿数、传动比、表面粗糙度和载荷的影响。一般规律是齿数越多、传动比越小、齿表面粗糙度越细、齿上所受载荷越轻，则啮合频率上的幅值越小。啮合频率上的幅值的典型数值通常在4~8个重力加速度范围内，但是有时也会遇到在正常情况下啮合频率上的幅值超过此数值的情况。

　　啮合频率的幅值经常被用作状态的度量数据，但是，载荷变化引起的正常变化有时会掩盖由于状态变化引起的任何趋势。图2-60所示是因载荷变化而引起的啮合频率上的幅值的变化。从燃气涡轮发电机减速器上所记录下来的三张加速度特征图，分别是在额定速度断路器开路、约半载荷9.5MW和室温下满载荷15.5MW三种工况下测得的。值得注意的是从无载荷到满载荷在啮合频率上的幅值有一个很大变化。因为特征图是在设备处于正常运行状态约15min时间上记录下来的，因此确定啮合频率上的幅值变化是由于载荷变化和减速器元件温度变化而引起的。

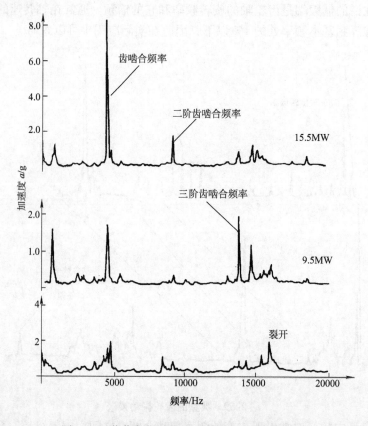

图2-60　载荷变化引起的啮合频率上的幅值变化

　　亦可注意啮合频率倍频幅值从无载荷到满载荷的相对变化。在9.5MW时，特征图中是二阶、四阶谐振频率上的幅值较小，结合一个较大的三阶谐振频率幅值，可推断这是一个方波，可能是在进入和退出啮合过程中由一冲击载荷引起。在满载荷时，这个特征消失，被一更正常的递降幅值的谐振频率序列所代替，它表示是一个略有变形的正弦波。

【任务实施】 旋转机械故障诊断

旋转机械常见故障诊断见表2-6。

表2-6 旋转机械故障诊断

故障性质	主要振动频率/Hz	方向	备　注
旋转件不平衡，轴不对中和轴弯曲	$1f_r$ 一般 $1f_r$ 时常 $2f_r$ 有时 $3f_r$ 和 $4f_r$	径向和轴向	机器振动过大的一般原因 一般故障
滚动件（滚珠，滚柱等）损坏的轴承	高频振动（2～60kHz） 常常与轴承径向共振有关	径向和轴向	不寻常振动极值，常带有冲击 ＊冲击速率： 冲击速率 f（Hz） 外圈损坏 f（Hz）$=\dfrac{n}{2}f_r\left(1-\dfrac{BD}{PD}\cos\beta\right)$ 内圈损坏 f（Hz）$=\dfrac{n}{2}f_r\left(1+\dfrac{BD}{PD}\cos\beta\right)$ 滚珠损坏 f（Hz）$=\dfrac{1}{2}\dfrac{PD}{BD}f_r\left[1-\left(\dfrac{BD}{PD}\cos\beta\right)^2\right]$ $n=$ 滚珠或滚柱数 $f_r=$ 内、外圈之间的相对转速
滑动轴承盖松动	轴转速的次谐波，1/2 或 $1/3f_r$	主要是径向	在一定工作转速和工作温度（如涡轮机械）下，松动才能发生
滑动轴承油膜振荡	稍低于轴转速之半（42%～48%）	主要是径向	适用于高速机器（如涡轮机）
滞后回旋	轴的临界转速	主要是径向	通过轴的临界转速时激起的振动在高转速下仍旧保持。有时固紧转子零件可以消除
齿轮损坏或磨损	齿轮啮合频率（转速×齿数）及其阶次	径向和轴向	齿轮啮合频率周围的边带表示以相当于边带间距的频率调制（如偏心），一般只能用很窄的带宽分析和倒频谱才能检测出
机械松动	$2f_r$		滑动轴承松动还会有次简谐振动和中间简谐振动
传动带传动损坏	1、2、3 和 4 倍传动带通过时的振动频率	径向	用频闪灯可直观地判别
不平衡往复力和力偶	$1f_r$ 及其倍数	主要是径向	

（续）

故障性质	主要振动频率/Hz	方向	备　注
扰动增加	叶片和叶轮通过频率及其谐波	径向和轴向	振动极值增加表明扰动增加
电磁感应振动	1/60（r/min）或同步频率的 1 或 2 倍	径向和轴向	关闭电源时应当消失

注：$f_r = n/60$。

项目3　机械设备的拆卸、清洗与检查

【学习目标】

机械设备故障诊断，确定故障部位后，需对机械设备进行拆卸。拆卸前应阅读设备资料、分析设备结构、制订拆卸方案，然后再拆卸故障部位、清洗检查故障和隐患零件。对故障零件、隐患零件确认后，选择购置、修复或制造方案，交由相关部门处理或领用备品备件，重新装配，验收后交付生产。

拆卸是设备故障诊断与维修的重要环节之一，必须认真对待。

【知识目标】

1）掌握机械设备拆卸的基本概念，熟悉设备拆卸顺序。

2）掌握螺纹连接件、过盈连接件、滚动轴承、不可拆连接件的拆卸或处理方法。

3）了解清洗液配制方法，掌握检查甄别主轴、齿轮、轴承等零件工作状态的方法。

【能力目标】

1）主轴部件拆卸。

2）典型连接件拆卸。

3）零件清洗。

4）典型零件检查。

任务1　主轴部件拆卸

【任务描述】

主轴部件是机床的关键部件之一，机床大修时，主轴部件是必拆部件。了解设备拆卸规则和要求，正确拆卸主轴部件，是设备维修人员的基本技能。

【任务分析】

1）了解机械设备拆卸的基本概念、要求及注意事项。

2）熟悉机械设备的构造和工作原理。

3）拆卸主轴部件。

【知识准备】

拆卸工作是设备维修中的一个重要环节。若在拆卸过程中存在考虑不周全、方法不恰当、工具不合理等问题，就可能造成零部件损坏，无法修复，进而造成不必要的浪费，甚至使整台设备精度降低，工作性能受到严重影响。

拆卸的目的是为了便于检查和维修。拆卸时特别要注意拆卸的顺序和正确的拆卸方法，否则将损坏零部件，甚至使机械设备不能恢复原有的精度和性能。拆卸前应有周密的计划，对有可能遇到的问题和困难做充分的准备。拆卸时的规则和要求如下：

1. 拆卸前必须熟悉机械设备的各部分构造和工作原理

为搞清机械设备的构造、原理和性能，可以查阅有关的说明书和资料，若设备资料已经遗失，就必须结合自己的知识推断其构造和相互的关系、配合性质和紧固件位置。

2. 从实际出发，可不拆卸的尽量不拆，需要拆的一定拆

拆装不仅增加了修理的工作量，而且对零件的寿命也有很大的影响。但对于不拆卸的部分必须经过整体检验，确保质量，否则隐患缺陷会在使用中引起故障和事故，这是绝对不允许的。如果不能肯定内部零件的技术状态，就必须拆卸检查，以保证修理的质量。

3. 使用正确的拆卸方法，高度注意安全

1）机械设备解体前，应先切断电源，擦洗外部并放出切削液和润滑油。

2）分解的顺序一般是先附件后主体，先外后内，先上部后下部。拆卸时应记住各零件的顺序，拆卸的顺序大体上和装配的顺序相反，先装的后拆。

3）使用合理的工具和设备，避免猛敲狠打，严禁直接锤打机件的工作面。必须敲打时，应使用木锤、铜锤、铅锤或垫以软性材料（铜皮或铜棒）。

4）对不可拆卸的连接或拆卸后精度会降低的结合件，不得已要拆卸时，应尽量保护它的精度，特别是应保护材料贵、结构复杂、生产周期长的零件。

4. 拆卸时应为装配创造条件

1）如果技术资料不全，必须对拆卸过程进行必要的记录以便在安装时遵照"先拆后装"的原则重新装配。

2）精密而又复杂的部件，应画出装配草图或传动系统图，拆卸时还要做好标记（顺序和方位），以减少装配校正和调整的时间（一般采用误差消除法装配）。

3）零件拆卸后要彻底清洗，涂油防锈，保护加工面，并妥善保存，避免丢失和破坏。

4）细长零件（如丝杠、光杠等）要悬挂起来，如需水平放置，则采用多支点支承，以防变形。

5）高精度零部件要涂防锈油并用油纸包装好，妥善保管。

6）细小零件（如垫圈、螺母、特殊元件等）应放在专门容器内，用铁丝串起来，或装配在一起装在主体零件上，以防丢失。

7）液压元件、润滑油路孔或其他清洁度要求较高的零件孔或内腔，要妥善堵塞保护，以防止进入污物或尘屑。

8）对不能互换的零件要成组存放或打上标记。

9）各部件应分箱放置，避免丢失或混杂。

5. 对轴孔装配件应坚持拆与装所用的力相同的原则

在拆卸轴孔装配件时，通常用多大的力装配，就用多大的力拆卸。若出现异常情况，要查找原因，防止在拆卸中将零件碰伤、拉毛，甚至损坏。热装零件需利用加热来拆卸。一般情况下不允许进行破坏性拆卸。

【任务实施】 拆卸 CD6140A 型卧式车床主轴部件

图 3-1 所示为 CD6140A 型卧式车床主轴部件的装配图，先分析其结构及零件在部件中的作用，弄清拆卸零件的步骤及所用的工具、方法。

CD6140A 型卧式车床主轴为一阶梯轴，拆卸时应向右拆出。前轴承用的是 3182120 双列滚柱轴承，其外圈直径是 $\phi137mm$，而圆螺母 2 外径是 $\phi135mm$，可以通过轴承外圈孔，拆卸步骤如下：

1）将前端盖 1 及后罩 7 在主轴箱上的固定螺钉拧下，拆下前端盖 1 及后罩 7。

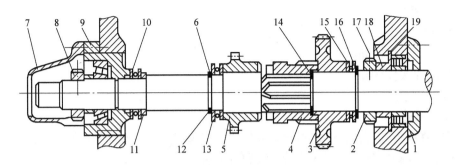

图 3-1 CD6140A 型卧式车床主轴部件装配图

1—前端盖 2、8—圆螺母 3—斜齿轮 4、5—齿轮 6、11、18—垫圈 7—后罩
9—后轴承座 10、13、15—推力轴承 12、14、16、19—弹簧挡圈 17—锁紧螺钉

2）用拆卸弹簧挡圈的专用钳子将用于轴向定位的弹簧挡圈 12 及 14 拉出沟槽，移置于轴的外圆表面上。注意，此时要将齿轮 4 与斜齿轮 3 的内齿啮合脱开，即将齿轮 4 左移，使挡圈 14 露出。

3）拧松圆螺母 8 上的锁紧螺钉，拧下圆螺母 8。

4）在主轴尾部垫木板，向右打主轴，从主轴上退下斜齿轮 3 及其左边的全部零件（后轴承垫圈、推力轴承 10、垫圈 11、弹簧挡圈 12、垫圈 6、推力轴承 13、齿轮 5 和 4、弹簧挡圈 14）。

从主轴箱右端取出主轴。主轴上的双列滚柱轴承的内圈与滚柱及斜齿轮 3 右边的各个零件（推力轴承 15、挡圈 16、圆螺母 2、垫圈 18）均可随主轴从前轴承孔中退出。

从主轴箱内取出件 10、11、12、6、13、5、4、14、3。

5）从主轴上退下推力轴承 15 及挡圈 16，松开圆螺母 2 内的锁紧螺钉 17，从主轴上拧下圆螺母 2，从主轴上退下前轴承内圈及垫圈 18。因前轴承所抱轴颈带有 1∶12 的锥度，故容易退下。

6）主轴箱上的前轴承外圈，在取出主轴箱上前轴承孔用挡圈 19 后，可向左敲击，然后从主轴箱内取出。

7）后轴承座 9，在拆下其固定螺钉后，可用铜棒向左敲击拆下。但这个零件，若经检查无裂纹、烧伤及松动等异常情况，在机床修理时可不拆下，因拆下再装时可能导致报废或影响前后轴承的同轴度，进而影响到工作精度。

拆下的零件应进行清洗、检查，按部件分别放置。损坏的零件通过检查鉴定，应做出报废或修复的决定，并填写故障检验单。

任务2 典型连接件拆卸

【任务描述】

部件拆卸后，需要将组件或零件从部件上拆卸下来，有时还需要对组件进行拆卸。过盈配合件、螺纹连接件、滚动轴承是机械设备的典型零件，掌握典型零件的拆卸，是设备维修的基础。

【任务分析】

1）拆卸方法。

2）过盈配合件拆卸。

3）螺纹连接件拆卸。

4）滚动轴承拆卸。

【知识准备】

对于零件的拆卸工作，应根据设备零部件的结构特点采用不同的拆卸方法。常用的拆卸方法有击卸法、拉拔法、顶压法、温差法和破坏法。

（1）击卸法　击卸法是利用锤子或其他重物敲击或撞击零件时产生的冲击能量把零件拆下。用锤子敲击拆卸时应注意下列事项：

1）要根据拆卸件尺寸及重量、配合牢固程度，选用重量适当的锤子，且锤击时要用力适当。

2）为了防止损坏零件表面，必须垫好软衬垫，或者使用软材料制作的锤子或冲棒（如铜锤、胶木棒等）打击。拆卸精密、重要的部件时，还必须制作专用工具加以保护，如图3-2所示。

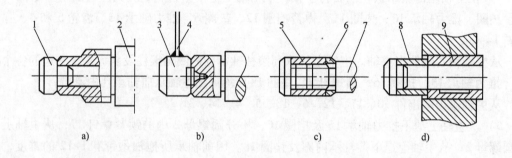

图3-2　击卸法

a）保护主轴的堵头　b）保护中心孔的堵头　c）保护轴螺纹的垫套　d）保护轴套的垫套

1、3—堵头　2—主轴　4—铁条　5—螺母　6、8—垫套　7—轴　9—轴套

3）应选择合适的锤击点，以避免拆卸件变形或破坏。如对于带有轮辐的带轮、齿轮、链轮，应锤击轮与轴的端面，不能敲击外缘或轮辐，锤击点要均匀分布。

4）由于严重锈蚀而使零件难以拆卸时，可加煤油浸润锈蚀面，当略有松动时，再拆卸。

（2）拉拔法　拉拔法是利用拔销、顶拔器等专门工具或自制工具进行拆卸的方法。它是一种静力或冲击力不大的拆卸方法。这种方法一般不会损坏零件，适于拆卸精度比较高的零件。很多设备轴上零件的拆卸就是采用此方法，如图3-3所示。

（3）顶压法　顶压法是利用螺旋夹头、机械式压力机、液压压力机或千斤顶等工具和设备进行拆卸的方法。顶压法适用于形状简单的过盈配合件的拆卸。当不便使用上述工具进行拆卸时，可采用工艺孔，借助螺钉进行拆卸，如图3-4所示。

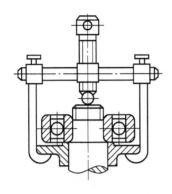

图3-3　顶拔器拆卸滚动轴承

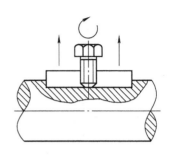

图3-4　顶压法拆卸

（4）温差法　拆卸尺寸较大、配合过盈量较大或无法用击卸、顶压等方法拆卸时，可用温差法拆卸。温差法是利用材料热胀冷缩的性能，加热包容件，配合在温差条件下失去过盈量，实现拆卸。

（5）破坏法　若必须拆卸焊接、铆接等固定连接件，或轴与套互相咬死，或为保存主件而破坏副件时，可采用车、锯、錾、钻、割等方法进行破坏性拆卸。

【任务实施】　典型连接件的拆卸

1. 螺纹连接件

螺纹连接应用广泛，它具有结构简单、便于调节和多次拆卸装配等优点。虽然它拆卸容易，但有时也会因重视不够或工具选用不当、拆卸方法不正确等原因而造成损坏，应特别引起注意。

（1）一般拆卸方法　首先要认清螺纹旋向，然后选用合适的工具，尽量使用扳手或螺钉旋具、双头螺栓专用扳手等。拆卸时用力要均匀，不宜随意使用加力杆，只有拆装受力很大的特殊螺栓、螺母，且使用专门的扳手时，才允许使用加力杆。在动手拆卸前，首先要认清螺纹的旋向。拆卸螺纹的工具主要是各种类型的扳手，一定要正确地选用以保护螺母。有时受连接件位置或结构的限制，要采用特殊的扳手。螺纹连接件的拆卸（包括装配）工作量很大，为了提高工效和降低劳动强度，应尽量采用机动扳手。

（2）特殊情况的拆卸方法

1）断头螺钉的拆卸。机械设备中的螺钉头有时会被折断，断头螺钉在机体表面以下时，可在断头端的中心钻孔，攻反向螺纹，拧入反向螺钉旋出，如图3-5a所示；可在螺钉上钻孔，打入多角淬火钢钎，再把螺钉旋出，如图3-5b所示。断头螺钉在机体表面以上时，可在断头上锯出沟槽，用螺钉旋具将螺钉旋出；或用工具在断头上加工出扁头或方头，用扳手将螺钉旋出；或在断头上焊接弯杆将螺钉旋出，

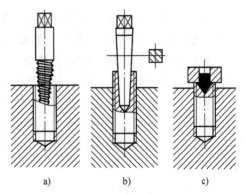

a)　　　　b)　　　　c)

图3-5　断头螺钉的拆卸

如图3-6b、c所示；也可在断头上加焊螺母将螺钉旋出，如图3-5c所示；当螺钉较粗时，可用扁錾沿圆周剔出。

在螺钉无法取出而结构和位置又允许的情况下，可用直径大于螺纹直径的钻头把螺纹钻掉，重打螺纹孔。

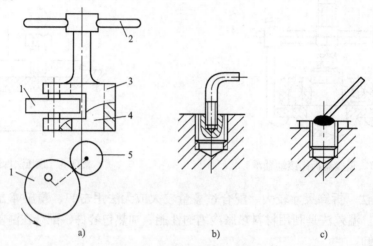

图 3-6　螺纹连接件的拆卸
a）偏心扳手　b）反扣螺柱　c）焊接圆棒
1—偏心轮　2—手柄　3—偏心体　4—卡孔　5—螺柱

2）打滑内六角螺钉的拆卸。当内六角磨圆后出现打滑现象时，可用一个孔径比螺钉头外径稍小一点的六方螺母，放在内六角螺钉头上，将螺母和螺钉焊接成一体，用扳手旋出螺母即可将螺钉旋出，如图3-7所示。

3）锈蚀螺纹的拆卸。螺纹锈蚀后，可将螺钉向拧紧方向拧动一下，再旋松，如此反复，逐步将螺钉旋出；可用锤子敲击螺钉头、螺母及四周，振动松锈层后即可将螺钉旋出；可在螺纹边缘处浇注煤油或柴油，浸泡20min左右，待锈层软化后逐步将螺钉旋出。若上述方法均不可行，而零件又允许的情况下，可快速加热包容件，使其膨胀，软

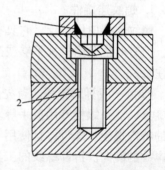

图 3-7　打滑内六角螺钉的拆卸
1—螺母　2—螺钉

化锈层后也能将螺钉旋出；还可采用錾、锯、钻等方法破坏螺纹连接件。

4）成组螺纹连接件的拆卸。成组螺纹的拆卸顺序一般为：先四周后中间，对角线方向轮换；先拧松少许或半周，然后再按顺序拧下，以免应力集中到最后的螺钉或螺栓上，损坏零件或使结合件变形，造成难以拆卸的困难。注意先拆难以拆卸部位的螺纹件。对于悬臂部件、容易倒、扭、掉、落的连接部件的连接螺钉、螺栓组，应采取垫稳或起重措施，按先易后难的顺序，留下最上部一个或两个螺钉最后吊离时拆下，以免造成事故或损伤零部件。在外部不易观察到的螺纹件、被腻子和油漆覆盖的螺纹件，容易被疏忽，应仔细检查，否则容易损坏零件。

（3）双头螺栓的拆卸

1）用偏心扳手拆卸，如图3-6a所示。

2）用双螺母法拆卸，此法在生产中应用广泛，方法简单，但效率低。

2. 过盈配合件

拆卸过盈配合件时，应按零件配合尺寸和过盈量大小，选择合适的拆卸工具和方法，视松紧程度由松至紧，依次用木锤、铜棒、手锤或大锤、顶拔器、机械式压力机、液压压力机、水压机等进行拆卸。在过盈量过大或需要保护配合面的情况下，可加热包容件或冷却被包容件后再拆下。施力部位要正确，受力要均匀且方向要正确。

过盈量较小时，可用螺旋拆卸工具拆卸，也可以用硬木锤或铜锤轻轻敲击拆卸。图3-8a所示的螺旋拆卸工具可将齿轮中的轴推出；图3-8b所示的拆卸工具可将滚动轴承中的轴推出；图3-8c所示的螺母、螺柱，可将底座中的销轴推出，注意螺柱的 A 面（两侧）应锉平，以便拆卸时使用扳手；图3-8d所示的方法可将楔形键拆下，操作时只需将工具按箭头方向转动即可将楔形键拉出。

当过盈量较大时，须用压力拆卸；过盈量很大时，应将包容件进行加热，加热到一定的温度时，迅速用压力机压出。过盈配合件的拆卸应注意以下几点：

1）被拆零件受力应均匀，作用力的合力应位于它的轴心线上，如图3-8a～c所示。

2）受力部位应正确，如用螺旋拆卸工具拆卸滚动轴承时，应使拆卸工具的钩爪钩住轴承的内座圈，不要使它钩在外圈上，如图3-8b所示，否则会将轴承损坏。一般不用锤击，必要时可垫以木头或用铜棒，沿整个工作圆周敲击，切不可在一处猛击。敲击不动时，应立即停止，并采用其他措施。

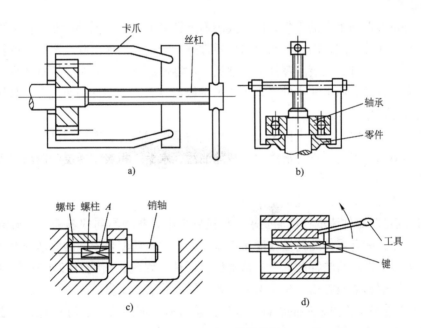

图 3-8 过盈配合连接件的拆卸

a）螺旋拆卸器 b）轴承拆卸 c）销轴拆卸 d）楔形键拆卸

3. 滚动轴承的拆卸

拆卸滚动轴承时，应按零件配合尺寸和过盈量大小，选择合适的拆卸工具和方法，视松紧程度由松至紧，依次用木锤、铜棒、手锤或大锤、顶拔器、机械式压力机、水压机等进行拆卸。在过盈量过大或需要保护配合面的情况下，可加热包容件或冷却被包容件后再迅速压出。

　　无论使用何种方法拆卸，都要检查有无定位销、螺钉等附加固定或定位装置，若有则必须先拆下。施力部位要正确，受力要均匀且方向要正确。

　　4. 不可拆连接件的拆卸

　　焊接件的拆卸可用锯割、用小钻头钻一排孔后再錾或锯，以及气割等。铆接件的拆卸可錾掉、锯掉、气割铆钉头，或用钻头钻掉铆钉等。

任务3　零件清洗

【任务描述】

　　机械设备拆卸前及零件拆卸后均需清除污垢，除锈、清除积炭、清洗，恢复零件的本来面目，以便于进行故障源确认和隐患零件排查，为零件检查打下良好的基础。

【任务分析】

　　1）拆卸前的清洗。

　　2）零件清洗。

　　3）洗涤液配制。

【知识准备】

　　从机械设备上拆卸下来的零件，由于其表面上粘满油污，锈垢等污物，看不清其磨损的痕迹、裂纹和砸伤等缺陷，因此必须对这些零件进行清洗，彻底清除其表面上的污物。

　　清洗的目的，一方面是清除零件上的油垢，对零件进行检验分类，了解各零件的磨损和损坏情况，另一方面是给下一步的修理工作提供依据。因此，零件的清洗工作直接影响到机械的修理质量和修理成本。

　　零件清洗是指采取一定技术措施除去零件表面呈机械附着状态的污染物的工艺过程。根据不同零件和不同的需要，零件清洗包括清除油污、水垢、积炭、锈层、旧漆层等。

　　1. 零件清洗的基本原则

　　零件的清洗必须掌握以下几项基本原则：

　　1）保证满足对零件清洗程度的要求。机械修理中，各种不同的零件，对清洁的要求是不一样的。例如，配合零件的清洁程度高于非配合零件；动配合零件的清洁程度高于静配合零件；精密配合零件的清洁程度高于非精密配合零件。因此，清洗时必须根据不同的要求，采用不同的清洗剂和清洗方法，从而保证达到所要求的清洁质量。

　　2）防止零件在清洗过程中的腐蚀。零件清洗过后，需停放一段时间，应考虑清洗液的防腐能力或考虑其他防锈措施。

　　3）确保安全操作，防止引起火灾，防止清洗液泄漏毒害人体和对环境造成污染。

　　2. 清洗方法

　　1）擦洗：将零件放入装有柴油、煤油或其他清洗液的容器中，用棉纱擦洗或毛刷刷洗。这种方法设备简单、操作简便，但效率低，适用于单件、小批的中小型零件。一般情况下不宜采用汽油擦洗，因其有溶脂性，会损害人的身体，且易造成火灾。

2）煮洗：将配制好的溶液和被清洗的零件一起放入用钢板焊制的清洗池中，在池的下部设有加温用的炉灶，对零件进行煮洗，煮洗时间可根据油污程度而定。

3）喷洗：将具有一定压力和温度的清洗液喷射到零件表面，以清除油污。此方法清洗效果好，生产效率高，但设备复杂，适用于零件形状不太复杂、表面有严重油垢的情况。

4）振动清洗：它是将被清洗的零部件放在振动清洗机的清洗篮或清洗架上，浸没在清洗液中，通过清洗机振动来模拟人工洗涤动作，并与清洗液的化学作用相配合，以达到去除油污的目的。

5）超声波清洗：它是将被清洗零件放在超声波清洗缸的清洗液中，由超声波"空化作用"形成的高压冲动波，使零件表面的油膜、污垢迅速剥离，与此同时，超声波使清洗溶液产生振荡、搅拌、发热并使油污乳化，以达到去污的目的。

3. 拆卸前的清洗

拆卸前的清洗主要是指拆卸前对机械设备的外部清洗，其目的是除去机械设备外部积存的大量尘土、油污、泥砂等污物，以避免将尘土、油泥等污物带入厂房内部。外部清洗一般采用自来水冲洗，即用软管将自来水接到清洗部位，用水流冲洗油污，并用刮刀、刷子配合进行清理；对于密度较大的厚层污物，可加入适量的化学清洗剂，并提高喷射压力和水的温度进行清洗。

4. 拆卸后的清洗

（1）清除油污　油污主要是油料与灰尘、铁屑等物质的混合物。凡是和各种油料接触的零件在拆卸后都要进行清除油污的工作。油料可分为两类：一类是可皂化的油，就是能与强碱起作用生成肥皂的油，如动物油、植物油以及高分子有机酸盐；还有一类是不可皂化的油，它不能与强碱起作用，如各种矿物油、润滑油、凡士林和石蜡等，它们都不溶于水，但可溶于有机溶剂。

（2）除锈　金属表面与空气中氧、水分以及酸类物质接触而生成的氧化物（如 FeO、Fe_3O_4、Fe_2O_3 等）称为铁锈。除锈的主要方法有机械法、化学酸洗法和电化学酸蚀法。

1）机械法。机械法是利用机械摩擦、切削等作用清除零件表面锈层。常用的方法有人工除锈法和机械除锈法。除锈方法的选择，往往取决于锈蚀程度以及锈蚀部件在设备中所占的地位和锈蚀的部位。

① 人工除锈法：人工除锈一般使用钢丝刷、刮刀、砂布等手工工具进行，但容易在工件表面留下伤痕，所以只适用于不重要的表面除锈。由于人工除锈效率很低，所以只适用于单件小批维修。

② 机械除锈法。

a. 抛光法：用细钢丝轮、钢丝轮或布轮等，在抛光机上将零件的锈迹抛除。

b. 磨削法：用电动砂轮机或磨床将锈蚀层去除。

c. 喷射法：借喷射装置高速喷射的弹丸的碰撞、锤击与摩擦作用，将零件的锈迹去除。它不仅除锈快，还可为涂漆、喷涂、电镀等工艺做好准备。经喷砂后的零件表面干净，并有一定的表面粗糙度，能提高覆盖层与零件的结合力。按工作方式，喷射装置可以分为干式和湿式，还可以分为高压喷射式与真空引射式。弹丸可分别选用不同粒度的砂石、钢珠、植物果壳和塑料颗粒等。

2）化学酸洗法。化学酸洗法是一种利用化学反应把金属表面的锈蚀产物去除掉的方法。其原理是利用酸与金属的化学反应，以及化学反应中生成的氢对锈层的机械作用而使锈层脱落。常用的酸溶液包括盐酸、硫酸、磷酸等。其中盐酸的除锈能力最强；磷酸不仅能除锈，而且可在零件表面形成一层防锈的保护膜，但磷酸的成本较高。由于金属的不同，使用的去除锈蚀产物的化学药品也不同。选择除锈的化学药品和其使用操作条件主要根据金属的种类、化学组成、表面状况和零件尺寸精度及表面质量等确定。化学酸洗法设备简单，操作方便，成本低，效率高，不会引起零件变形或刮伤；但若操作失误，会造成零件轻度损坏（如表面质量恶化、腐蚀、氢脆）。

3）电化学酸蚀法。电化学酸蚀法是将零件放在电解液中通以直流电，通过化学反应以达到除锈的目的。这种方法比化学酸洗法快，能更好地保存基体金属，酸的消耗量少。电化学酸蚀法一般分为两类，一类是把被除锈的零件作为阳极；另一类是把被除锈的零件作为阴极。阳极除锈是由于通电后，金属溶解以及在阳极的氧气对锈层的撕裂作用而使锈层分离。阴极除锈是由于通电后，在阴极上产生的氢气使氧化铁还原和氢对锈层的撕裂作用而使锈蚀物从零件表面脱落。上述两类方法，前者主要缺点是当电流密度过高时，易腐蚀过度，破坏零件表面，故适用于外形简单的零件。而后者虽无过蚀问题，但氢易浸入金属中，产生"氢脆"，降低零件塑性。因此，需根据锈蚀零件的具体情况确定合适的除锈方法。

此外，在生产中，还可用由多种材料配制的除锈液，把除油、除锈和钝化三者合一进行处理。除锌、镁金属外，大部分金属制件不论大小均可采用，且喷洗、刷洗、浸洗等方法都能使用。

（3）清除水垢 机械设备的冷却系统长期使用硬水或含杂质较多的水，就会在冷却器及管道内壁上沉积一层黄白色的水垢，它的主要成分是碳酸盐、硫酸盐，有的还含有二氧化硅等。水垢使管道截面缩小，热导率降低，严重影响冷却效果，从而影响冷却系统的正常工作，必须定期清除。

水垢的清除方法有机械法和化学法。机械法是用竹片、金属片或刮刀刮除表层水垢，但是此法清除工作效率低。化学法是清除水垢常用的方法，清除水垢的化学清洗液应根据水垢成分与零件材料来选用，常见的有以下几种：

1）酸盐液除垢。用3%~5%的磷酸三钠溶液注入冷却系统并保持10~12h后，使水垢转化成易溶于水的盐类，后用水冲掉。之后再用清水冲洗干净，以去除残留酸盐，防止腐蚀。

2）碱液除垢。对铝制零件可用硅酸钠15g、液态肥皂2g、水配成溶液；对于钢制零件，可用浓度大一些的碱溶液，如10%~15%的NaOH溶液；对非铁金属零件，溶液浓度应低些，如2%~3%的NaOH溶液。

3）酸洗液除垢。酸洗液常用的是磷酸、盐酸或铬酸等。用2.5%盐酸溶液清洗，主要使积垢生成易溶于水的盐类（如$CaCl_2$，$MgCl_2$等）。将盐酸溶液加入冷却系统中，然后起动发动机以全速运转1h后，放出溶液，再以超过冷却系统容量三倍的清水冲洗干净。用磷酸时，取比重为1.71的磷酸100mL、水900mL，混合后加热至30℃，浸泡30~60min，洗后再用0.3%的重铬酸盐溶液清洗，去除残留磷酸，防止腐蚀。

清除铝合金零件水垢，可用5%浓度的硝酸溶液，或10%~15%浓度的醋酸溶液。

（4）清除积炭 积炭是燃料和润滑油在高温和氧化作用下，其未燃烧部分形成树脂状胶质粘在零件表面上，经长期积累而形成的硬质炭状混合物。其主要成分有易挥发的油、羟基酸等，不易挥发的沥青质、油焦质、炭青和灰分等。这些物质的存在随着发动机工作时间的延长，工作温度越高，易挥发的物质含量就越低，相应的不易挥发物质含量越高，积炭就越硬，与金属的粘附越牢固。

在机械维修过程中，常遇到清除积炭的问题，如发动机中的积炭大部分积聚在气门、活塞、气缸盖上。积炭影响发动机某些零件的散热效果，恶化传热条件，影响其燃烧性，甚至会导致零件过热，形成裂纹。另外粘附在活塞环上的积炭会在气缸内形成硬质磨料，引起气缸的不正常磨损，并会污染润滑系统、堵塞油道等。这些积炭在修理中必须彻底清除。常用的积炭清除法有机械清除法、化学法和电化学法等。

1）机械清除法。机械清除法有手工清除法和流体喷砂法。

① 手工清除法：使用金属丝刷、三角刮刀等简单工具去除零件表面的部分积炭。为了提高生产率，在用金属丝刷时，可由电钻经软轴带动其转动。手工清除方法简单，规模较小的维修单位经常采用，但效率很低，容易损伤零件表面，难以除尽凹坑、沟槽部位的积炭。

② 流体喷砂法：以液体和石英砂的混合物作为喷射物，以一定的压力喷射到零件表面，使积炭在液流的冲击下脱离零件表面。这种方法工作效率较高，不损坏零件表面，清除效果较好。

2）化学法。化学法是将零件浸入温度为80~95℃的含有氢氧化钠、碳酸钠等成分的清洗溶液中，使油脂溶解或乳化，积炭变软，约2~3h后取出；用0.1%~0.3%重铬酸钾的热水溶液清洗，最后用压缩空气吹干。

3）电化学法。电化学法是将碱溶液作为电解液，工件接于阴极，使其在化学反应和氢气的剥离共同作用下去除积炭。这种方法有较高的效率，但要掌握好清除积炭的规范。

（5）清除漆层 零件表面的保护漆层需根据其损坏程度和保护涂层的要求进行全部或部分清除。清除后要冲洗干净，准备再涂装新漆。

清除方法一般用手工工具，如刮刀、砂纸、钢丝刷或手提式电动、风动工具进行刮、磨、刷等。有条件的也可用各种配制好的有机溶剂、碱性溶液等作退漆剂，涂刷在零件漆层上，使之溶解软化，再借助手工工具去除漆层。使用有机溶剂退漆时，要特别注意工作地要通风，与火隔离，操作者要穿戴防护用具；工作后，将手洗净，以防中毒。使用碱性溶液时，不要让铝制零件、皮革、橡胶、毡质零件与碱性溶液接触，以免被腐蚀；操作者要戴耐碱手套，避免皮肤与碱性溶液接触。

5. 清洗机械

为完成各道清洗工序，可使用一整套具有各种用途的清洗设备，包括喷淋清洗机，浸浴清洗机、喷枪机、综合清洗机、环流清洗机、专用清洗机等。究竟应采用哪些设备，要考虑其用途和生产场所。

图3-9所示为用洗涤箱清洗零件的示意图。零件1沿槽5按箭头所示方向进入洗涤箱中，运输带2按箭头所示方向运送，经过洗涤液的清洗，最后被送出洗涤箱。图3-10所示为利用清洗机洗涤零件的示意图。洗涤时零件1自滚道2输入清洗机，由传送带3运送，通过洗涤箱，此时洗涤液从喷射管喷射到零件上。传送带移动的速度应适当，以保证零件有一定的冲洗时间。待冲洗干净后，将零件送出。

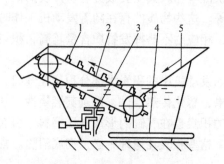
图 3-9　洗涤箱清洗零件
1—零件　2—运输带　3—搅拌器　4—蛇形管　5—槽

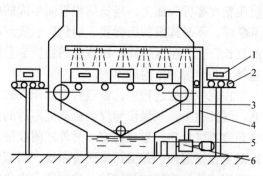
图 3-10　清洗机洗涤零件
1—零件　2—滚道　3—传送带　4—喷射管
5—澄清槽　6—水泵

洗污的溶液经澄清槽 5 过滤干净后，由水泵 6 打入喷射管中继续使用。

两种清洗方法的洗涤液的温度都为 70～80℃。

图 3-11 所示为可移动的清洗箱。清洗时将零件 1 放于带网眼的架板板 2 上，用电动机 5 带动液压泵 4，使洗涤液经过滤器 6，自活动喷头 3 喷射到被清洗零件的表面。由于洗涤液带有一定的压力，活动喷头又可由操纵者根据需要任意改变方向，因而清洗效果很好。

图 3-12 所示为利用超声波清洗零件，其简单的原理是利用超声波的空化作用，使振动的液体产生无数微小的气泡，这些气泡渗入到零件表面层。当气泡闭合时，在瞬间内将引起很高的静压力，而把附着在零件表面的油腻薄膜破坏，零件随即被清洗干净。

由于超声波清洗零件具有速度快、效率好优点，这种方法常用于清洗精密零件与形状复杂的零件。

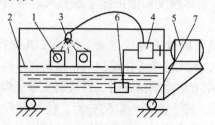
图 3-11　可移动的清洗箱
1—零件　2—架板　3—喷头　4—液压泵
5—电动机　6—过滤器　7—滚轮

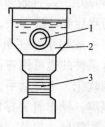
图 3-12　超声波洗涤零件
1—零件　2—清洗槽　3—超声波发生器

【任务实施】　配制洗涤液

洗涤液由洗涤剂与水配制而成，常用洗涤剂有有机溶剂、碱、化学清洗剂等。

1）有机溶剂：有机溶剂能很好地溶解零件表面上的各种油污，从而达到清洗的作用。常见的有机溶剂有煤油、轻柴油、汽油、丙酮、酒精、二氯乙烯等。汽油清洗油污的特点是除油效果好，无需特殊装备，但易燃，特别需要注意安全；煤油、柴油清洗油污的特点是相对安全，但挥发性、去污能力和干燥速度较低；酒精、丙酮等有机溶剂清洗油污的特点是去污能力高，挥发性好，但成本高，一般用于在粘补、电镀、喷镀等加工前清洗零件。

有机溶剂的优点是方便、简洁，对金属无损伤，特别适用于清洗精密的配合件和非铁金属或其他非金属件，不需加热和其他特殊的清洗装置。但是这种清洗方法成本太高，且有机溶剂多数容易点燃，只适用于产量较小的企业，或用于条件比较差的作业。

2）碱：碱性溶液是碱或碱性盐的水溶液。碱性溶液和零件表面上的皂化油可起化学反应，生成易溶于水的肥皂和不易附着在零件表面上的甘油，然后用热水冲洗，很容易除油。若添加合成洗涤剂配合使用，除油效果会更佳。对于油垢不易除掉的情况，应在清洗液中加入乳化剂，使油垢乳化后与零件表面分开。常用的乳化剂有肥皂、水玻璃（硅酸钠）、骨胶、树胶等。用组合碱溶液清洗时，一般将溶液加热到 75℃ 以上，除油后用热水冲洗，去掉表面残留溶液，防止零件被腐蚀。

清洗不同材料的零件应采用不同的清洗溶液。碱性溶液对于各类金属有不同程度的腐蚀作用，尤其是对铝的腐蚀较强。表 3-1 列出了钢铁零件和铝合金零件的清洗溶液配方，供使用时参考。

表 3-1 铸铁、钢和铝制零件碱溶液清除油污配方

配方		用量/g	处理温度/℃	处理时间/min
铸铁、钢制零件	氢氧化钠	10	80～100	20～30
	碳酸钠	50		
	硅酸钠	50		
	水	1000		
	氢氧化钠	50	90～95	10～30
	碳酸钠	30		
	磷酸三钠	30		
	肥皂	20		
	水	1000		
铝制零件	碳酸钠	30	80～100	10～20
	硅酸钠	30		
	水	1000		
	碳酸钠	25	85～90	30
	肥皂	10		
	水	1000		
	浓硫酸（98.5%）	100	80～90	10～15
	重铬酸	40		
	水	1000		

适用于洗涤钢铁零件的洗涤液，其成分的质量分数如下：

氢氧化钠 2%～3%，碳酸钠 10%，磷酸钠 2%，液态肥皂 1%，水 84%～85%。

适用于洗涤铝合金的洗涤液，其成分的质量分数如下：

碳酸钠 1%，液体肥皂 0.5%，水 98.5%。

3）化学清洗剂：这是一种化学水基金属清洗剂，以表面活性剂为主。由于其表面活性物质降低了界面张力，而产生了湿润、渗透、乳化、分散等多种作用，具有很强的去污能力。它还具有无毒、无腐蚀、不燃烧、不爆炸、无公害、有一定防锈能力、成本较低等优

点，目前已逐步替代了其他清洗液。

任务4　典型零件的检查

【任务描述】

主轴、导轨、床身、齿轮是机床主要零件。它们的精度对机床精度影响较大。如果不合格的零件进入装配环节，将造成返工，浪费大量人力物力。因而零件在装配或修复前的检查十分必要。修制前的零件检查为确定修制方案提供了依据。

【任务分析】

1）床身、导轨检查。

2）主轴检查。

3）齿轮检查。

【知识准备】

被拆下的零件经清洗后，应该逐个检查，以鉴定其磨损程度。然后根据磨损情况确定哪些零件能继续使用，哪些需要修理，哪些需要报废。

凡是磨损轻微的零件，如继续使用仍能保证机械设备的精度和性能，并能正常工作一个周期，则这类零件可继续使用。凡是磨损比较重的零件，但通过各种修理工艺可以修复，并能达到所要求的精度，则属于修理这一类。如果零件的磨损极为严重，并且不值得修理，则属于报废这一类。

具体地确定零件的修、换，是一项比较细致、复杂的工作，应根据具体情况综合考虑。做出修或换的决定前，应认真检查零件的精度。把影响机械设备性能和精度的零件找出来，根据其磨损情况有目的地进行修、换。

对零件进行修复，可以达到修旧利废的目的，这有很多优点：

1）节约原材料，特别是节约那些贵重的材料。

2）修理旧件，尤其是那些结构复杂、制造工序繁多的零件，比制造新件所需工时要少得多。

3）增加了配件的来源，有利于促进机械设备修理的进度，因而有可能缩短停修时间。

4）修理旧件费用一般都较低，能够降低修理成本。

检查零件时首先用手锤轻轻敲击零件，根据其发出的声音，初步判断是否有破裂现象。对于一些关键零件或仅有细微纹时，很难辨别清楚，可用磁力检查法检查。对于零件几何尺寸被磨损的情况，则用专用量具测量。检查时，固然应对机械设备的全部零件逐个进行检查，但也应有所侧重，应把重点放在那些关键性的零件的检查，例如床身、机架、导轨、主轴、齿轮和滚动轴承的检查。以这些零件为例，将其常见的损坏情况和有关检查方法等，分述如下。

1. 床身、导轨的检查

因为床身、导轨是机床和机械设备上的基准零件，有很多零部件安装在床身、导轨上或通过床身、导轨连接在一起，因此对床身、导轨最起码的要求是保持它的形态完整而不破裂。在一般情况下，床身、导轨本身断面大，不易破裂，但是由于床身、导轨铸件本身内在缺陷（砂眼、气孔、疏松等）的存在，加之受力大，在切削过程中有振动、冲击，特别是经过几次大修的机床，使用时间已经长久，因此床身、导轨也可能会破裂。床身、导轨一经出现裂纹，即应报废。

检查的方法是先用手锤轻轻敲击床身、导轨的各非工作面，凭借发出的声音来鉴别。在正常的情况下，应发出锵锵的金属响声，当出现破哑声，则应找出发出破哑声的部位。如果裂纹严重，则易于找出。对于微细裂纹，一时不易辨别清楚，可以用煤油渗透进行检查：先把可疑的部位擦抹干净，然后倒薄层煤油，如果床身有裂纹，一段时间后，煤油即渗入裂纹中，而显示出一条微细印缝，一眼就可看出。

对导轨面上的凹坑、掉块、碰伤等，也应详细检查，并标注记号，以备修理。至于导轨工作面磨损量的检查，通常是在床身安放正确后进行。

2. 齿轮的检查

齿轮在机械设备中用得很广，机械设备运转的好坏和齿轮的精度有很大关系，而影响齿轮工作的主要因素之一是其渐开线齿形的正确性，要求其齿形完整，不允许有挤压变形、裂纹和打牙现象。此外，齿厚磨损也影响齿轮的正常工作，这是因为齿厚磨损后，齿轮间隙增大，齿轮如果用于正反转传动，就会产生换向冲击，用于分度传动，就会使空程增大。由于齿厚磨损，齿形误差增大，使齿轮啮合时忽快忽慢，不能保证瞬时速比稳定不变，因而在运转中产生振动、噪音，降低了齿轮传动的运动精度和工作平稳性。如果齿厚磨损严重，齿轮接触精度将急速下降，并将直接影响机械设备的正常工作。因此，修理中常常通过测量齿厚的磨损量来判断齿轮能否继续使用。经验告诉我们，齿厚磨损量不大于 $0.15m$（模数）的齿轮还可继续使用。

齿轮的厚度可以用齿厚游标卡尺直接量得，若无齿厚游标卡尺，也可用普通游标卡尺（精度 0.02mm）来测量齿轮公法线长度，再与其标准公法线长度相比，其差值即为所测齿厚的磨损量。由于齿轮各齿厚的磨损量并非一致，因此应多测量几次，磨损值最大的就视为这个齿轮齿厚的磨损量。

图 3-13 所示为测量公法线长度的示意图。测量时用游标卡尺的卡脚卡住齿轮的几个齿，所测得的距离即为公法线长度 W。卡尺应卡的齿数和标准齿轮公法线长度可用下列公式计算（压力角 $\alpha = 20°$）：

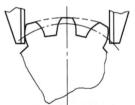

$$k = (Z/9) + 0.5$$
$$W = m[2.2921(k-0.5) + 0.014Z] \qquad (3-1)$$

图 3-13　测量公法线长度

式中　　k——卡尺应卡齿数；

　　　　W——标准齿轮公法线长度；

　　　　Z——齿轮齿数；

　　　　m——齿轮模数。

生产中为了方便也可直接从有关的手册中查出标准公法线的长度 W，W 与测量值 W_1 之差值即为齿厚的磨损量。

对于齿轮的孔、键槽以及花键均要求平整，不允许有拉伤、滚键，轴和齿轮孔及键与键槽的配合必须符合要求。

3. 滚动轴承的检查

对于滚动轴承，应着重检查轴承内圈和外圈的滚道，整个工作表面应光滑，不应有裂纹、微孔、凹痕和脱皮等现象，滚动体的表面亦应光滑，同样不允许有裂纹、微孔和凹痕等损伤。此外，保护器应完整，铆钉应紧固。如果摆动轴承内外圈有晃动感觉，不要轻易更换（尤其是各工作表面没有伤痕的轴承），可通过预加负荷来消除其本身因磨损而增大的间隙，从而提高回转精度和刚度。

【任务实施】　检查机床主轴

机床主轴在工作过程中，由于传递动力而受到很大的弯曲力和扭转力，与滑动轴承配合的轴颈经常受到摩擦，因此主轴的损坏形式最常出现的是轴颈被磨细，同时产生锥度、圆度超差、各轴颈不同轴、轴弯曲、程度不同的外表面伤痕、主轴锥孔被碰伤以及键槽被滚、螺纹损坏等，甚至还有少数主轴出现疲劳断裂。

上述主轴的损坏情况，除锥度、圆度超差及各轴颈不同轴等不明显外，其他均可通过目测察看到。主轴各轴颈的锥度、圆度等几何精度，可用千分表测量，而主轴的有关位置精度，则须用专用检具进行测量，现介绍如下。

（1）主轴各轴颈同轴度的检查　如图3-14所示，检查时将主轴1的后端装入闷头2，闷头内顶一个钢球3靠紧支承板4，同时主轴借助V形铁5架在检验平板6上，然后将千分表测头分别触及各轴颈表面，回转主轴，观察千分表指针即可测得主轴各轴颈的径向圆跳动量，以及轴肩的轴向圆跳动量。各轴颈的同轴度误差应在0.015mm以内，轴肩轴向圆跳动量应小于0.01mm。

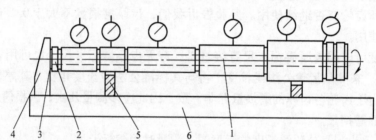

图3-14　主轴各轴颈同轴度的检查
1—主轴　2—闷头　3—钢球　4—支承板　5—V形铁　6—检验平板

（2）主轴锥孔中心线对支承轴颈径向圆跳动的检查　如图3-15所示，先将锥形检验棒2插入主轴1的锥孔内，然后将千分表的测头分别触及锥形检验棒2上相距300mm的 a、b 两点，回转主轴，观察千分表指针即可测得上述误差（在 a 点公差为0.005mm，在 b 点公差为0.02mm）。

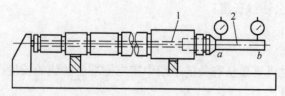

图3-15　主轴锥孔中心线对支承轴颈误差的检查
1—主轴　2—锥形检验棒

项目 4 机械修理中的零件测绘

【学习目标】

机械修理中的零件测绘是设备修复的重要工作，对修理中必须更换的零件，需对零件进行测绘；零件的测绘不是简单的尺寸测量，既要尊重零件的现状，又需要根据零件的磨损情况、装配关系、功能、现有条件和技术手段，综合确定零件的材料、公差和配合尺寸、几何公差、表面粗糙度及技术要求，确保按图样制造的零件能满足修理要求。为了便于标识和记录，需结合设备使用说明书对零件予以编号。了解零件测绘方法，掌握典型零件测绘技能，是设备维修管理人员的基本技能。

【知识目标】

1）掌握一般零件轴套类、轮盘类、叉架类、箱体类和曲面类零件的测绘方法。

2）掌握圆柱齿轮、锥齿轮、蜗杆与蜗轮、凸轮的测绘方法。

3）了解零件测绘设计的程序、应注意的事项和零件测绘图样的编号方法。

【能力目标】

1）轴套类零件的测绘。

2）圆柱齿轮的测绘。

3）锥齿轮的测绘。

4）蜗杆与蜗轮的测绘。

5）凸轮的测绘。

任务 1　一般零件的测绘

【任务描述】

轴套类、轮盘类、叉架类、箱体类和曲面类零件是测绘中比较常见的几类零件。因此，一般零件的测绘是学生必须掌握的基本技能。学生应结合机械修理中零件测绘的特点，遵从修理零件测绘的程序和注意事项，完成上述一般零件的测绘、测绘图样的编号、设备图册的编制以及标准件和标准部件的明细栏填写。

【任务分析】

1）了解机械设备修理中测绘的特点、程序及注意事项。

2）做好轴套类、轮盘类、叉架类、箱体类和曲面类零件的测绘工作。

3）完成测绘图样的编号及设备图册的编制。

【知识准备】

1. 机修测绘工作的特点

测绘者必须熟悉测绘对象的结构、性能，并应经济合理地选择材料，正确地规定零件各部分的配合公差、几何公差、表面粗糙度及其他技术条件。与设计测绘相比，机修测绘的特点是：

1）测绘对象是经过长期工作的旧设备，所需更换的零件已有不同程度的磨损和破坏。因此要求机修测绘时对磨损或破坏的原因进行分析，并通过合理的换算恢复原有尺寸或通过合理的措施加以改进设计。

2）设计测绘要确定的是公称尺寸，而机修测绘是要根据零件的磨损情况和配合要求来确定修理尺寸及零件的实际制造尺寸。

3）机修测绘人员必须了解修理工艺，善于按照本企业的情况应用各种新的修理技术。

4）机修测绘的对象比较广泛，通常只有一个人或少数几个人进行工作；而设计测绘一般是很多人同时测绘一台设备，按部件分工负责。因此要求机修测绘人员对整台设备的结构、性能都要熟悉，对所有自己负责的设备必须有全面的了解。

2. 修理零件测绘设计的程序

修理零件测绘设计的工作程序如图4-1所示。

3. 测绘工作中应注意的事项

测绘人员除应了解设备的结构、性能及技术要求外，还要了解设备存在的故障情况，并应注意检查测量工具本身是否合格，以免影响测量准确度，造成差错。测绘时应注意下列事项：

1）一般设备在出厂时均配有传动系统图和结构图（装配图），如已丢失，应在拆卸前先将其绘制好，然后了解零件的用途和各构成部分的作用，重要的装配尺寸也应在拆卸前测量，然后绘制零件图。

2）了解零件的安装位置、磨损破坏的程度、各尺寸链的关系。分析磨损破坏的原因，定出改进方案，使零件重新制造后能保证性能和精度的要求，并有足够的或更长的使用寿命。但改进后不要影响其他零件。

3）测量零件各部位的尺寸，这是测绘工作的重要环节，一般应注意以下几点：

① 正确选择基准面。尽量避免尺寸换算，以免差错。对于长尺寸链的尺寸测量要考虑装配关系。分段测量的尺寸只能做核对尺寸的参考。

② 对于测量位置的选择要特别注意，尽可能选择未磨损或磨损较少的部位。如果整个配合表面均已磨损，在草图上应加以说明。

③ 测量某一尺寸时，必须同时测量配合零件的相应尺寸，尤其是更换一个零件更应如此。这样一则可以校对测量尺寸的正确性，二则可以作为决定修理尺寸的依据。

④ 测量直径时，要选择适当的部位，采用四点测量法，即在零件两端各测量两处，并判断其圆度、锥度等情况，转动配合更为重要。

4）对于一些易损零件的有关参数要特别加以注意。

① 测量曲轴及偏心轴时，注意偏心方向和偏心距。轴的键槽要注意在圆周上的方位。

② 测量零件的锥度或斜度时，首先要看是否符合标准，如果不符合标准要分析原因，并需仔细测量，还应弄清倾斜的方向。

③ 测量螺纹零件时，注意螺纹线数、螺旋方向、螺纹牙型及螺距。对于锯齿形螺纹还要特别注意齿形方向。

④ 测绘齿轮时尽可能成对测量，要实测中心距，特别是对于斜齿轮和变位齿轮。对于斜齿轮要测量螺旋角，注意螺旋方向。对于变位齿轮应注意齿轮端面倒圆角的方向和位置。

⑤ 测绘蜗轮及蜗杆时要注意蜗杆的头数、螺旋方向及中心距。

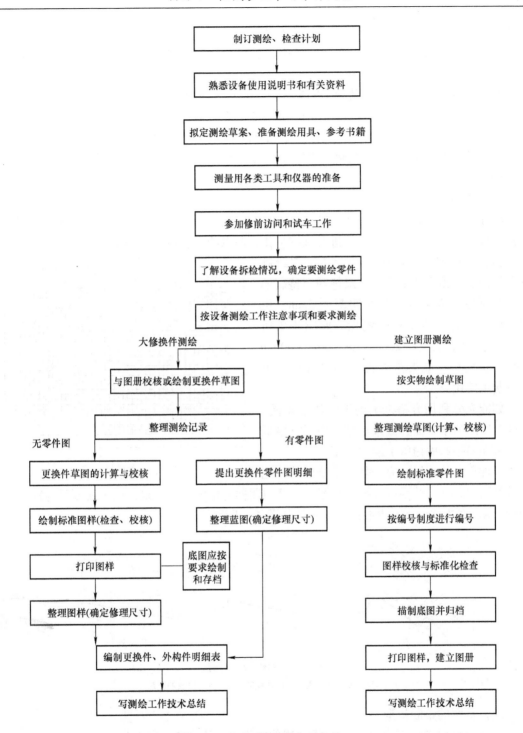

图4-1 修理零件测绘工作程序

⑥ 测绘内、外花键时注意其定心的方式。花键齿数及配合性质（何种间隙配合，有时可能是极小的间隙配合）。

5）零件的配合公差、几何公差、热处理、表面处理、表面粗糙度的要求、材料、件数及其他的技术要求都要一一注明。若有的技术条件一时难以弄清，可参考同类零件用类比法给出。特殊零件要测量硬度，如表面已损坏，测量硬度只作参考，硬度应根据使用要求确定。

6）机床经过大、中修，其中个别零件或个别尺寸与原出厂的已不符时，应在图样上加以说明，填入设备图册或设备履历，便于今后查考及作为制作备件的根据。

7）测绘进口设备的零件时，测绘前必须弄清设备的制造国家（因为世界各国采用的设计标准和计量制度不同），以便确定零件尺寸的计量单位或进行必要的单位换算。

8）对测绘图样必须严格审核（包括草图的现场校对），以确保图样质量。

4. 草图的绘制

零件草图的绘制，一般是在测绘现场进行的，因绘图的条件不如办公室方便，特别是面对被测件，在没有尺寸的情况下进行画图工作，所以绝大多数是绘制草图。

（1）草图与图线的画法　为了加快绘制草图的速度，提高图面质量，最好利用特制的方格纸画图。方格纸上的线间距为5mm，用浅色印出，右下角印有标题栏，如图4-2所示。方格纸的幅面有 420mm×300mm、600mm×420mm 两种，如果需要再大的幅面时，可合并起来使用。

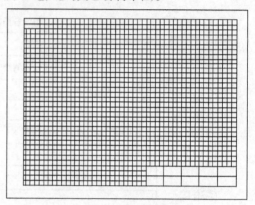

如能充分利用方格纸上的图线绘制草图，不但画图的速度快而且效果也好。当无方格纸时，可在厚一些的白纸上绘制草图。

零件草图的图线，完全是徒手绘出的。也

图 4-2　方格纸的形式

可借助圆规画圆，徒手画直线。画图时，草图图样的位置不应固定，以画线顺手为宜，如图4-3所示。在方格纸上徒手画圆时，步骤如图4-4所示。

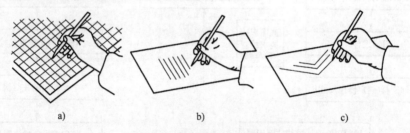

a)　　　　　　　　　　b)　　　　　　　　　　c)

图 4-3　草图图线的画法
a）水平线的画法　b）垂线的画法　c）斜线的画法

（2）草图的绘制步骤

1）在画图之前，应深入观察分析被测件的用途、结构和加工工艺。

2）确定表达方案。

3）绘图时，目测纵、横向比例关系，初步确定各视图的位置，即画出主要中心线、轴线、对称平面位置等的画图基准线。

4）按由粗到细、由主体到局部的顺序，逐步完成各视图的底稿。

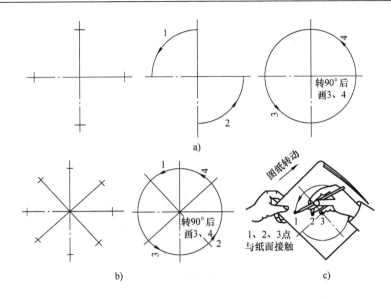

图 4-4　草图上圆的画法

a）小圆的画法　b）大圆的画法　c）较大圆的画法

5）按形体分析方法、工艺分析方法画出组成被测件的全部几何形体的定形尺寸和定位尺寸界线和尺寸线。

6）测量尺寸并标注在草图上。

7）确定公差配合及表面粗糙度参数（该项内容也可以在绘制装配图时进行）。

8）填写标题栏和技术要求。

9）画剖面线。

10）徒手描深，描深时铅笔的硬度为 HB 或 B，削成锥形。

由草图的绘制过程和草图上的内容不难看出，草图和零件图的要求完全相同，区别仅在于草图是目测比例和徒手绘制。值得指出的是，草图并不潦草，草图上线型之间的比例关系、尺寸标注和字体等均按机械制图国家标准规定执行。

【任务实施】

1. 一般零件的测绘方法

为了图示表达方便，通常将一般零件分为轴套类零件、轮盘类零件、叉架类零件和箱体类零件。

（1）轴套类零件

1）轴套类零件视图表达的注意点。

①轴套类零件主要是回转体，常用一个视图表达，轴线水平放置，并且将小头放在左边，便于看图，如图 4-5 所示。

②对轴上的键槽应朝前画出。

③画出有关剖面和局部放大图。

④对实心轴上的局部结构常用局部剖视表达。

⑤对外形简单的套，采用全剖视，如图 4-6 所示。

2）轴套类零件的尺寸注法的注意点。

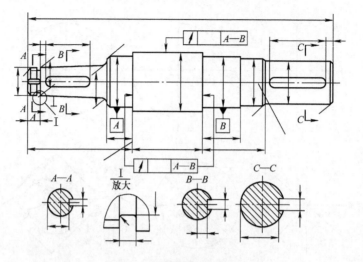

图 4-5　轴类零件的表达

①　长度方向的主要基准是安装的主要端面（轴肩），轴的两端一般是作为测量的基准，以轴线或两支承点的连线作为径向基准。

②　主要尺寸应首先注出，其余各段长度尺寸多按车削加工顺序注出，轴上的局部结构，多数是近轴肩定位。

③　为了使标注的尺寸清晰，便于看图，宜将剖视图上的内、外尺寸分开标注，将车削、铣削、钻削、工序尺寸分开标注。

④　对轴上的倒棱、倒角、退刀槽、砂轮越程槽、键槽、中心孔等结构，应查阅有关技术资料的尺寸后再进行标注。

3）轴套类零件的材料和技术要求。

①　材料。一般传动轴多用 35 钢或 45 钢，调质到 230 ～ 260HBW。强度要求高的轴，可用 40Cr 钢，调质硬度达到 230 ～ 240HBW 或淬硬到 35 ～ 42HRC。在滑动轴承中运转的轴，可用 15 钢或 20Cr 钢，渗碳淬火硬度达到 56 ～ 62HRC，也可用 45 钢表面高频淬火。

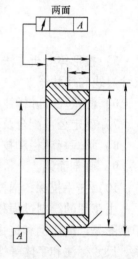

图 4-6　套零件图示范

不经最后热处理而又具有高硬度的丝杠，一般可用抗拉强度不低于 600MPa 的中碳钢制造，如加入质量分数为 0.15% ～ 0.5% 铅的 45 钢，含硫量较高的冷拉自动机钢、50 中碳钢。精密机床的丝杠可用碳素工具钢 T10、T12 制造。经最后热处理而获得高硬度的丝杠，用 CrWMn 或 CrMn 制造时，可保证得到硬度 50 ～ 56HRC。

精度为 0、1、2 级的螺母可用锡青铜制造，3、4 级螺母可用耐磨铸铁制造。

②　技术要求。配合表面公差等级较高，公差值较小，表面粗糙度值一般为 $Ra0.63$ ～ $Ra2.5μm$。非配合面的公差等级较低，不标注公差值，表面粗糙度值一般为 $Ra10$ ～ $Ra20μm$。

配合表面和安装端面应标注几何公差，常用径向圆跳动、全跳动、轴向圆跳动等标注。对轴上的键槽等结构应标注对称度、平行度等几何公差。

对于内、外花键、丝杠和螺母的技术要求，应查阅有关技术标准资料后进行标注。

4）轴套类零件测绘时的注意事项。

①　必须了解清楚该轴、套的用途及各个构成部分的作用，如转速大小、载荷特征、精

度要求、相配合零件的作用等。

② 必须了解该轴、套在部件中的安装位置所构成的尺寸链。

③ 测绘时在草图上详细注明各种配合要求或公差数值、表面粗糙度、材料和热处理以及其他技术条件。

④ 测量零件各部分的尺寸是测绘工作的重要环节，应当注意以下几点：

a. 测量轴、套的某一尺寸时，必须同时测量配合零件的相应尺寸。

b. 测量轴的外径时，要选择适当部位，应尽可能测量磨损小的地方，对其相配孔径要仔细检查圆度、圆柱度等是否超过公差。

c. 如轴上有锥体，应测量并计算锥度，看是否符合标准锥度，如不符合，应重新检查测量，并分析原因。

d. 带有螺纹的轴要注意测量螺距，正确判定螺纹旋向、牙型、线数等，并加以注明，尤其是锯齿形螺纹的方向更应注意。

e. 曲轴、偏心轴应注意偏心方向和偏心距。

f. 外花键要注意其定心方式及花键齿数。

g. 长度尺寸链的尺寸测量，要根据配合关系，正确选择基准面，尽量避免分段测量和尺寸换算（分段测量可作为尺寸校核时参考）。

⑤ 需要修理的轴应注意零件工艺基准是否完好（中心孔是否存留和完好，空心"堵头"是否切去）及零件热处理情况，以作为制定修理工艺的依据。

⑥ 细长轴（丝杠、光杠）应妥当放置，防止测绘时变形。

（2）轮盘类零件

1）轮盘类零件的视图表达。

① 轮盘类零件有手轮（图4-7）、带轮、飞轮、端盖和盘座（图4-8）等。这类零件一般在车床上加工，将其主要轴线水平放置。

② 常用两个视图表达。

③ 非圆视图多采用剖视的形式。

④ 某些细小结构采用剖面或局部剖面图。

2）轮盘类零件的尺寸注法。

① 以主要回转轴线作为径向基准，以要求切削加工的大端面或安装的定位端面作为轴向基准。

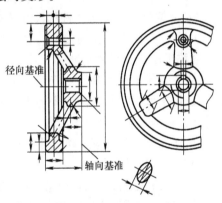

图 4-7　轮盘类零件表达

② 内外结构尺寸分开并集中在非圆视图中注出。

③ 在圆视图上标注键槽尺寸和分布的各孔及轮辐等尺寸。

④ 某些细小结构的尺寸，多集中在剖面图上标注出。

3）轮盘类零件的技术要求。轮盘类零件的技术要求与轴套类零件的技术要求大致相同。

（3）叉架类与箱体类零件　叉架类零件与箱体类零件用途不同，形状差异悬殊，虽然所用的视图数量不同，但表达方法却很接近。

1）叉架类零件与箱体类零件的表达方法。

① 视图数量较多，一般都在三个以上，应用哪些视图要具体分析。

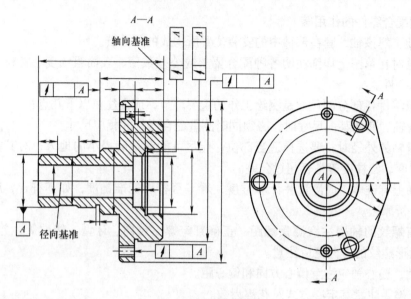

图 4-8　盘类零件表达

② 常配备局部视图、剖视图。

③ 常出现斜视图、斜剖视图。

④ 各种剖视图应用得比较灵活,例如图 4-9 用了两个基本视图和一个斜剖视图。

2)叉架类与箱体类零件的尺寸注法。

① 各方向以主要孔的轴线、主要安装面、对称平面作为尺寸基准。

② 主要孔距等重要尺寸应首先标注。

③ 再按形体分析方法逐个标出组成该零件各几何体的定形尺寸和定位尺寸。

④ 标注尺寸时,应反映出零件的毛坯及其机械加工方法等特点。

⑤ 有目的地将尺寸分散标注在各视图上,防止在一个视图上尺寸过分集中。

⑥ 相关联的零件的有关结构尺寸注法

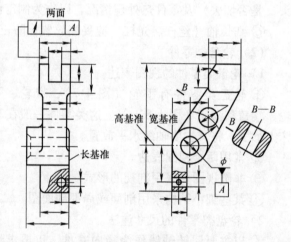

图 4-9　叉架类零件表达

应尽量相同,这样看图方便,少出差错。如与图 4-10 所示零件相配的零件,其连接边缘尺寸 292mm × 136mm,孔径尺寸 ϕ72H7,螺孔定位尺寸 95mm、212mm、110mm,锥销孔 ϕ8mm 配作及定位尺寸等标注方法应完全相同。为了加速测量尺寸的进程,相关联的基本尺寸只测量一件,分别标注在有关的零件图上。

3)叉架类与箱体类零件的技术要求。

① 一般用途的叉架类零件尺寸精度、表面粗糙度、几何公差无特殊要求。

② 多孔的叉架类和箱体类零件以主要轴线和主要安装面、对称平面作为定位尺寸的基准。

③ 孔间距、重要孔的尺寸公差等级和表面质量要求较高。

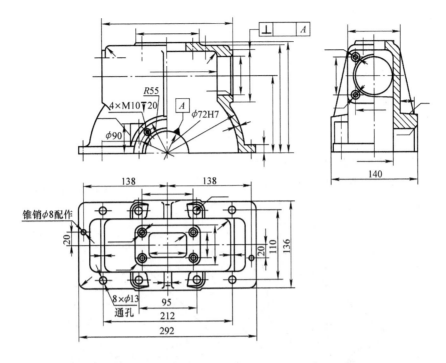

图 4-10　相关零件尺寸注法

④ 孔间距和孔间平行度、垂直度公差，孔至安装面的尺寸公差和位置公差。

4）叉架类与箱体类零件在测绘中的注意事项。

① 叉架类或箱体类零件壁厚及加强筋的尺寸位置都应注明。

② 润滑油孔、油标位置、油槽通路及放油口等要表达清楚。

③ 测绘时要特别注意螺孔是否是通孔，因为要考虑有润滑油的箱体类零件的漏油问题。

④ 因为铸件受内部应力或外力影响，常产生变形，所以测绘时应当尽可能将与此铸件箱体有关的零件尺寸也进行测量，以便运用装配尺寸链及传动链尺寸校对箱体尺寸。

（4）曲面类零件

1）分析曲面的性质。曲面类零件的形状比较复杂，其图形的绘制和尺寸的标注都有其独特的地方。曲面的性质、作用和加工方法，三者虽然不是一回事，但这三方面的内容均在曲面零件表面上综合反映出来。因此，在测绘之前应分析曲面的性质、弄清其用途、观察加工方法，这样方便测绘，便于画图。

2）曲面测绘的基本方法。虽然各种曲面的性质不同，其形状也各有差异，但其测绘的基本方法是相同的。就是将空间曲面变为平面曲线，测出曲线上一系列的点（或圆弧的圆心）的坐标，然后将各点的坐标绘制在白纸上，最后用曲线光滑连接各点，便完成了曲面的测绘工作。

3）曲面测绘的一般方法。曲面测绘常用的有如下几种方法：

① 拓印法。拓印法适用于平面曲线，它是将被测部位涂上红印泥或紫色印泥，将曲线拓印在白纸上，然后在纸上求出曲线的规律，图 4-11 所示为拓印法求出的被测部位。

② 直角坐标法。这种方法是将被测表面上曲线部分平放在白纸上，用铅笔描出轮廓，

然后逐点求出点的坐标或曲线半径及圆心，图4-12所示为铅笔拓印出的被测部位。如果曲线不容易在纸上描出，也可使用薄木板和做衣服的大号针代替，将针穿过木板，使针尖与被测表面接触，然后将各针尖的坐标测出即可，如图4-13所示。

③ 铅丝法。对于铸件、锻件等未经机械加工的曲面或精度要求不高的曲面，可将铅丝紧贴在被测件的曲面上，经弯曲或轻轻压合，使铅丝与被测绘曲线完全贴合后，轻轻地（保持形状不变）取出并将其平放在纸上，用铅笔把形状描出，然后在纸上求出被测曲面的规律，如图4-14所示。

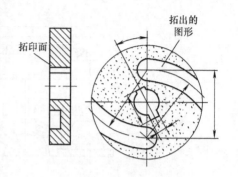

图4-11 拓印法

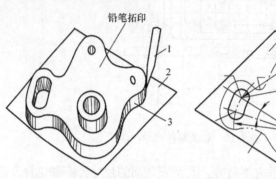

图4-12 铅笔拓印
1—铅笔 2—白纸 3—被测部位

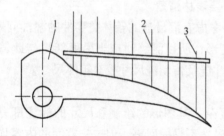

图4-13 木板、钢针测曲面示意图
1—被测件 2—钢针 3—木板

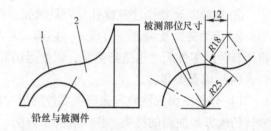

图4-14 铅丝法
1—铅丝 2—被测件

④ 极坐标法。将被测零件固定在分度头上，分度头每转过一定角度，便测出一个相应的径向尺寸（图4-15a），当分度头转一圈时，便测出一系列的转角与径向尺寸。由转角与径向尺寸绘出坐标曲线（图4-15b），再根据坐标曲线绘制出被测件的曲线极坐标点，逐点光滑连接，即为被测曲面轮廓图形。

⑤ 取印法。这种方法是利用石膏、石蜡、橡胶、打样膏取型。石膏、石蜡、打样膏等主要用在容易分离和易取型的场合，在不易分离或不易取型的场合，采用橡胶取型比较合适，橡胶弥补了石蜡、石膏模强度低、脆性大、取型易破碎等不足。

（5）零件测绘时应考虑的零件结构工艺性 零件的形状是结构设计的需要和加工工艺

可能性的综合体现，零件的加工工艺性，包括铸造、锻造和机械加工对零件形状的影响，因此进行零件测绘时，应考虑零件的结构工艺性。

1）铸造工艺对零件结构的影响。

① 铸造圆角。为了避免落砂和铸件冷却发生裂纹、缩孔等，在铸件的转角处制成圆角，外部圆角较大（$R = a$），内部圆角较小，$R_1 = （1/5 \sim 1/3）a$，a 为壁厚，如图4-16所示。

② 起模斜度。为起模方便，铸件、锻件的内外壁沿起模方向，有起模斜度。零件上的起模斜度大小不同，较小的起模斜度图上可以不画，较大的起模斜度应按几何形体画出（见图4-16）。

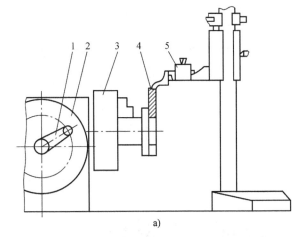

图4-15 平面凸轮测绘示例
a）测转角及径向尺寸　b）直角坐标与极坐标图
1—分度手柄　2—分度盘　3—卡盘
4—被测件　5—高度游标尺

③ 壁厚均匀。为保证铸件各处冷却速度相同（同时凝固成型），避免先后凝固不一，使后凝固部分金属缺欠而产生裂纹或缩孔，因而铸件的壁厚应是均匀等壁厚或尺寸相差不大（在20%～25%之内）。当壁厚不同时，应逐步过渡，如图4-17所示（$h = A - a$，$h/L < 1/4$），内部壁厚应小于外部壁厚（见图4-16）。

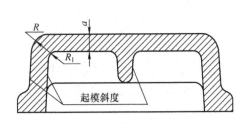

图4-16 圆角、起模斜度与壁厚

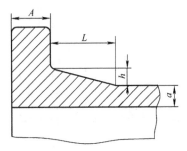

图4-17 壁厚的过渡

④ 为清砂方便，使铸件内腔与外部相通。图4-18所示为气体压缩机缸体的外形图，为了清砂方便，零件的上下左右都设计有通孔，可直接从外部清砂。

2）机械加工对零件结构的影响。

① 为减少机械加工工作量，便于装配，应尽量减少加工和接触面，如图4-19所示。

② 为了加工工艺和装配的需要，零件上常设计有倒角、圆角、退刀槽与砂轮越程槽，如图4-20所示。

③ 结构应合理，图4-21所示的结构，是为防止钻头歪斜和折断，特意设计的凸台，使孔的端面垂直于孔的轴线。

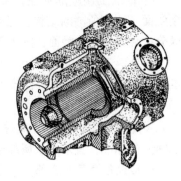

图4-18 气体压缩机缸体外形图

④ 为便于加工，当同一轴线上有多个孔径时，内部孔径尺寸应小，外部孔径尺寸应大，如图 4-22 所示。

⑤ 液压件的孔道联通与转折比较复杂，测绘时应特别注意，如图 4-23 所示。

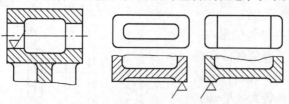

图 4-19　减少内孔、平面加工量

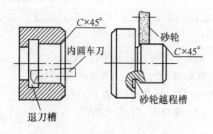

图 4-20　倒角、退刀槽与砂轮越程槽

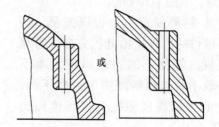

图 4-21　钻孔处的结构

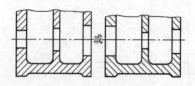

图 4-22　同一轴线上的孔

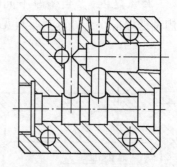

图 4-23　液压件上的孔

⑥ 因加工误差的存在，实际上一个方向上两零件只有一个接触面（这在所测的结构上已经体现出来），测绘时应特别注意区分接触面与非接触面，图 4-24 上标圆点处为接触面。

另外，一个装配轴线上常有一个调整环，其尺寸是配作的，也应该找出来，并在有关图样上予以说明。

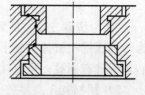

图 4-24　零件上的接触面

2. 零件测绘图样的编号

零件测绘的图样及技术文件的编号可根据 JB/T 5054.4—2000《产品图样及设计文件　编号原则》的标准，宜采用隶属编号的方法。

机械设备及其所属部件、零件及技术文件均有独立的代号，对同一台机械设备、部件、零件的图样用多张图样绘出时标注同一代号。隶属编号是按机械设备、部件、零件的隶属关系进行编号的。隶属编号有全隶属和部分隶属两种形式编号。

全隶属编号由机械设备代号和隶属编号组成，中间用短线或圆点隔开，其形式如下：

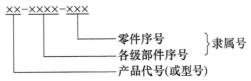

产品代号由字母和数字组成，如图 4-25 中的 B328。隶属编号是由数字组成，其级数与位数应按测绘机械设备的复杂程度而定。零件的序号，应在其所属机械设备或部件的范围内编号。部件的序号，应在其所属的机械设备或上一级部件范围内编号（见图 4-25），一般分为一级部件、二级部件和三级部件等。各级部件及直属零件的编号如下：

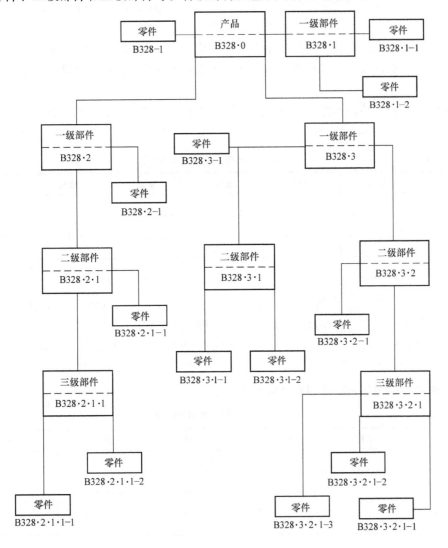

图 4-25 全隶属编号

产品代号：B328·0

一级部件编号：B328·2

二级部件编号：B328·2·1

三级部件编号：B328·2·1·1

产品直属零件编号：B328-1

一级部件直属零件编号：B328·2-1

二级部件直属零件编号：B328·2·1-1

三级部件直属零件编号：B328·2·1·1-1

3. 标准件和标准部件的处理方法

标准件和标准部件的结构、尺寸、规格等全部是标准化了的，测绘时不需画图，只要将其规定的代号确定出即可。

（1）标准件在测绘中的处理方法　螺柱、螺母、垫圈、挡圈、键和销、V带、链条和轴承等，它们的结构形状、尺寸规格都已经标准化了，并由专门工厂生产，因此测绘时对标准件不需要绘制草图，只要将它们的主要尺寸测量出来，查阅有关设计手册，就能确定它们的规格、代号、标注方法和材料重量等，然后将其填入到各部件的标准件明细表中即可，见表4-1。

对于整台机械设备的测绘，应将所属部件明细表汇总成总标准件明细表。总标准件明细表的格式、内容与表4-1相同。

表4-1　××部件标准件明细表

序号	名称	材料	数量	单重	总重	标准号

（2）标准部件在测绘中的处理方法　标准部件包括各种联轴器、滚动轴承、减速器、制动器等。测绘时对它们的处理方法与标准件处理方法类同。

对标准部件同样也不绘制草图，只要将它们的外形尺寸、安装尺寸、特性尺寸等测出后，查阅有关标准部件手册，确定出标准部件的型号、代号等，然后将它们汇总后填入到标准部件明细表中。标准部件明细表见表4-2。

表4-2　××标准部件明细表

序号	名称	规格、性能	数量	重量	标准代号

【知识拓展】

在机械设备修理技术中，编制机械设备图册是一项重要的工作。机械设备图册所起的作用有：可以提前制造及储备备件及易损件；提供购置外购件及标准件的依据；可减少技术人员的测绘制图工作，为缩短预检时间提供条件；为机械设备改装及提高机械设备精度的分析研究工作提供方便等。

（1）机械设备图册的内容　机械设备图册通常应包括下列内容：

1）设备主要技术数据。

2）设备原理图（包括传动系统图、液压系统图、润滑系统图及电气原理图）。

3）设备总图及各重要部件装配图。

4）备件及易损件图。

5）设备安装地基图。

6）标准件目录。

7）外购件目录（包括滚动轴承、V 带、链条、液压系统外购部件等）。

8）有色金属零件目录。

9）重要零件毛坯图。

在备件图册中应包括下列各类零件：

1）使用期限不超过修理间隔期的易损零件。

2）制造过程比较复杂，需用专门工具、夹具或设备，而又易损坏的零件，如蜗轮、蜗杆、外花键、齿轮、齿条等。

3）大型复杂的锻铸件，加工费时费力的零件（如锻压设备的锤杆、偏心轴、凸轮等），以及需要向厂外订货的零件。

4）使用期限大于修理间隔期，但在设备上相同零件很多或同型设备数量多而又大量消耗的零件。

5）承载较大或经常受冲击载荷或交变载荷等的零件。

根据上述范围，具体备件应包括以下零件：齿轮、齿条、轴瓦、衬套、丝杠及螺母、主轴、外花键、镶条、蜗轮、蜗杆、带轮、弹簧、油封圈、液压缸、活塞、活塞环、活塞销、曲轴、连杆、阀门、阀门座、偏心轴、棘轮、棘爪、离合器、制动器零件等。

（2）机械设备图册的编制方法　设备图册编制的先后顺序须根据具体情况而定，对不同类型和具有不同要求的机械设备应进行分类，一般可按下列顺序逐台建立图册。

1）同类型数量较多的机械设备。

2）机械加工设备中的精加工设备。

3）关键设备。

4）稀有及重型机械设备。

5）其他设备。

除上述顺序外，在实际工作中还要考虑图样资料的来源。图样的来源一般应优先考虑向产品生产厂家索取，然后再考虑自行组织测绘。

向生产厂家索取图样时，应首先索取总图及各部件装配图，根据装配图选出配件及易损件图样。

自行组织测绘机械设备图样时，尽量避免专为测绘图册而拆卸机械设备，而应结合大、中修理时进行。测绘时要选择有代表性的机械设备（同年份制造、数量较多）进行测绘。

（3）对机械设备图册的基本要求　编制机械设备图册一般有以下基本要求：

1）图样要有统一的编号。

2）图样大小规格及制图标准均应符合国家标准。

3）视图清晰，尺寸一律标注公称尺寸（即原设计尺寸），而不标注修理尺寸。

4）技术条件、配合公差、几何公差、热处理及表面处理等要求均应在图样上标注齐全。

5）标注公差时，装配图标注公差代号，零件图标注公差数值。

6）同类型号的机械设备，制造厂家不同或出厂年份不同，有些零件尺寸也有所不同，图样上应尽可能分别注明。若图样来源非制造厂家，则应按实物加以核对定型，以免备件由于尺寸不同而报废。

任务2　圆柱齿轮的测绘

【任务描述】

设备修理中，圆柱齿轮测绘是经常遇到的一项比较复杂的工作。要在缺少或没有技术资料的情况下，根据实物（往往是损坏了的实物）推算出原设计参数，确定制造时所需的尺寸，画出齿轮工作图。

【任务分析】

1）做好直齿圆柱齿轮几何尺寸、基本参数的测定工作，画出齿轮工作图。

2）完成斜齿圆柱齿轮分度圆螺旋角、法向模数、法向压力角、变位系数的测定工作，判定其传动类型，绘制齿轮工作图。

3）实测螺旋齿轮传动中齿轮的齿数、齿顶圆直径及啮合中心距，测定螺旋角、模数等参数，绘制齿轮工作图。

【知识准备1】

1. 齿轮测绘概述

根据齿轮及齿轮副实物，用必要的量具、仪器和设备等进行技术测量，并经过分析计算确定出齿轮的基本参数及有关工艺等，最终绘制出齿轮的零件工作图，这个过程称为齿轮测绘。从某种意义上讲，齿轮测绘工作是齿轮设计工作的再现。

由于目前企业中所使用的机械设备不能完全统一，有国产的也有进口的，就进口设备来说在时间上也有早有晚，这就造成了标准不统一，因此给齿轮测绘工作带来许多困难，为使整个测绘工作顺利进行并得到正确结果，齿轮的测绘一般按如下几个步骤进行：

1）了解被修设备的名称、型号、生产国、出厂日期和生产厂家。由于世界各国对齿轮的标准制度不尽相同，即使是同一个国家，由于生产年代的不同或生产厂家的不同，所生产齿轮的参数也不相同。这就需要在齿轮测绘前首先了解该设备的生产国家、出厂日期和生产厂家，以获得准确的齿轮参数。

2）初步判定齿轮类别　知道了齿轮的生产国家即获得了一定的齿轮参数，如压力角、齿顶高系数、顶隙系数等。除此以外，还需判别齿轮是标准齿轮、变位齿轮还是非标准齿轮。

3）查找与主要几何要素（m、α、z、β、χ）有关的资料　翻阅传动部件图、零件明细栏以及零件工作图，若零件已修理配换过，还应查对修理报告等，这样可简化和加快测绘工作的进程，并可提高测绘的准确性。

4）做被测齿轮精度等级、材料和热处理鉴定。

5）分析被测齿轮的失效原因。分析齿轮的失效原因，这在齿轮测绘中是一项十分重要的工作。知道了齿轮的失效原因不但会使齿轮的测绘结果准确无误，而且还会对新制齿轮提出必要的技术要求，使之延长使用寿命。

6）测绘、推算齿轮参数及绘制齿轮工作图。

2. 直齿圆柱齿轮的测绘

（1）几何尺寸参数的测量　测绘渐开线直齿圆柱齿轮的主要任务是确定基本参数 m（或 P）、α、z、h_a^*、c^*、χ。为此，需对被测绘的齿轮作一些几何尺寸参数的测量。

1）公法线长度 w 的测量。测量公法线长度的目的是推算出基圆齿距 P_b，进而判断被测齿轮是模数制，还是径节制，并确定其模数 m（或径节 P）和压力角 α 的大小。对于变位齿轮，通过测量公法线长度还可以较方便地确定变位系数 χ。

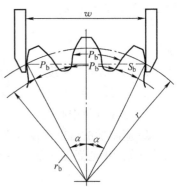

图 4-26　公法线长度的测量

测量公法线长度最常用的量器具有公法线千分尺、公法线齿轮测试仪（若采用齿轮基节仪测量基节尺寸，则不必测量公法线长度）。为使测量准确，除应正确选择跨齿数，使量具的测量平面与分度圆附近的齿廓相切（见图 4-26）外，最好将大小齿轮（指一对啮合齿轮）各测数次，取其中出现次数最多的数值。一般说来，大齿轮磨损较少，所得数值较为精确。这里值得提出的是，若对被测齿轮不能判明压力角 α 值时，应该利用基节仪测量基节尺寸，或者先测出压力角 α 值，然后再测量公法线长度。

测量公法线长度时，所跨齿数 k 可以通过计算或查表得到。计算方法如下式：

$$k = \frac{\alpha}{180°}z + 0.5 \qquad (4-1)$$

式中　k——测量公法线长度时所跨齿数；

　　　α——被测齿轮的压力角；

　　　z——被测齿轮的齿数。

当 $\alpha = 20°$ 时，则

$$k = \frac{z}{9} + 0.5$$

为保证齿轮传动正常运转所需的齿轮侧向间隙，公法线长度都有所减小，加之使用过程中的齿面磨损，因而公法线长度的测量值应将实测值加上一个补偿值，其补偿值的大小主要考虑齿面磨损程度和原始齿轮侧向间隙确定，一般情况，可取 $0.08 \sim 0.25mm$，大齿轮取小值，小齿轮取大值。

测量齿顶圆直径通常用精密游标卡尺或千分尺进行，测量时要求在不同的径向方位上测量几组数据，取其平均值。当齿数 z 为偶数时可直接测出；当齿数 z 为奇数时，则不能直接测量出，应进行间接测量并经必要的计算，如图 4-27 所示。

① 根据图 4-27 先测出 D、b，然后经过计算得到齿顶圆直径 d_a。

$$d_a = \frac{D}{\cos^2\theta} \qquad (4-2)$$

$$\theta = \arctan \frac{b}{2D}$$

式中　D——实测齿轮齿顶圆直径；

　　　　b——相邻两齿的齿间距。

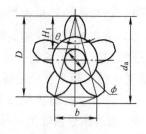

图 4-27　奇数齿齿轮 d_a 的测量

② 当测绘有内孔的奇数齿齿轮时，根据图 4-27，测出孔至齿顶的距离 H_1 及齿轮内孔 ϕ 或与其相配的轴的直径 d 后，可由下式计算出 d_a。

$$d_a = d + 2H_1 = \phi + 2H_1$$

2）啮合中心距 a' 的测量。被修理齿轮传动变位类型的判定，以及啮合参数的确定、校验都需要准确地测量出齿轮啮合中心距 a'。最常用的简捷方法是测得齿轮副的最大外廓与最小外廓尺寸，然后再测量出相配轴的直径，通过换算求出中心距 a'；也可以根据图 4-28 所示测算，其计算式为

$$a' = 0.5\ (L_1 + L_2)$$

或

$$a' = L_3 + 0.5\ (\phi_1 + \phi_2)$$

为提高测量的精度，需要注意下列三点：

① 直接测量孔距时，应事先检查两孔的几何公差（即圆度、锥度和平行度）。

② 心轴测量中心距时，应检查心轴的圆度和锥度，并保证心轴与孔的配合间隙为最小。

③ 应测量的数据需反复多次进行，然后取其平均值代入换算公式求 a'。

当实际中心距测出后，一般可能有下列三种情况：

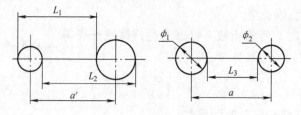

图 4-28　中心距的测量

① 实测中心距等于计算中心距 a，实测齿顶圆直径 d_a' 等于计算齿顶圆直径 d_a 时，即

$$a = \frac{\pm z_1 + z_2}{2}m, a = a'$$

$$d_a = (z \pm 2h_a^*)m, d_a = d_a'$$

式中，"＋"表示外啮合传动齿轮；"－"表示内啮合传动齿轮。

这种情况说明该被测齿轮是标准齿轮，无需继续计算。

② 实测中心距等于计算中心距，实测齿顶圆直径 d_a' 与计算齿顶圆直径 d_a 不相等时，即：

$$a = a', d_a \neq d_a'$$

这种情况说明该被测齿轮是高度变位齿轮，尚需继续计算。

a. 按实测齿顶圆直径 d_a' 计算变位系数 χ。

$$\chi_1 = 0.25\left(\frac{d_{a1}' \mp d_{a2}'}{m} - 2z_1 \pm z\sum\right) \tag{4-3}$$

式中，"±"或"∓"号，当采用上方符号时表示外啮合齿轮计算，当采用下方符号时表示内啮合齿轮计算。

$$\chi_2 = -\chi_1 \tag{4-4}$$

b. 计算齿顶圆直径 d_a 及公法线长度 w_x。

$$d_a = (z + 2h_a^* + \chi)m \tag{4-5}$$

$$w_x = w_k + 2\chi m \sin\alpha \tag{4-6}$$

式中　w_x——被测变位齿轮的公法线长度；

　　　w_k——非变位齿轮的公法线长度。

其中 w_k 可利用表 4-3 的简化公式计算。

表 4-3　公法线长度 w_k 简化计算公式

α	w_k	k
20°	$m\,[2.952\,(k-0.5)+0.014z]$	$0.111z+0.5$
15°	$m\,[3.0345\,(k-0.5)+0.00594z]$	$0.083z+0.5$
14.5°	$m\,[3.0414\,(k-0.5)+0.00537z]$	$0.08z+0.5$

③ 实测中心距 a' 与计算中心距 a 不一致，实测齿顶圆直径 d_a' 等于计算齿顶圆直径 d_a 时，即：

$$a \neq a',\ d_a = d_a'$$

这种情况说明该被测齿轮是角度变位齿轮，应该继续计算。

a. 计算总变位系数 χ_Σ。

$$\chi_\Sigma = \frac{z_1 + z_2}{2\tan\alpha}\ (\text{inv}\alpha' - \text{inv}\alpha) \tag{4-7}$$

式中　α'——实测压力角；

　　　α——标准压力角。

上式中的 $\text{inv}\alpha'$ 和 $\text{inv}\alpha$ 可以查表 4-4。

表 4-4　渐开线函数值

α		0′	5′	10′	15′	20′	25′	30′	35′	40′	45′	50′	55′
15	0.0	61498	62548	63611	64686	65773	66873	67985	69110	70248	71398	72561	73738
16	0.0	07493	07613	07735	07857	07982	08107	08234	08362	08492	08623	08756	08889
17	0.0	09025	09161	09299	09439	09580	09722	09866	10012	10158	10307	10456	10608
18	0.0	10760	10915	11071	11228	11387	11547	11709	11873	12038	12205	12373	12543
19	0.0	12715	12888	13063	13240	13418	13598	13779	13963	14148	14334	14523	14713
20	0.0	14904	15098	15293	15490	15689	15890	16092	16296	16502	16710	16920	17132
21	0.0	17345	17560	17777	17996	18217	18440	18665	18891	19120	19350	19583	19817
22	0.0	20054	20292	20533	20775	21019	21266	21514	21765	21765	22272	22529	22788
23	0.0	23049	23312	23577	23845	24114	24386	24660	24936	25214	25495	25778	26062
24	0.0	26350	26639	26931	27225	27521	27820	28121	28424	28729	29037	29348	29660

b. 按实际齿顶圆直径 d_a' 计算变位系数 χ。

$$\chi_1 = 0.25\left(\frac{d'_{a1} \mp d'_{a2}}{m} \pm z_\Sigma - 2z_1 \pm 2\chi_\Sigma\right) \tag{4-8}$$

$$\chi_2 = \chi_\Sigma \mp \chi_1 \tag{4-9}$$

c. 计算齿顶圆直径 d_a 及公法线长度 w_x。

$$d_a = d + 2(h_a^* + \chi - \Delta y)m \tag{4-10}$$

式中，$d = mz$；$\Delta y = \chi_\Sigma - \dfrac{a' - a}{m}$。

内啮合圆柱齿轮按下式计算 d_a。

当 $|\chi_2 - \chi_1| \leqslant 0.5$，$|\chi_2| < 0.5$，$z_2 - z_1 \geqslant 40$ 时，则

$$d_{a1} = d_1 + 2(h_a^* + \chi_1)m \tag{4-11}$$

$$d_{a2} = d_a - 2(h_a^* - \chi_2 + \Delta y - k_2) \tag{4-12}$$

当 $\chi_2 < 2$ 时，则 $k_2 = 0.25 - 0.125\chi_2$。

当 $\chi_2 \geqslant 2$ 时，则 $k_2 = 0$。

式中，
$$\Delta y = \chi_\Sigma - \frac{z_2 - z_1}{2}\left(\frac{\cos\alpha}{\cos\alpha'} - 1\right) \tag{4-13}$$

$$w_x = w_k + 2\chi m\sin\alpha$$

3）固定弦齿厚 $\overline{s_c}$ 的测量。测量固定弦齿厚 $\overline{s_c}$ 可检定齿面磨损是否超限，还可以确定被测齿轮的模数、齿形角和变位系数。

对于外齿轮或大直径的内齿轮，$\overline{s_c}$ 可用齿厚卡尺进行测量。图 4-29 所示是用齿厚卡尺测量外齿轮固定弦齿厚的情形。内齿轮固定弦齿厚的测量方法与外齿轮固定弦齿厚的测量方法基本相同，只是要注意其固定弦齿高 $\overline{h_c}$ 需要有一个增量值 $\Delta\overline{h_c}$，如图 4-30 所示。测量内齿轮固定弦齿厚时，其固定弦齿厚 $\overline{s_c}$ 的测量高度 $\overline{h_c}$ 按表 4-5 选用计算（对于斜齿圆柱齿轮，表中的 $\alpha = \alpha_n$，$m = m_n$）。

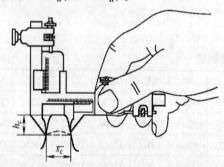

图 4-29　外齿轮固定弦齿厚的测量

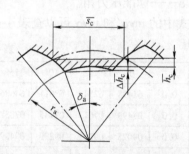

图 4-30　大直径内齿轮齿厚测量
时固定弦齿高增量 $\Delta\overline{h_c}$

表 4-5　直齿圆柱齿轮固定弦齿厚 $\overline{s_c}$ 和固定弦齿高 $\overline{h_c}$ 的计算式

α		非变位 $\chi_1 = \chi_2 = 0$	高度变位 $\chi_1 = \chi_2 \neq 0$	角度变位 $\chi_1 \neq \chi_2$
通式	$\overline{s_c}$	$0.5\pi m\cos^2\alpha$	$0.5\pi m\cos^2\alpha + m\chi\sin 2\pi$	$(0.5\pi\cos^2\alpha + \chi\sin 2\alpha)m$
	$\overline{h_c}$	$(1 - 0.125\pi\sin 2\alpha)m$	$(1 - 0.125\pi\sin 2\alpha + \chi\cos 2\alpha)m$	$(1 - 0.125\pi\sin 2\alpha + \chi\cos 2\alpha - \Delta y)m$

（续）

α		非变位 $\chi_1 = \chi_2 = 0$	高度变位 $\chi_1 = \chi_2 \neq 0$	角度变位 $\chi_1 \neq \chi_2$
14.5°	$\overline{s_c}$	$1.47232m$	$(1.47232 + 0.4848\chi)\ m$	$(1.47232 + 0.4848\chi)\ m$
	$\overline{h_c}$	$0.80962m$	$(0.80962 + 0.9373\chi)\ m$	$(0.80962 + 0.9373\chi - \Delta y)\ m$
17.5°	$\overline{s_c}$	$1.42876m$	$(1.42876 + 0.5736\chi)\ m$	$(1.42876 + 0.5736\chi)\ m$
	$\overline{h_c}$	$0.77476m$	$(0.77476 + 0.9096\chi)\ m$	$(0.77476 + 0.9096\chi - \Delta y)\ m$
20°	$\overline{s_c}$	$1.38705m$	$(1.38705 + 0.6428\chi)\ m$	$(1.38705 + 0.6428\chi)\ m$
	$\overline{h_c}$	$0.74758m$	$(0.74758 + 0.8830\chi)\ m$	$(0.74758 + 0.8830\chi - \Delta y)\ m$
22.5°	$\overline{s_c}$	$1.34076m$	$(1.34076 + 0.7071\chi)\ m$	$(1.34076 + 0.7071\chi)\ m$
	$\overline{h_c}$	$0.72232m$	$(0.72232 + 0.8536\chi)\ m$	$(0.72232 + 0.8536\chi - \Delta y)\ m$

（2）直齿圆柱齿轮基本参数的测定　对于直齿圆柱齿轮，只要确定出模数 m（或径节 P）、压力角 α、齿数 z、齿顶高系数 h_a^*、齿顶间隙系数 c^* 和变位系数 χ 六个基本参数以后，齿轮的测绘问题便可以迎刃而解了。因此，研究 m、α、z、h_a^*、c^* 和 χ 六个基本参数的测定问题，便是整个齿轮测绘工作的中心内容。

1）齿数 z 的确定。对于整圆齿轮，齿数 z 不需要计算，只要数出齿数即可。但是，对于非整圆的扇形齿轮，就需要进行计算。图4-31是一个扇形齿轮，其齿数 z 可按下列方法计算：

① 根据实物测出跨 k 个齿距的弦长 L 及齿顶圆半径 r_a。

② 求出 k 个齿距的中心角 ψ，ψ 角度按下式计算

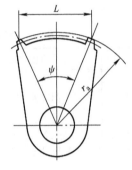

$$\psi = \frac{\arcsin \dfrac{L}{r_a} \sqrt{4r_a^2 - L^2}}{2r_a} \qquad (4-14)$$

当 $\psi > 90°$ 时，用三角函数的诱导公式计算还原，即 $\sin(180° - \psi) = \sin\psi$。

图4-31　扇形齿轮齿数的计算

③ 求出一整圈的齿数 z，齿数 z 按下式计算：

$$z = \frac{360°k}{\psi} \qquad (4-15)$$

2）齿顶高系数 h_a^* 及齿顶间隙系数 c^* 的确定。齿顶高系数 h_a^* 和齿顶间隙系数 c^* 取决于齿形制度，查明被测齿轮的生产国后一般可确定。必要时，要通过测量齿轮全齿高 h' 推算校验。

测量齿轮全齿高尺寸，可利用精密游标卡尺测量从齿轮的孔壁到齿顶的距离 H_1' 和到齿根的距离 H_2'，如图4-32所示，其全齿高 h' 可按下式计算：

$$h' = H_1' - H_2' \qquad (4-16)$$

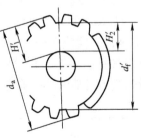

或者测量齿顶圆直径 d_a' 和齿根圆直径 d_f'。这时，全齿高 h' 可按下式计算

$$h' = \frac{1}{2}(d_a' - d_f') \qquad (4-17)$$

图4-32　间接测量全齿高

另外，还可利用深度尺直接测量全齿高尺寸，如图 4-33 所示。这种方法测得的结果不够准确，只能作为参考。

齿顶高系数 h_a^* 可以根据测量的全齿高 h' 按下式计算

$$h_a^* = \frac{h' - mc^*}{2m} \qquad (4\text{-}18)$$

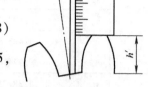

图 4-33　直接测量全齿高

式中的 c^* 可查有关资料加以估计选择，标准齿形一般为 0.25，短齿齿形一般为 0.3。

如果求出的 h_a^* 为 1，则齿轮为标准齿形；若 h_a^* 小于 1，则齿轮为短齿形。

3）模数 m（或径节 P）和压力角 α 的确定。齿轮测绘中的模数 m（或径节 P）和压力角 α 是互相关联的两个齿形要素，因此在测绘中要同时加以考虑。各国所采用的模数（或径节）和压力角不同。中国、俄罗斯、日本、德国、捷克、法国和瑞士等国多采用模数制，而英、美等国则采用径节制。采用模数制的国家其压力角 α 大多数为 20°，而采用径节制的国家（特别是英国和美国），压力角 α 多混合使用，如 14.5°、16°、20°、22.5°、25° 等。

测定模数（或径节）和压力角可采用的测量方法较多，各种方法的特点及适用场合见表 4-6。

表 4-6　模数 m（或径节 P）和压力角 α 测定方法的特点及应用场合

序　号	测定方法	特点及应用场合
1	测公法线长度法	测量方法简便，不需要测量精准，其测量精度不受齿顶圆制造精度的影响，也不受变位系数大小的限制，但受齿面磨损影响；适合齿面磨损较小齿轮的测绘
2	齿形卡板法	方法简单，不需计算，可得 m、α，适用于齿面磨损较小、塑性变形不大齿轮的测绘，通常用作校验 m、α
3	标准齿轮滚刀对啮法	
4	测齿顶圆直径法	测量精度不受齿面磨损影响，但由于齿顶圆加工误差较大。若补加量确定不合适，造成测绘误差较大，扇形齿轮、多齿（严重）打牙、塑性变形大或特大尺寸的齿轮不宜采用
5	近似测量齿距 P 法	简单易行，测绘精度不高，只能近似测定 m 或 P，不能测定 α，适用于大尺寸齿轮的测绘
6	测固定弦齿厚法	测量方法简单，但因旧齿轮固定弦位置难精确找到，而影响测绘精度，适用于齿宽较大的斜齿轮或公法线不易测量的大齿轮

注：方法 1、4、6 还可用来测变位系数。

生产实践中，广泛采用表 4-6 中的 1、2、4 三种方法：

① 测公法线长度法。分别跨齿测量 k、$k-1$ 或 $k+1$ 个齿的公法线长度 w'_k、w'_{k-1}、w'_{k+1}（需考虑补偿值 0.08 ~ 0.25）；计算基圆齿距 $P_b = w'_k - w'_{k-1}$ 或 $P_b = w'_{k+1} - w'_k$；查基圆齿距表（见表 4-7），经分析初步测定 m（或 P）和 α；用其他测定方法如齿形卡板法或标准齿轮滚刀对啮法校验确定 m（或 P）和 α。

表 4-7　基圆齿距 $P_b = \pi m \cos\alpha$ 数值表　　　　　　　（单位：mm）

m	P_b	α						
		25°	22.5°	20°	17.5°	16°	15°	14.5°
5	5.0800	14.236	14.512	14.761	14.931	15.099	15.173	15.208

（续）

m	P_b	α						
		25°	22.5°	20°	17.5°	16°	15°	14.5°
5.08	5	14.464	14.744	15.000	15.211	15.341	15.415	15.451
5.5	4.6182	15.660	15.903	16.237	16.479	16.609	16.690	16.728
5.644	4.5	16.070	16.381	16.662	16.910	17.044	17.127	17.166
6	4.2333	17.083	17.415	17.713	17.977	18.119	18.207	18.249
6.350	4	18.080	18.431	18.746	19.026	19.176	19.269	19.314
6.5	3.9077	18.507	18.866	19.189	19.475	19.629	19.724	19.770
7	3.6286	19.931	20.317	20.665	20.973	21.139	21.242	21.291
7.257	3.5	20.662	21.063	21.242	21.743	21.915	22.022	22.072

② 齿形卡板法。同一个压力角 α 而模数 m 不同的齿形卡板按基准齿形制造成一套，如图 4-34 所示。当已知被测齿轮的生产国之后，可用齿形卡板去卡被测齿轮的轮齿而得到模数 m 和压力角 α。

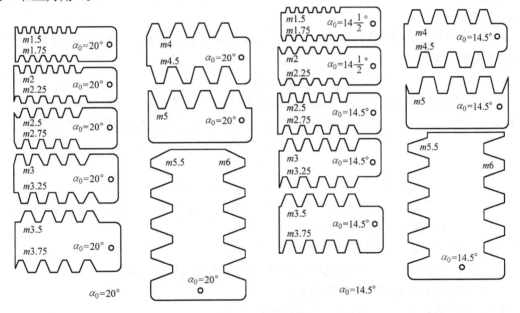

图 4-34　齿形卡板

③ 测齿顶圆直径法。测绘齿轮时，要判定该齿轮是模数制还是径节制齿轮，也可以通过已经测定的齿顶圆直径 d_a' 和齿数 z，按啮合公式计算初定 m（或 P）和 α。

$$m = \frac{d_a'}{z + 2h_a^*} \tag{4-19}$$

或

$$m = \frac{d_a' - d_f'}{2(2h_a^* + c^*)} = \frac{d_a' - d_f'}{2h} \tag{4-20}$$

或

$$m = \frac{2a'}{z_1 + z_2} \tag{4-21}$$

$$P = \frac{(z + 2h_a^*) \times 25.4}{d_a'}$$

$$P = \frac{2(h_a^* + c^*) \times 25.4}{d_a' - d_f'}$$

$$P = \frac{(z_1 + z_2) \times 25.4}{2a'}$$

$$(4\text{-}22)$$

按啮合公式计算的结果，如果 m 值是标准值，则为模数制。如果 P 值是标准值（见表4-8），则为径节制。否则，这个齿轮可能是变位齿轮。

表 4-8　径节（P）系列（1/in）

1	1 1/4	1 1/2	1 3/4	2	2 1/4	2 1/2	2 3/4	3	3 1/2	4	5	6	7
8	9	10	11	12	14	16	18	20	22	25	26	28	30

4）变位系数 χ 及直齿圆柱齿轮传动类型的确定。测绘齿轮之初，被测齿轮是否经过变位修正，一般是不清楚的，对于变位齿轮需测定变位系数 χ 之后才能进行几何尺寸计算，而变位系数 χ 值与被测齿轮的传动类型有关，故需采用一定的方法正确判别，确定齿轮传动的类型及变位系数。

① 当被测齿轮的图样资料尚存时，可直接查得变位系数 χ_1 和 χ_2，然后由变位系数之和 χ_Σ 确定其传动类型。

$$\chi_\Sigma = \chi_1 + \chi_2 \tag{4-23}$$

② 当被测齿轮副的变位系数不知道，其啮合中心距又难测出时，可采用测公法线长度的方法，由式（4-24）分别推算出两轮的变位系数 χ_1 及 χ_2，进而判断其传动类型。

$$\chi = \frac{w_k' - w_k}{2m\sin\alpha} \tag{4-24}$$

式中　w_k'——被测齿轮公法线长度的测量值（需考虑补偿值）；

w_k——非变位时，被测齿轮的理论公法线长度（可按表4-3简化计算公式计算，也可查阅有关资料直接得到）。

③ 当被测齿轮副的变位系数不知道，而啮合中心距能较准确地测量时，可用齿顶圆直径及公法线长度测定法，按下列步骤判别其传动类型并确定变位系数。

a. 实测啮合中心距 a'（考虑补偿值）。

b. 计算模数 m 或非变位时的标准中心距 a。

$$m = 2a/z_1 + z_2$$

或

$$a = m(z_1 + z_2)/2$$

c. 根据 $x = \dfrac{w_k' - w_k}{2m\sin\alpha}$ 分别求出 χ_1、χ_2。

d. 比较 a' 与 a 和 χ_1 与 χ_2，判别传动类型。

若 $a' = a$（或 $m' = m$），且 $\chi_1 = \chi_2 = 0$ 则为标准齿轮传动。

若 $a' = a$（或 $m' = m$），但 $|\chi_1| = |\chi_2|$ 则为高度变位齿轮传动，变位系数可按下式确定

$$\chi_\Sigma = \chi_1 + \chi_2 = 0$$

$$\chi_2 = -\chi_1$$

若 $a' \neq a$（或 $m' \neq m$），为变位齿轮传动，变位系数可按如下公式计算确定

$$\cos\alpha' = \frac{a}{a'}\cos\alpha$$

$$\chi_\Sigma = (\text{inv}\alpha' - \text{inv}\alpha)\left[\frac{(z_1 + z_2)}{2\tan\alpha}\right]$$

$$\chi_2 = \chi_\Sigma - \chi_1$$

e. 将初步测定的数值适当圆整后，代入下列公式验算 d_a、a' 和 w_k，与实物核对，校验所测定的 χ 值的正确性。

$$w_k = m\cos\alpha\left[(k - 0.5)\pi + z\text{inv}\alpha\right] + 2\chi m\sin a$$

$$d_a = m(z + 2h_a^* + 2\chi - 2\Delta y)$$

$$a' = \frac{1}{2}m(z_1 + z_2) + ym$$

$$= \frac{1}{2}m(z_1 + z_2)\frac{\cos\alpha}{\cos\alpha'}$$

④ 当被测齿轮副的变位系数未知，其公法线长度又难测出时，可采用测量固定弦齿厚的方法，由式（4-25）分别推算出两齿轮的变位系数 χ_1 和 χ_2，然后再判断其传动类型。

$$\chi = \frac{\overline{s}_c - 0.5\pi m \cos^2\alpha}{2m\cos^2\alpha\tan\alpha} \tag{4-25}$$

（3）绘制齿轮工作图　有关的齿轮测绘工作完成后，需绘制正规的齿轮工作图。绘制齿轮工作图应注意以下几点：

1）绘制齿轮工作图所用的参数应该是通过最后计算得到的所有参数，不能简单地使用实测数据，有些参数的计算结果需要圆整到标准值。

2）齿轮的精度等级可按表4-9选定。对于机床修理中的齿轮精度，通常可以选用6、7级。对于各公差组的精度选择，可以根据该齿轮具体工作条件及机床的性能确定。

3）齿轮工作图上的几何公差、尺寸公差及表面粗糙度，可以采取类比法根据公差与配合的有关标准给出。

4）齿轮工作图上的技术条件，一般需给出齿轮或齿面热处理情况及齿面硬度等。图4-35所示是直齿圆柱齿轮的工作图。

表4-9　机械传动的齿轮精度等级

应用范围	精度等级	应用范围	精度等级
测量齿轮	2~5	载货汽车	6~9
透平齿轮	3~5	一般减速器	6~8
精密切削机床	3~7	拖拉机	6~10
航空发动机	4~7	起重机械	7~9
一般切削机床	5~8	轧钢机	9~10
内燃或电气机车	5~8	地质矿山绞车	7~10
轻型机车	5~8	农业机械	8~11

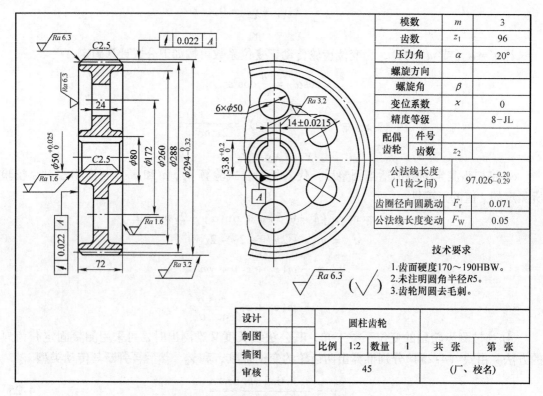

模数	m	3
齿数	z_1	96
压力角	α	20°
螺旋方向		
螺旋角	β	
变位系数	x	0
精度等级		8 – JL
配偶齿轮	件号	
	齿数	z_2
公法线长度 （11齿之间）		$97.026^{-0.20}_{-0.29}$
齿圈径向圆跳动	F_r	0.071
公法线长度变动	F_W	0.05

技术要求

1. 齿面硬度170～190HBW。
2. 未注明圆角半径R5。
3. 齿轮周圆去毛刺。

设计		圆柱齿轮				
制图		比例	1:2	数量	1	共 张 第 张
描图						
审核			45			（厂、校名）

图 4-35 直齿圆柱齿轮的工作图

【任务实施1】 测绘直齿圆柱齿轮

试测绘某钢厂卷扬机传动箱内的一对直齿外啮合平行轴渐开线圆柱齿轮。

测绘步骤：

（1）确定齿轮的原用材料及精度等级

材料：小齿轮45 钢，调质180～230HBW

大齿轮 ZG35SiMn，调质200～250HBW

精度等级：8 – 8 – 7Dc，GB/Z 18620 – 2008

（2）实测有关数据

$z_1 = 23$，$d'_{a1} = 154.48$mm，$w'_3 = 47.65$mm，$w'_4 = 65.33$mm，$z_2 = 121$，$d'_{a2} = 739.022$mm，$w'_{14} = 249.38$mm，$w'_{15} = 267.08$mm，$a' = 435$mm。

（3）计算基圆齿距 P_b

$$P_{b1} = w'_4 - w'_3 = （65.33 - 47.65）\text{ mm} = 17.68\text{mm}$$
$$P_{b2} = w'_{15} - w'_{14} = （267.08 - 249.38）\text{ mm} = 17.70\text{mm}$$

（4）由 P_{b1}、P_{b2} 查基圆齿距数值表，经分析初定 m 和 α。

根据表4-7查得 $P_b = \pi m\cos\alpha = 17.713$mm 时的模数及压力角分别为 $m = 6$mm，$\alpha = 20°$，初定 $m = 6$mm，$\alpha = 20°$。

（5）校验 m 和 α

用齿形卡板试卡，该齿轮的确为模数制齿轮，$m = 6$mm，$\alpha = 20°$。

（6）判别传动类型并初步测定变位系数

1）标准中心距。

$$a = m(z_1 + z_2)/2 = 6 \times (23 + 121) \, \text{mm}/2 = 432 \, \text{mm}$$

因为 $a' = 435 \, \text{mm}$，$a = 432 \, \text{mm}$，$a' \neq a$，$a' > a$。

所以被测齿轮副为变位齿轮传动，且为正变位传动。

2）求啮合角 α'。

$$\alpha' = \arccos\left(\frac{a}{a'}\cos\alpha\right) = \arccos\left(\frac{432}{435}\cos 20°\right) = 21°3'32''$$

3）求变位系数之和 χ_Σ。

$$\chi_\Sigma = (z_1 + z_2)(\text{inv}\alpha' - \text{inv}\alpha)/2\tan\alpha$$
$$= (23 + 121) \times (\text{inv}21°3'32'' - \text{inv}20°) \div 2\tan 20°$$
$$= 0.512745$$

4）求中心距变动系数 y。

$$y = \frac{a' - a}{m} = \frac{435 - 432}{6} = 0.5$$

5）求齿顶高变动系数 Δy。

$$\Delta y = \chi_\Sigma - y = 0.512745 - 0.5 = 0.012745$$

6）按齿顶圆直径的测量值 d_a' 计算变位系数 χ_1 和 χ_2。

$$\chi_1 = 0.25\left(\frac{d_{a1}' - d_{a2}'}{m} + z_\Sigma - 2z_1 + 2\chi_\Sigma\right)$$
$$= 0.25 \times \left(\frac{d_{a1}' - d_{a2}'}{m} + z_1 + z_2 - z_1 - z_1 + 2\chi_\Sigma\right)$$
$$= 0.25\left(\frac{d_{a1}' - d_{a2}'}{m} - z_1 + z_2 + 2\chi_\Sigma\right)$$
$$= 0.25 \times \left(\frac{154.48 - 739.022}{6} - 23 + 121 + 2 \times 0.512745\right) = 0.4005$$

取 $\chi_1 = 0.4$，则 $\chi_2 = \chi_\Sigma - \chi_1 = 0.5128 - 0.4 = 0.1128$。

（7）校验并确定变位系数 按初定的变位系数 χ_1 和 χ_2，验算齿顶圆直径 d_a、公法线长度 w_k 及中心距 a。

查有关表格取齿顶高系数 $h_a^* = 1$（标准齿形）。

$$d_{a1} = m(z_1 + 2h_a^* + 2\chi_1 - 2\Delta y)$$
$$= 6 \times (23 + 2 \times 1 + 2 \times 0.4 - 2 \times 0.0128) \, \text{mm} = 154.646 \, \text{mm}$$

比实测 $d_{a1}' = 154.48 \, \text{mm}$ 大 0.166mm。

$$d_{a2} = m(z_2 + 2h_a^* + 2\chi_2 - 2\Delta y)$$
$$= 6 \times (121 + 2 \times 1 + 2 \times 0.1128 - 2 \times 0.0128) \, \text{mm} = 739.20 \, \text{mm}$$

比实测 $d_{a2}' = 739.022 \, \text{mm}$ 大 0.178mm。

$$w_3 = m\cos\alpha[(k - 0.5)\pi + z_1\text{inv}\alpha] + 2\chi_1 m\sin\alpha$$
$$= 6\cos 20°[(3 - 0.5)\pi + 23\text{inv}20°] \, \text{mm} + 2 \times 0.4 \times 6\sin 20° \, \text{mm} = 47.855 \, \text{mm}$$

比实测 $w_3' = 47.65 \, \text{mm}$ 大 0.205mm。

$$w_{14} = m\cos\alpha[(k - 0.5)\pi + z_2\text{inv}\alpha] + 2\chi_2 m\sin\alpha = 6\cos 20°[(14 - 0.5)\pi +$$

$$121\text{inv}20°]\text{mm} + 2 \times 0.1128 \times 6\sin 20°\text{mm} = 249.747\text{mm}$$

比实测 $w'_{14} = 249.38\text{mm}$ 大 0.367mm。

根据初定的 χ_1 及 χ_2 计算啮合角 α'，按式（4-7）推算出

$$\text{inv}\alpha' = \frac{2\tan\alpha}{z_\Sigma}\chi_\Sigma + \text{inv}\alpha = \frac{2\tan20°}{23 + 121} \times 0.5128 + \text{inv}20° = 0.01749628$$

则 $\qquad\qquad\qquad\qquad\qquad \alpha' = 21°3'27''$

因为 $\qquad\qquad\qquad\qquad\qquad \cos\alpha' = \dfrac{a}{a'}\cos\alpha$

所以 $\qquad\qquad\qquad\qquad\qquad a' = \dfrac{a\cos\alpha}{\cos\alpha'}$

$$= \frac{432\cos20°}{\cos21°3'27''}\text{mm}$$

$$= \frac{432 \times 0.9397}{0.9392}\text{mm} = 435.009\text{mm}$$

实测的中心距为 435mm，计算的中心距与实测的中心距只相差 0.009mm。

经校验，确定 $\chi_1 = 0.4$，$\chi_2 = 0.1128$。

（8）计算齿轮的有关几何尺寸 综合以上所述，该齿轮副的基本参数为：

$z_1 = 23$，$z_2 = 121$，$m = 6\text{mm}$，$\alpha = 20°$，$h_a^* = 1$，$c^* = 0.25$（标准齿形），$\chi_1 = 0.4$，$\chi_2 = 0.1128$。

根据以上基本参数，计算齿轮的几何尺寸。

根据计算出的齿轮几何尺寸，按照规定的标准和技术要求绘制齿轮工作图。

【知识准备2】

斜齿圆柱齿轮的基本参数与直齿圆柱齿轮比较，多了一个分度圆螺旋角 β，而且 m、α、h_a^*、c^*、χ 有端面、法向之分。

当了解斜齿圆柱齿轮的标准制度后，其 h_{an}^*、c_n^* 一般是可以确定的，故斜齿圆柱齿轮的测绘任务主要是确定 m_n、α_n、χ_n 及螺旋角 β。

（1）分度圆螺旋角 β 的测定 采用适当的方法准确地测出螺旋角 β 是斜齿圆柱齿轮测绘的关键，因为螺旋角 β 测绘不准确，不但影响其他参数测绘的准确度，而且还影响修理齿轮传动的啮合性能。

测定斜齿圆柱齿轮分度圆螺旋角 β 的方法有滚印法、轴向齿距法、正弦尺法、中心距推算法、精密测量法、模拟切齿法等，其中精密测量法、中心距推算法及模拟切齿法应用较广泛，其余几种测量方法的测量精度不高，一般不采用，只是需要初定螺旋角时采用。

1）精密测量法。可以采用精密仪器直接测量出螺旋角 β 的精确值，目前较常用的仪器有齿向仪、导程仪和螺旋角检查仪。当然也可以用万能工具显微镜或光学分度头等通用测量仪器来测量螺旋角 β。对于螺旋角较小、精度低于6级的斜齿圆柱齿轮，可以用齿向仪测量螺旋角。对于高精度的斜齿圆柱齿轮应采用导程仪测量螺旋角。

2）中心距推算法。此法适用于非变位或高度变位的斜齿圆柱齿轮传动。斜齿轮法向模数 m_n 确定之后，实测啮合中心距 a'，由下式可推出螺旋角 β

$$\cos\beta = \frac{m_n}{2a'}(z_1 + z_2) \tag{4-26}$$

测绘时，需要注意的是：相啮合的两个齿轮的螺旋角必须成对考虑确定，使之满足正确啮合条件。

3）模拟切齿法。模拟切齿法的测定工作是利用斜齿圆柱齿轮成形原理，在配有分度头的较新铣床或车床上，或在精度较高的滚齿机或螺纹加工机床上进行。其测定的步骤为：

① 实测齿轮齿顶圆直径 d'_a，并近似测出齿顶圆螺旋角 β'_a。

② 计算导程的近似值，$T' = \pi d'_a / \tan\beta'_a$。

③ 根据 T' 选配交换齿轮，如图 4-36 所示，安装好被测斜齿圆柱齿轮，用千分表压在齿面上（千分表表头可压齿面的任意部位，尽管沿齿高各点齿面上的螺旋角不同，但导程都相同，不影响测量结果）和顶住安放在工作台侧面的量块（以控制铣床工作台移动的距离）。

测量时，转动手柄使工作台移动，并带动分度头，被测斜齿圆柱齿轮转动。若千分表的指针基本不动，则说明近似导程 T' 与切制轮齿时的实际导程完全一致。若千分表的指针摆动较大，表示 β'_a 有误差，造成导程误差 ΔT。根据千分表指针摆动的读数 Δe，可以求出近似导程 T' 与实际导程 T 的误差 ΔT，其关系式如下（见图 4-37）：

$$\Delta T = \frac{T'^2 \Delta e}{\pi d'_a l - T'^2 \Delta e} \tag{4-27}$$

式中　l——工作台移动的距离；

　　　Δe——千分表的读数。

实际导程 T 则为

$$T = T' \pm \Delta T \tag{4-28}$$

式中，若实际导程比近似导程大，取"$+$"号，若实际导程比近似导程小，取"$-$"号。

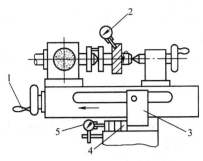

图 4-36　在铣床上测量螺旋角

1—手柄　2—千分表　3—挡块　4—量块　5—千分表

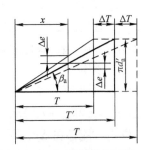

图 4-37　螺旋线展开图

其实际齿顶圆螺旋角 β_a 则为

$$\tan\beta_a = \pi d'_a / T \tag{4-29}$$

或

$$\cot\beta_a = \cot\beta'_a \pm \Delta T / \pi d'_a \tag{4-30}$$

经过反复校准，即更换选配不同的交换齿轮，可以得到较准确的 β_a。

④ 根据 β_a 经换算得到分度圆螺旋角 β，其计算式为

$$\tan\beta = \frac{d}{d'_a}\tan\beta_a = \frac{\pi d}{T} \tag{4-31}$$

（2）法向模数 m_n（或径节 P）及法向压力角 α_n 的确定 测定斜齿圆柱齿轮的 m_n（或 P）和 α_n 的方法，与测定直齿圆柱齿轮的 m（或 P）和 α 的方法基本相同，较广泛采用的是测公法线长度法（但斜齿圆柱齿轮的齿宽 b，必须满足条件 $b \geq w_n \sin\beta$ 才能使用，否则，应另用其他方法测定），参见图4-38，其步骤是：

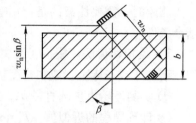

图4-38 测量 w_n 的最小齿宽

1）分别跨 k、$k-1$（或 $k+1$）齿，实测出法向公法线长度 w'_k、w'_{k-1}（或 w'_{k+1}）。

2）计算法向基圆齿距 P'_{bn}：

$$P'_{bn} = w'_k - w'_{k-1}$$

或

$$P'_{bn} = w'_{k+1} - w'_k$$

3）查基圆齿距数值表（表4-7），经分析初定 m_n（或 P）和 α_n。

4）改用其他方法，校验初测值的准确性，并最后确定 m_n 及 α_n。

（3）斜齿圆柱齿轮传动类型判定 没有被测斜齿圆柱齿轮的有关资料时，判定传动类型的一般方法和步骤是：

1）实测齿顶圆直径 d'_a 及啮合中心距 a'。

2）测定 m_n、β 及 h_{an}^*（β 可近似测定）。

3）按 $m_{t1} = d'_{a1} - 2h_{an}^* m_n / z_1$，$m_{t2} = d'_{a2} - 2h_{an}^* m_n / z_2$ 式计算端面模数 m_t。

4）根据 $a = m_n(z_1 + z_2)/2\cos\beta$ 计算非变位啮合传动的标准中心距 a。

5）比较 m_{t1} 与 m_{t2}，a' 与 a，确定传动类型。

若 $m_{t1} = m_{t2}$，$a' = a$，为非变位啮合传动；若 $m_{t1} \neq m_{t2}$，而 $a' = a$，则为高度变位啮合传动；若 $m_{t1} \neq m_{t2}$，且 $a' \neq a$，则为角度变位啮合传动。

斜齿圆柱齿轮传动类型的判定，与直齿圆柱齿轮一样，也可以先测出两齿轮的变位系数 χ_{n1} 和 χ_{n2}，然后根据变位系数之和 $\chi_{n\Sigma}$ 判定。

如果因某些原因，只能对齿轮传动中的某一个斜齿圆柱齿轮进行测绘，其传动类型可按如下方法进行判定。

实测出齿顶圆直径 d'_a、全齿高 h'。若 $d'_a = d + 2m_n h_{an}^*$ 为非变位啮合传动；若 $d'_a \neq d + 2m_n h_{an}^*$ 且 $h' = (2h_{an}^* + c_n^*)m_n$ 则为高度变位啮合传动；若 $d'_a \neq d + 2m_n h_{an}^*$ 且 $h' < (2h_{an}^* + c_n^*)m_n$，说明可能存在 Δy，则为角度变位啮合传动。

（4）斜齿圆柱齿轮变位系数的确定

1）测绘情况不明的斜齿圆柱齿轮及其传动副时，确定变位系数的最简便方法是，测量法向公法线长度 w_n，先求出法向变位系数 χ_n，并换算得到端面变位系数 χ_t，然后经分析校验，确定两轮的变位系数。

2）当传动类型、齿形制度均已确定时，其两轮的变位系数还可以根据传动类型而采用相应的方法进行测定。

① 对于高度变位的斜齿圆柱齿轮传动。

a. 根据实测的顶圆直径 d'_a，经计算得到端面变位系数 χ_t。

$$\chi_{t1} = \frac{d'_{a1}}{2m_{t1}} - \frac{z_1}{2} - h_{a1}^* \tag{4-32}$$

则 $\qquad\qquad\qquad\qquad\qquad \chi_{t2} = -\chi_{t1}$。

b. 根据端面变位系数 χ_t，经换算得到法面变位系数 χ_n。

$\chi_{n1} = \chi_{t1}/\cos\beta$，则 $\chi_{n2} = -\chi_{n1}$

② 对于角度变位的斜齿圆柱齿轮传动。

a. 根据有关公式，依次求出 α_t、α_t'、h_{at}^*、$\chi_{t\sum}$、$\chi_{n\sum}$、y_t、y_n、Δy_t、Δy_n。

b. 实测顶圆直径 d_{a1}'、d_{a2}'，并初步计算变位系数 χ_n 或 χ_t。

$$\chi_{n1} = \frac{d_{a1}'}{2m_n} - \frac{z_1}{2\cos\beta} - h_{an}^* + \Delta y_n \qquad\qquad (4\text{-}33)$$

$$\chi_{n2} = \chi_{n\sum} - \chi_{n1}$$

$$\chi_{t2} = \frac{1}{4}\left(\frac{d_{a2}' - d_{a1}'}{m_{t2}} + z_{\sum} - 2z_2 + 2\chi_{t\sum}\right) \qquad\qquad (4\text{-}34)$$

$$\chi_{t1} = \chi_{t\sum} - \chi_{t2}$$

c. 将法向（或端面）变位系数经换算得端面（或法向）变位系数。

d. 将已求得的变位系数初算值代入有关计算公式，验算齿顶圆直径 d_a、公法线长度 w_n、啮合中心距 a。

e. 经分析校验确定两齿轮的变位系数。必要时，可将螺旋角 β 和变位系数 χ 进行协调，因为角度变位斜齿圆柱齿轮传动，在中心距一定的情况下，β 与 χ 两者可以相互补偿。

【任务实施 2】　测绘斜齿圆柱齿轮

测绘 TPX6113 型镗床主轴箱中的一对斜齿圆柱齿轮。

测绘步骤：

（1）确定齿轮的原用材料及精度等级

材料：小齿轮 40Cr，调质 + 高频淬火 56～62HRC。

大齿轮 45，调质 + 高频淬火 56～62HRC。

精度等级：7 - 6 - 6Dc，GB/Z 18620 - 2008。

（2）测量有关参数及尺寸　$z_1 = 22$（左旋），$z_2 = 88$（右旋），$b = 22$mm，$w_{n4}' = 54.30$mm，$w_{n3}' = 39.54$mm，$w_{n11}' = 159.32$mm，$w_{n10}' = 144.50$mm，$d_{a1}' = 126.45$mm，$d_{a2}' = 457.25$mm，$a' = 282$mm。

（3）初步确定 m_n 和 a_n　国产齿轮为模数制，且为标准齿形，故 $h_{an}^* = 1$，$c_n^* = 0.25$

由 $p_{bn1} = w_{n4}' - w_{n3}' = (54.30 - 39.54)$mm $= 14.76$mm

$p_{bn2} = w_{n11}' - w_{n10}' = (159.32 - 144.50)$mm $= 14.82$mm

查基圆齿距数值表（表 4-7），$m = 5$mm，$\alpha = 20°$ 的齿轮，$P_b = 14.761$mm，与计算的 P_{bn1} 和 P_{bn2} 接近，故初定 $m_n = 5$mm，$\alpha_n = 20°$

（4）校验并确定 m_n 和 a_n　用 $m_n = 5$mm，$\alpha_n = 20°$ 的标准滚刀与被测斜齿圆柱齿轮对滚，啮合正确，故确定 $m_n = 5$mm，$\alpha_n = 20°$

（5）确定螺旋角 β　用模拟切齿法在滚齿机上测得 $\beta_1 = 14°28'$，$\beta_2 = 14°27'$，取 $\beta = 14°28'$，则 $\beta_1 = -\beta_2$。

（6）判别传动类型

① 计算标准中心距。

$$a = \frac{m_n}{2\cos\beta}(z_1 + z_2) = \frac{5 \times (22 + 88)}{2\cos 14°28'}mm = 284.032mm$$

② 计算端面啮合模数。

$$m_{t1} = \frac{d'_{a1} - 2h^*_{an}m_n}{z_1} = \frac{126.45 - 2 \times 1 \times 5}{22}mm = 5.293mm$$

$$m_{t2} = \frac{d'_{a2} - 2h^*_{an}m_n}{z_2} = \frac{457.25 - 2 \times 1 \times 5}{88}mm = 5.082mm$$

因为 $m_{t1} \neq m_{t2}$，且 $a' < a$，所以该对齿轮为负角度变位齿轮传动。

（7）初步测定变位系数 χ_{n1}、χ_{n2}

① 计算两个斜齿轮非变位时的理论公法线长度。

$$w_{n3} = m_n\cos a_n[(k - 0.5)\pi + z_1 \text{inv}a_n] = 5 \times \cos 20°[(3 - 0.5)\pi + 22 \times \text{inv}20°]$$
$$= 38.54mm$$

$$w_{n11} = m_n\cos a_n[(k - 0.5)\pi + z_2 \text{inv}a_n] = 5 \times \cos 20°[(11 - 0.5)\pi + 88 \times \text{inv}20°]$$
$$= 161.68mm$$

② 计算变位系数。

$$\chi_{n1} = \frac{w'_{n3} - w_{n3}}{2m_n\sin a_n} = \frac{39.54 - 38.54}{2 \times 5 \times \sin 20°} = \frac{1}{3.42} = 0.2924$$

$$\chi_{n2} = \frac{w'_{n11} - w_{n11}}{2m_n\sin a_n} = \frac{159.32 - 161.68}{2 \times 5 \times \sin 20°} = -\frac{2.36}{3.42} = -0.69$$

现初定 $\chi_{n1} = 0.3$，$\chi_{n2} = -0.69$，则 $\chi_{n\Sigma} = \chi_{n1} + \chi_{n2} = 0.3 + (-0.69) = -0.39$，说明该对齿轮确为负变位传动，传动类型判定正确。

（8）计算有关尺寸，校验并确定变位系数

$$y_n = \frac{a' - a}{m_n} = \frac{282 - 284.032}{5} = -0.40$$

$$\Delta y_n = \chi_{n\Sigma} - y_n = (-0.39) - (-0.40) = (-0.39) + 0.40 = 0.01$$

$$d_1 = z_1 m_t = z_1\frac{m_n}{\cos\beta} = 22 \times \frac{5}{\cos 14°28'} = 113.612mm$$

$$d_2 = z_2 m_t = z_2\frac{m_n}{\cos\beta} = 88 \times \frac{5}{\cos 14°28'} = 454.432mm$$

$$h_{a1} = m_n(h^*_{an} + \chi_{n1} - \Delta y) = 5 \times (1 + 0.3 - 0.01)mm = 6.45mm$$

$$h_{a2} = m_n(h^*_{an} + \chi_{n2} - \Delta y) = 5 \times (1 - 0.69 - 0.01)mm = 1.5mm$$

$$d_{a1} = d_1 + 2h_{a1} = (113.612 + 2 \times 6.45)mm = 126.51mm$$

$$d_{a2} = d_2 + 2h_{a2} = (454.432 + 2 \times 1.5)mm = 457.432mm$$

$$\text{inv}\alpha'_n = \text{inv}\alpha_n + \frac{2(\chi_{n1} + \chi_{n2})}{z_1 + z_2}\tan\alpha_n = \text{inv}20° + \frac{2 \times (0.3 - 0.69)}{22 + 88}\tan 20° = 0.01232$$

故 $\alpha'_n = 18°48'$

理论啮合中心距 $a' = a\frac{\cos\alpha_n}{\cos\alpha'_n} = 284.032\frac{\cos 20°}{\cos 18°48'}mm = 281.96mm$

将 d_{a1}、d_{a2}、a 分别与实测的 d'_{a1}、d'_{a2}、a' 进行比较，其误差都很小，所以确定 $\chi_{n1} = 0.3$，$\chi_{n2} = -0.69$。

（9）确定斜齿圆柱齿轮副的基本参数 综上所述，被测斜齿圆柱齿轮副为负角度变位传动，其参数为：$z_1 = 22$（左旋），$z_2 = 88$（右旋），$m_n = 5\text{mm}$，$a_n = 20°$，$h_{an}^* = 1$，$c^* = 0.25$，$\beta = 14°28'$，$\chi_{n1} = 0.3$，$\chi_{n2} = -0.69$。

根据有关的基本参数计算斜齿圆柱齿轮副的几何尺寸。

（10）绘制齿轮工作图 根据计算出的齿轮几何尺寸，按照规定的标准和技术要求绘制齿轮的工作图。

【知识拓展】 螺旋齿轮副的测绘

螺旋齿轮传动也称为交叉轴斜齿圆柱齿轮传动，就是两个斜齿圆柱齿轮相啮合时，其轴线不平行，而是在空间交错，其轴交角 $\delta = 90°$，或 $\delta \neq 90°$。另外，两个斜齿圆柱齿轮的螺旋角在一般情况下是不相等的，即 $\beta_1 \neq \beta_2$。螺旋齿轮副的测绘，其关键是测算出两个齿轮的螺旋角 β_1 和 β_2，其余参数的确定与斜齿圆柱齿轮传动的测算类同。

（1）$\delta = 90°$ 标准斜齿圆柱齿轮传动螺旋角的确定

1）实测齿数 z、齿顶圆直径 d_a' 及啮合中心距 a'。

2）计算螺旋角 β。

$$\tan\beta_2 = \frac{z_1[2a' + (d_{a2}' - d_{a1}')]}{z_2[2a' - (d_{a2}' - d_{a1}')]} \tag{4-35}$$
$$\beta_1 = 90° - \beta_2$$

3）测定法向模数 m_n 后验算 β_1 和 β_2。

若传动比 $i = 1$，$d_{a2}' = d_{a1}'$ 时，则 $\beta_1 = \beta_2 = 45°$

若传动比

$$i = 1, d_{a2}' \neq d_{a1}' \text{ 时，则 } \sin\beta_2 = \frac{c}{2} + \sqrt{c + \frac{c^2}{4}} \tag{4-36}$$

式中，$c = (z_2 m_n / a')^2$。

若传动比 $i \neq 1$，$d_{a2}' \neq d_{a1}'$ 时，则有

$$\frac{z_1}{\cos\beta_1} + \frac{z_2}{\cos\beta_2} = \frac{2a'}{m_n} \tag{4-37}$$

（2）$\delta \neq 90°$ 标准斜齿圆柱齿轮传动螺旋角的确定

1）实测齿数 z、齿顶圆直径 d_a'、啮合中心距 a' 及轴交角 δ。

2）计算螺旋角

$$\tan\beta_2 = \frac{z_1[2a' + (d_{a2}' - d_{a1}')]}{z_2[2a' - (d_{a2}' - d_{a1}')]} - \cot\delta \tag{4-38}$$
$$\beta_1 = \delta - \beta_2$$

3）测定 m_n，并将 β_1、β_2 代入式（4-37）进行验算。

任务 3 锥齿轮的测绘

【任务描述】

通常锥齿轮是易损零件，所以测绘锥齿轮是应当予以重视的一项重要工作。测定锥齿轮及其齿轮副的几何尺寸和有关数据，确定其模数、螺旋角、压力角等基本参数，辨别锥齿轮

的齿形制度,画出齿轮工作图。

【任务分析】

1)做好锥齿轮副几何尺寸和有关数据的测定工作。

2)完成锥齿轮模数、螺旋角、压力角等基本参数的确定工作。

3)绘制齿轮工作图。

【知识准备】

1. 锥齿轮传动的类型

锥齿轮的轮齿分布在截锥体表面上,主要用于相交两轴间的运动和动力传递。其类型较多,因无统一分类方法,故名称叫法不尽相同,最为常见的分类方法是以齿线(见图 4-39)和齿高(见图 4-40)的形式进行分类如下:

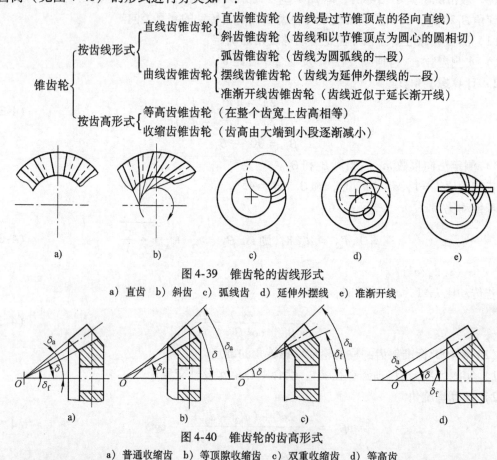

图 4-39 锥齿轮的齿线形式

a)直齿 b)斜齿 c)弧线齿 d)延伸外摆线 e)准渐开线

图 4-40 锥齿轮的齿高形式

a)普通收缩齿 b)等顶隙收缩齿 c)双重收缩齿 d)等高齿

2. 锥齿轮测绘的特点

1)机械设备中所用锥齿轮的类别和齿形,在我国处于多品种并存的现状,其锥齿轮传动除极少数情况外,都为变位啮合传动。其常用的变位制主要是美国的格利森制、俄罗斯的埃尼姆斯制及德国的克林贝格制等。因为锥齿轮传动是变位制,所以测绘的关键问题是辨别变位形式及齿形制。

2)模数的准确测定较圆柱齿轮困难,因锥齿轮的模数只是作为初始参数用于轮齿的几何计算及机床的调整计算,经过切齿后,齿轮的实际模数有时与初始数据有所区别。另外,有些锥齿轮，特别是弧齿锥齿轮的大端模数不一定是整数，也不一定符合标准模数或径节系列，这就需要在测绘时，除准确测定一些必要尺寸参数进行计算外，还需要结合齿轮加工方法、生产厂家来分析原设计意图，方可较准确获得锥齿轮实物的原设计模数或径节。

3）锥齿轮，尤其是弧齿锥齿轮本身无互换性，是成对设计制造和使用的，故对修理而言，成对更换的锥齿轮可以改制、改型，进行配或换的设计计算。因此测绘时，需要测定的参数并不多，主要是模数和螺旋角。

3. 测绘锥齿轮的一般程序和方法

测绘锥齿轮的一般程序和方法为：

1）取得齿轮实物的原始数据，以简化测绘并提高测绘的准确性。此项工作主要是全面了解被测齿轮的来源，是原件还是配件；查明生产国甚至生产厂家及出厂日期；查阅说明书、传动系统图及零件明细栏等，寻找模数 m、压力角 α、螺旋角 β 和轴交角 Σ 等有关要素。

2）获得必要的齿轮实物印迹图。锥齿轮印迹图有两种，即齿廓印迹图和齿线印迹图，它们对齿形制判别及螺旋角测定起着重要的辅助作用。

齿廓印迹图，主要用作近似测定压力角。其获得的方法是：在轮齿大端背锥上涂上红丹油，用较薄的白纸覆盖，最好向同一方向涂抹，以免使纸皱褶，然后将纸展平，印下五个左右的齿的印迹即可。

齿线印迹图，主要是作近似测定螺旋角。其印迹的取得可以用上述方法，在齿轮顶锥面印下 60°左右的印迹，或顶锥面在纸上滚压（注意不要产生滑动），也可形成印迹。

需要注意的是，印迹的图形均与实物方向相反，如左、右旋向；凸、凹面等。在印迹图上应标明大、小齿轮的旋向及凸、凹面等，以防弄错。

3）经多方分析，辨认齿形及传动类型，并根据需要测量有关尺寸要素，确定锥齿轮的基本参数，如 m、α、δ、h_a^*、c^*、χ 及 τ 等。

4）根据所测绘的锥齿轮传动的类型及变位制进行相应的齿形参数与几何尺寸计算。

5）确定齿轮的精度等级、使用材料和热处理规范。

6）与齿轮实物逐项核对，校验测绘的准确性，最后绘制出齿轮工作图。

经核对，若与实物有较大差别，则应根据修理实际，考虑是否需要重新选择主要参数及系数，进行设计计算，以求尽量满足修理要求。

4. 锥齿轮及其齿轮副几何尺寸和有关数据的测定

测绘锥齿轮时，需要测量的几何尺寸及数据有：齿数 z、轴交角 Σ、齿顶圆直径（理论外径）d_a、外锥距 R、轮冠距 H_0 及齿厚等。

（1）齿数 z 与齿数比 u　z_1、z_2 一般可直接数得，若轮齿损坏严重或有一齿轮丢失，需作推算。齿数比 $u = z_2/z_1$。

（2）轴交角 Σ　大多数情况为正交，即 $\Sigma = 90°$。若非正交，则应在齿轮传动装置的支承孔内插入检验棒，再用量角器等测出 Σ 值。

（3）齿顶圆直径（理论外径）d_a　d_a 的测量方法同圆柱齿轮。测量时，需考虑齿顶圆的加工误差、损坏程度而作适当的补偿。若被测齿轮有倒圆、倒角，则应制作样板，或用填料补齐，以便测量，如图 4-41 所示。

（4）外锥距 R　当 $\Sigma = 90°$ 时，在锥齿轮拆装前或复装后，直接从锥齿轮副上量出 $2R$

值,如图4-42a所示。或者将被测齿轮副装在滚动检查仪上直接量得2R值。

单个齿轮测量时,可用钢直尺按图4-42b所示直接测出R值。若受齿轮结构限制,不能直接测出R值时,可按图4-42c所示间接测量求出R值。

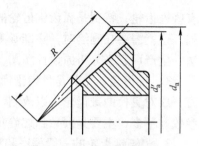

图4-41 有倒角或倒圆的锥齿轮的测量

$$R = \frac{R_0 d_a}{d_a - d_0} \qquad (4-39)$$

(5)轮冠距H_0与安装距A 轮冠距H_0是控制轮坯精度的主要尺寸。其测量方法如图4-43a所示,将被测齿轮安放在平台上,用高度尺直接在180°对称位置上各量一次,取其平均值。若齿轮顶锥面有倒角,可用填料补齐成尖角后再进行测量。

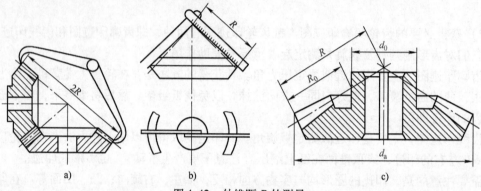

图4-42 外锥距R的测量

安装距A_1、A_2应尽可能测量准确,以保证修配的齿轮可以成对安装。安装距A常用的测量方法有两种:

1)在滚动检查仪上测量,如图4-43b所示,安装距尺寸A_1、A_2直接从检查仪刻度尺上读出。

2)在原传动装置壳体上测量,如图4-43c所示,先测出尺寸链中各个尺寸,然后进行计算,为使测量准确,可将零部件拆卸后再测量。

(6)齿厚 测量齿厚及其偏差,可检查旧齿轮齿面磨损的严重程度,检定新配齿轮副的齿轮侧向间隙大小。齿厚可用齿厚游标卡尺在齿宽中点分度圆处沿法向测量。

5. 锥齿轮基本参数的确定

锥齿轮的基本参数指模数m、齿数z、压力角α、螺旋角β、齿顶高系数h_a^*、齿顶高间隙系数c^*和变位系数χ、τ等。其中α、h_a^*、c^*、χ、τ主要根据被测齿轮的齿形标准和变位制查阅有关资料确定。当由齿形标准难判断α的具体值时,需用其他方法近似测出α值,作为齿形判别的参考值。模数m和螺旋角β是锥齿轮测绘时应测定的重要参数。

(1)模数m的测定 锥齿轮的模数是计算锥齿轮几何尺寸的基础,一般以大端端面模数m_t作为基准。对于等高齿锥齿轮还有采用中点法向模数m_n作为计算齿高、齿圈中点法向齿厚等尺寸参数的基准的。

1)直齿锥齿轮的大端模数m。直齿锥齿轮的大端模数大多数是符合标准系列的,其测定的方法较多,如成对测量外径推算法、测量外锥距推算法、测齿距弦长法、测量齿轮全齿

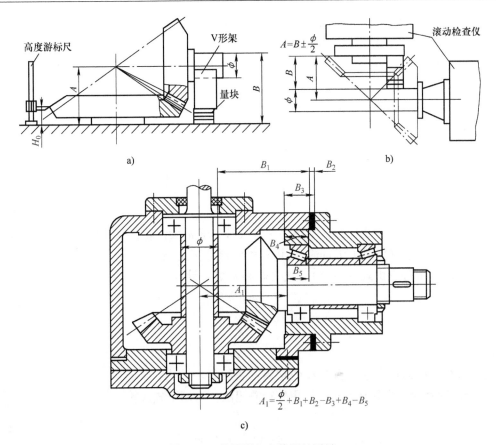

图 4-43　轮冠距与安装距的测量

a）轮冠距 H_0 的测量　b）用滚动检查仪测量安装距 A　c）在原传动装置上测量安装距 A

高推算法、测齿轮根径及根齿锥宽推算法等。常用的三种方法有：

① 成对测量外径推算法。已知齿形制、齿数 z、锥角 δ，其步骤是：

a. 实测出齿轮的 d'_{a1} 和 d'_{a2}。

b. 分别计算两齿轮大端端面模数 m_{t1} 及 m_{t2}。

$$\left.\begin{aligned} m_{t1} &= \frac{d'_{a1}}{z_1 + 2h_a^* \cos\delta_1} \\ m_{t2} &= \frac{d'_{a2}}{z_2 + 2h_a^* \cos\delta_2} \end{aligned}\right\} \tag{4-40}$$

c. 将求得的 m_{t1} 和 m_{t2} 与最接近的标准模数比较，经过圆整即为所求的模数 m_t。

若为径节制，其径节 $P = 25.4(z + 2h_a^* \cos\delta)/d'_a$。

② 测量外锥距 R 推算法

$$m_t = \frac{2R}{z_g} \tag{4-41}$$

式中　z_g——冠轮齿数，$z_g = \sqrt{z_1^2 + z_2^2}$。

若 m_t 与最为接近的标准值 m 相差较少（小于 0.10mm），则 m_t 即为被测齿轮的模数。否则，其模数可能为非标准值。

③ 测齿距弦长法。对于情况不明的锥齿轮，可先用钢直尺测量出大端背锥上的齿距弦长 $P_{弦}$，然后除以 π 即得模数。

2）弧齿锥齿轮大端模数 m。弧齿锥齿轮的大端模数为标准系列的较少，其模数 m 的测定应在齿高形式判定后，以相应的方法进行测定。

对于等高齿弧齿锥齿轮，测量出安装距 A_1、A_2 后，由计算求出 m。

有背锥时：

$$\left. \begin{array}{l} m_1 = \dfrac{2(A_1\cos\delta_1 + r_1\sin\delta_1)}{z_g} \\[3mm] m_2 = \dfrac{2(A_2\cos\delta_2 + r_2\sin\delta_2)}{z_g} \end{array} \right\} \tag{4-42}$$

上述两式中若先用一式计算，则用另一式校核，通常大齿轮作为计算式，其测绘精度高一些。若 m_1 与 m_2 差值小于 0.02mm，则可认为测绘计算正确。

无背锥时，可分别由式（4-43）、式（4-44）之一计算

$$m = \frac{2A_2\tan\delta_2}{z_2} \tag{4-43}$$

$$m = \frac{2r}{z} \tag{4-44}$$

对于收缩齿弧齿锥齿轮，测定 m 的常用方法如下。

① 若齿形及变位系数 χ 已知，采用外径测定法，可用下式计算

$$m_2 = \frac{d'_{a2}}{z_2 + 2(h_a^* - x)\cos\delta_2} \tag{4-45}$$

再用下式校核

$$m_1 = \frac{d'_{a1}}{z_1 + 2(h_a^* - x)\cos\delta_1} \tag{4-46}$$

② 若齿形已知，但 χ 未知，则可成对测出外径 d_a 后，由下式计算得到模数 m。

$$m = \frac{d_{a1}\cos\delta_2 + d_{a2}\cos\delta_1}{z_1\cos\delta_2 + z_2\cos\delta_1 + 2h_a^*\sin2\delta_1} \tag{4-47}$$

③ 若 d_a 不便测量，可测量出安装距 A_1、A_2 后，经计算得到 m（等高齿弧齿锥齿轮 m 的测定方法）。

（2）锥齿轮螺旋角 β 的测定　有些锥齿轮的螺旋角 β 可由其齿形制查阅有关资料确定，如格利森制收缩齿弧齿锥齿轮，其 β 为 35°。而有些锥齿轮，如埃尼姆斯制收缩齿弧齿锥齿轮就不能简单地查阅资料确定，而一定要经过必要的测量，才能求出 β 的近似值，作为确定 β 的依据。

测量 β 时，一般是对齿轮副中的大齿轮进行测绘，测绘时需要齿线印迹图。

1）斜齿锥齿轮 β 的测定。如图 4-44 所示，在被测齿轮的齿线印迹图上，将几条齿线印迹延长，并作出它们的内切圆，找出切点 T，量取 $\angle OAT$ 即为 β 值。

2）弧齿锥齿轮 β_m 的测定。如图 4-45 所示，用顶锥轮齿印迹图作图，可求出 β_m 的近似值，找出锥顶 O，以 O 为圆心，$R_m = (R + R_i)/2$ 为半径，画弧与齿线相交得齿圈中点 M，经 M 作切线 t-t，即可量得螺旋角 β_m 的近似值。

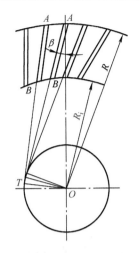
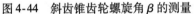
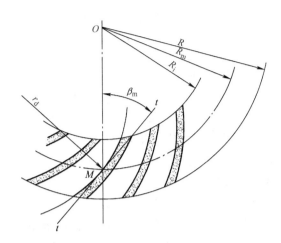

图 4-44　斜齿锥齿轮螺旋角 β 的测量　　　　　图 4-45　作图法求弧齿锥齿轮的 β_m

（3）锥齿轮压力角 α 的近似测定　对于直齿锥齿轮，一般是确定大端的端面压力角 α_t；对于斜齿、弧齿锥齿轮，通常是确定法向压力角 α_n。

压力角 α 一般由齿形标准和变位标准经查阅有关资料便可确定，但有时由齿形标准还不能确定 α 的具体数值，遇到这种情况时，可用下列方法测出 α 的近似值，然后圆整归纳为标准值。

1）公法线测定推算法。图 4-46 所示，当齿数比 $u = z_2/z_1 < 2.5$ 时，可利用齿廓印迹图，用公法线测定推算法求出 α。

2）固定弦切线法。如图 4-47 所示，当齿数比 $u = z_2/z_1 \geqslant 2.5$ 时，因齿廓接近于齿条齿形，可用固定弦切线法测定 α，其步骤为：

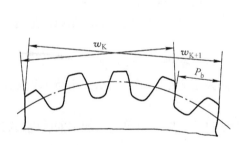
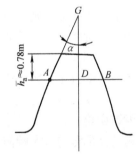

图 4-46　锥齿轮公法线长度测量　　　　　图 4-47　用固定弦切线法测齿形角

① 在齿轮大端背锥齿廓印迹展开图上，选择一个较清晰的齿形图，作出对称中心线。

② 从齿顶量取平均固定弦齿高 $\overline{h_a} \approx 0.78m$，近似确定固定弦位置 AB。

③ 分别作 A、B 两点的切线交对称中心线于 G。

④ 量取切线 GA、GB 所夹角度值，即为两倍齿形角的近似值，即 $2\alpha = \angle AGB$。

6. 锥齿轮的齿形制度辨别

齿形制度是关于齿形的标准制度，它是各国或制造厂按规定的刀具齿形参数、变位原则和某些设计、工艺条件制定出来的。

辨别锥齿轮的齿形制度，目的是较方便地准确测定配换齿轮所需的某些基本参数，如 h_a^*、c^*、α、χ 及 τ 等。辨别锥齿轮的原齿形制，就是作变位形式和齿高形式的辨别。

（1）齿高形式的辨别

1）等高齿：$h/h_i \leqslant 1.05$（h_i 为齿轮小端面全齿高）。

2）收缩齿：普通收缩齿（正常收缩齿）的 $h/h_i = 1.3 \sim 1.5$；等顶隙收缩齿的 $\delta_{a1} = \delta_{f2}$，$\delta_{f1} = \delta_{a2}$；双重收缩齿的实测顶锥角比理论顶锥角大 $2°$ 以上，或实测根锥角比理论根锥角小 $2°$ 以上，即 $\delta_a' - \delta_a \geqslant 2°$，或 $\delta_f - \delta_f' \geqslant 2°$。

（2）变位形式的辨别

1）直齿锥齿轮。

① 若 $u = 1$，$9 < z_{v1} < 27$ 则为非变位。

② 若 $u > 1$，且 $d_{a2}/\overline{d_{a2}} = d_{a1}/\overline{d_{a1}}$ 为非变位。

③ 若 $d_{a1}/\overline{d_{a1}} > d_{a2}/\overline{d_{a2}}$，并且 $\Sigma = 90°$ 时，$d_{a1} + ud_{a2} = m(\overline{d_{a1}} + u\overline{d_{a2}})$，则为高度变位。

④ 若 $d_{a1} + d_{a2} > m(\overline{d_{a1}} + \overline{d_{a2}})$，则为正角度变位。

⑤ 若 $d_{a1} + d_{a2} < m(\overline{d_{a1}} + \overline{d_{a2}})$，则为负角度变位。

值得指出的是，角度变位锥齿轮传动应用较少（式中的 $\overline{d_a}$ 为外径对模数的比值，即 $\overline{d_a} = z + \cos\delta$）。

2）弧齿锥齿轮。

对收缩齿有：$u = 1$，则为非变位；$u > 1$，则为变位。

对等高齿有：$u = 1$，为非变位；$u > 1$，且 $(d_{a1}' + d_{a2}')/2 = R(\tan\delta_1 + \tan\delta_2) + 2h_a^* m$ 为高度变位（其中 d_{a1}'、d_{a2}' 为测绘后经补偿处理的相应尺寸）。

另外，锥齿轮的齿形制度还可以根据齿槽底部形状及刀痕形状来进行辅助确定。

若齿槽沟底齐平，刀痕呈鱼鳞状，则为克林贝格制滚刀加工的等高齿弧齿锥齿轮；若齿槽沟底平整，刀痕呈弧线形，则为盘铣刀加工的摆线弧齿锥齿轮（图 4-48a）。

若齿槽沟底有台阶或沟底中部有凹槽、凸台，则为盘铣刀加工的格利森制或埃尼姆斯制的弧齿锥齿轮（图 4-48b、c、d）。

除此以外，观察锥齿轮实物的齿顶收缩程度，也可以初步辨别齿形制。

若小轮的大、小端面齿顶宽或大轮的大、小端面齿槽宽近于相等，则为用简单双面法加工的收缩齿弧齿锥齿轮。

若大、小轮的齿顶宽均由大端向小端，成比例地收缩，则为用单面法加工的收缩齿弧齿锥齿轮。

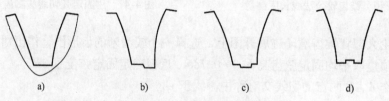

图 4-48　弧齿锥齿轮齿槽底部形状

若大、小轮的齿厚和齿宽均由齿轮大端向齿轮小端方向收缩，且小轮的齿槽比大轮的齿槽收缩程度小，则为用单面法加工出的等高齿锥齿轮。

若大轮的齿槽宽从大端至小端相等,而大轮的齿厚收缩很快,则为用简单双面法加工出的等高齿锥齿轮。

7. 锥齿轮的简化测绘

锥齿轮,特别是弧齿锥齿轮的配对加工与使用,而使其没有互换性,因而锥齿轮的修理测绘和配换要成对进行。另外,有时为适应本单位锥齿轮加工设备的特点,也不过于考虑原设计的齿形选择和原设计意图,而成对配换锥齿轮。于是,测绘的主要目的是保证原有传动比、安装距、大端端面模数等不变,至于采用何种齿形制,有时对传动并无重大影响。这样,就可省去辨别齿形的繁难步骤,对于压力角、螺旋角和大端端面模数也不一定要测绘得相当准确,从而使测绘程序大为简化。

简化测绘的步骤大致为:

1) 判定被测齿轮的类别(直齿、斜齿、弧齿)和齿高形式(等高齿、收缩齿)。

2) 测定轴交角 Σ,齿数 z_1、z_2,齿宽 b,安装距 A_1、A_2。

3) 测定模数 m。

4) 选定配换齿轮的齿形制及变位制,确定 h_a^*、c^*、α、β、χ 及 τ。

5) 根据齿轮的传动类型、齿形制及变位制,进行全部几何参数计算,并将计算结果与实物相比较,核实各主要尺寸(如外锥距 R、齿顶圆直径 d_a 及与原装配尺寸有关的尺寸 A_1、A_2 等),若符合修配要求,最后完善测绘,并画出齿轮工作图。

【任务实施】

一、测绘锥齿轮

摇臂钻床上的一对直齿锥齿轮因轮齿折断,需更换,试测绘该直齿锥齿轮。

测绘步骤:

1) 取得齿轮实物的原始数据和齿廓印迹图。$z_1 = 12$、$z_2 = 30$、$\Sigma = 90°$、$b = 8\text{mm}$、$d'_{a1} = 29.17\text{mm}$、$d'_{a2} = 60.83\text{mm}$(d'_{a1}、d'_{a2} 已考虑补偿值)、$h = 4.42\text{mm}$、$R = 32\text{mm}$。

2) 测定大端端面模数 m,用测量外锥距 R 推算法确定 m,已知 $R' = 32\text{mm}$,$z_g = \sqrt{z_1^2 + z_2^2} = \sqrt{12^2 + 30^2} = 32.311$,则

$$m'_t = \frac{2R}{z_g} = \frac{2 \times 32}{32.311}\text{mm} \approx 1.98\text{mm}$$

查阅资料,与标准模数 2mm 很接近,取 $m_t = 2\text{mm}$。

3) 辨别变位形式。

$$\delta_2 = \arctan \frac{z_2}{z_1} = \arctan \frac{30}{12} = 68.2°, \quad \delta_1 = \Sigma - \delta_2 = 90° - 68.2° = 21.8°$$

$$\overline{d_{a1}} = z_1 + 2\cos \delta_1 = (12 + 2\cos 21.8°)\text{mm} = 13.86\text{mm}$$

$$\overline{d_{a2}} = z_2 + 2\cos \delta_2 = (30 + 2\cos 68.2°)\text{mm} = 30.74\text{mm}$$

因为 $\dfrac{d'_{a1}}{d_{a1}} = \dfrac{29.17}{13.86} = 2.104 > \dfrac{d'_{a2}}{d_{a2}} = \dfrac{60.83}{30.74} = 1.979$,且 $\Sigma = 90°$,又

$$d'_{a1} + ud'_{a2} = (29.17 + 30 \times 60.83/12) \ \text{mm} = 181.25\text{mm}$$

$$m_t(\overline{d_{a1}} + u\,\overline{d_{a2}}) = 2 \times (13.86 + \frac{30}{12} \times 30.74)\text{mm} = 181.42\text{mm} \approx d'_{a1} + ud'_{a2}$$

经计算,并结合锥齿轮传动的应用实际(高度变位应用广泛)。所以判定该对齿轮为高

度变位啮合传动。

4）辨别齿形制及变位制，确定 α、h_a^*、c^*、χ。

根据查阅的有关资料，该对齿轮的齿形是格利森制（$\alpha = 25°$，$20°$，$14.5°$）或埃尼姆斯制（$\alpha = 20°$）中的一种。为确定 α，根据齿廓印迹图，用固定弦切线法或双切线法测得 $\alpha \approx 19.9°$，取 $\alpha = 20°$。

若假定其齿形为埃尼姆斯制，则有：$\alpha = 20°$、$h_a^* = 1$、$c^* = 0.2$

$$\chi_1 = 0.46(1 - \frac{1}{u^2}) = 0.46 \times \left[1 - \frac{1}{\left(\frac{30}{12}\right)^2}\right] = 0.336$$

$$\chi_2 = \chi_1 = -0.336$$

若假定齿形为格利森制，则有：$\alpha = 20°$、$h_a^* = 1$、$c^* = 0.188 + \frac{0.05}{2} = 0.213$、$\chi_1 = +0.39$（查阅有关图表资料）、$\chi_2 = -\chi_1 = -0.39$。

5）为确定齿形制，按有关公式计算 d_a、h，进行校验（计算结果见表 4-10）。

表 4-10 d_a 和 h 计算结果 （单位：mm）

计算项目	计算公式	埃尼姆斯制		格利森制	
		小齿轮	大齿轮	小齿轮	大齿轮
齿顶高 h_a	$h_a = (h_a^* + \chi)m$	2.672	1.328	2.78	1.22
齿根高 h_f	$h_f = (h_a^* + c^* - \chi)m$	1.728	1.872	1.646	3.206
齿全高 h	$h = h_a + h_f$	4.4	3.2	4.426	4.426
齿顶圆直径 d_a	$d_a = d + 2h_a\cos\delta$	28.962	60.986	29.163	60.906

由表 4-10 所列的计算结果知，如果该对齿轮为格利森变位制时，h、d_{a1}、d_{a2} 都与实物的测量值 h'、d'_{a1}、d'_{a2} 相差很少；而为埃尼姆斯制时，各项的差值都要大一些，故可判定该齿轮副为格利森高度变位制齿形制，其 $\alpha = 20°$、$h_a^* = 1$、$c^* = 0.213$、$\chi_1 = +0.39$、$\chi_2 = -0.39$。

为使修配后的大小两齿轮获得最有利的强度，在高度变位的同时，可考虑进行切向变位，查有关资料得格利森制切向变位系数：$\tau_1 = +0.055$，则 $\tau_2 = -0.055$。

6）完善测绘，画出齿轮工作图。

二、测绘弧齿锥齿轮

测绘旧式磨床进给箱中的一对弧齿锥齿轮，以便更换该对齿轮。

测绘步骤：

1）取得实物的原始数据和齿廓、齿线印迹图。

经调查了解，该齿轮副所在设备为苏联制造，$\Sigma = 90°$，$z_1 = 20$，$z_2 = 43$，$b' = 25mm$，$d'_{a1} = 76.525mm$，$d'_{a2} = 152.36mm$（d_{a1}，d_{a2} 都已考虑补偿值），$R' = 83mm$，$h'_i = 5mm$（小端、全齿高）、$h' = 6.8mm$（大端全齿高）。

2）齿高形式的判别。

因为 $\frac{h'}{h'_i} = \frac{6.8}{5} = 1.36$ 在范围 $1.3 \sim 1.5$ 之内，所以是正常齿收缩齿弧齿锥齿轮。

因该齿轮副所在设备是前苏联制造，且 $u = \frac{z_2}{z_1} = \frac{43}{20} = 2.15 > 1$，故可判定该齿轮副为埃尼姆斯制、高度变位的收缩齿弧齿锥齿轮传动。

　　3）辨别齿形制，确定 h_a^*、c^* 和 χ 等。

　　由有关资料知，h_a^* 是根据 β 而取值，因此借助齿线印迹图测得 $\beta_m \approx 34°$，纳入标准，查有关资料得 $\beta_m = 35°$，于是 $h_a^* = 0.82$、$c^* = 0.2$、$\alpha = 20°$，查埃尼姆斯制高度变位系数表得 $\chi_1 = +0.2$；则 $\chi_2 = -\chi_1 = -0.2$。

　　4）确定模数 m。

　　因为齿形及变位系数等已测出，可用外径测定法确定 m。

$$\delta_2 = \arctan \frac{z_2}{z_1} = \arctan \frac{43}{20} \approx 65.1°$$

$$\delta_1 = \Sigma - \delta_2 = 90° - 65.1° = 24.9°$$

　　则有

$$m_2 = \frac{d'_{a2}}{z_2 + 2(h_a^* - x)\cos \delta_2}$$

$$= \frac{152.36}{43 + 2 \times (0.82 - 0.2)\cos 65.1°}\text{mm} = 3.501\text{mm}$$

$$m_1 = \frac{d'_{a1}}{z_1 + 2(h_a^* + x)\cos \delta_1}$$

$$= \frac{76.525}{20 + 2(0.82 + 0.2)\cos 24.9°}\text{mm} = 3.502\text{mm}$$

　　因为 $|m_1 - m_2| = |3.502 - 3.501|\text{mm} = 0.001\text{mm} < 0.01\text{mm}$，所以与计算值最为接近的标准值为所求的 m。查有关资料，纳入标准，取 $m = 3.5\text{mm}$。

　　5）计算 h、d_a、R 并与实物核对，校验测绘的准确度。

$$h_{a1} = (h_a^* + \chi_1)m = (0.82 + 0.2) \times 3.5\text{mm} = 3.57\text{mm}$$

$$h_{a2} = (h_a^* + \chi_2)m = (0.82 - 0.2) \times 3.5\text{mm} = 2.17\text{mm}$$

$$h_{f1} = (h_a^* + c^* - \chi_1)m = (0.82 + 0.2 - 0.2) \times 3.5\text{mm} = 2.87\text{mm}$$

$$h_{f2} = (h_a^* + c^* - \chi_2)m = (0.82 + 0.2 + 0.2) \times 3.5\text{mm} = 4.27\text{mm}$$

$$h_1 = h_{a1} + h_{f1} = (3.57 + 2.87)\text{mm} = 6.44\text{mm}$$

$$h_2 = h_{a2} + h_{f2} = (2.17 + 4.27)\text{mm} = 6.44\text{mm}$$

　　h_1、h_2 相等，说明该齿轮副确为高度变位传动，其值略小于 $h' = 6.8\text{mm}$，可能由于切齿较深的缘故。

　　$d_{a1} = d_1 + 2h_{a1}\cos \delta_1 = mz_1 + 2 \times 3.57\cos 24.9° = (3.5 \times 20 + 2 \times 3.57\cos 24.9°)\text{mm}$ $= 76.476\text{mm}$（与实测 $d'_{a1} = 76.525\text{mm}$ 接近）

　　$d_{a2} = d_2 + 2h_{a2}\cos \delta_2 = mz_2 + 2 \times 2.17\cos 65.1° = (3.5 \times 43 + 2 \times 2.17\cos 65.1°)\text{mm}$ $= 152.323\text{mm}$（与实测 $d'_{a2} = 152.36\text{mm}$ 也接近）

$$R = \frac{d}{2\sin \delta_1} = \frac{mz_1}{2\sin 24.9°} = \frac{3.5 \times 20}{2\sin 24.9°}\text{mm} = 83.14\text{mm}（与实测 R' = 83\text{mm} 相差很小）$$

　　经校验，上述测绘所得参数正确。则 $m = 3.5\text{mm}$、$\alpha = 20°$、$\beta_m = 35°$、$h_a^* = 0.82$、$c^* = 0.2$、$\chi_1 = +0.2$、$\chi_2 = -0.2$。

　　6）完善测绘，画出齿轮工作图。

任务4 蜗杆与蜗轮的测绘

【任务描述】

蜗杆传动有很大的摩擦，因此也是易损零件。测量蜗杆与蜗轮的齿顶圆直径、蜗杆压力高和蜗杆轴向齿距，确定蜗杆及蜗轮的蜗杆头数、蜗轮齿数、蜗杆压力角、模数或径节等基本参数。

【任务分析】

1）做好蜗杆与蜗轮齿顶圆直径的测量工作。

2）完成蜗杆与蜗轮齿形高的测量工作。

3）测量蜗杆的轴向齿距。

4）确定蜗杆与蜗轮的基本参数。

【知识准备】

1. 蜗杆传动的特点及其应用

蜗杆传动是用于传递空间交错轴的运动和动力的空间啮合传动机构，可用作减速，最常用的是轴交角为90°的减速传动。

蜗杆传动的主要特点是：传动比大、工作平稳无噪音、结构紧凑、具有自锁作用，但传动效率低，蜗轮需用贵重的有色金属制造，且蜗轮加工困难、容易磨损。

蜗杆传动广泛用于各类金属切削机床和起重设备的传动系统中。

2. 蜗杆传动的分类

通常按蜗杆的曲面形状、齿廓形状及形成原理将蜗杆传动分类如下：

$$
蜗杆传动
\begin{cases}
圆柱蜗杆传动（图4-49a）
\begin{cases}
普通圆柱蜗杆传动
\begin{cases}
阿基米德蜗杆传动（ZA型）\\
法向直廓蜗杆传动（ZN型）\\
渐开线蜗杆传动（ZI型）
\end{cases}\\
圆弧齿圆柱蜗杆传动（ZC型）\\
锥面包络圆柱蜗杆传动（ZK型）
\end{cases}\\
环面蜗杆传动（图4-49b）
\begin{cases}
直廓环面蜗杆传动\\
平面包络环面蜗杆传动\\
渐开面包络环面蜗杆传动\\
锥面包络环面蜗杆传动
\end{cases}\\
锥蜗杆传动（图4-49c）
\end{cases}
$$

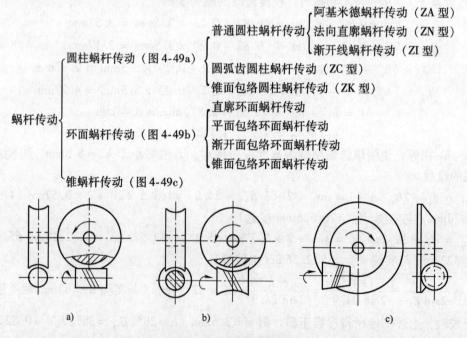

a) b) c)

图4-49 蜗杆传动的类型

a）圆柱蜗杆传动 b）环面蜗杆传动 c）锥蜗杆传动

　　圆柱蜗杆传动、环面蜗杆传动、锥蜗杆传动这三种传动称为基本蜗杆传动。其中以普通圆柱蜗杆传动应用最广泛，即普通圆柱蜗杆传动的 ZA 型、ZN 型和 ZI 型。

【任务实施】

1. 普通圆柱蜗杆螺旋面类型鉴别

普通圆柱蜗杆包括：阿基米德蜗杆、法向直廓蜗杆（即延伸渐开线蜗杆）及渐开线蜗杆。在修复及单独更换蜗杆或蜗轮时，必须正确判断蜗杆的类型，其判断方法是：采用直廓样板或直线车刀切削刃进行试配。

1）将直廓样板或直线车刀切削刃放在通过蜗杆轴线的水平面内（见图 4-50a 中 $I-I$ 面），如直廓样板或车刀切削刃能与蜗杆的轴向齿面很好贴合，则蜗杆的轴向齿形为直线，这种蜗杆为阿基米德蜗杆（ZA 型），其螺旋齿面为阿基米德螺旋面。阿基米德蜗杆常用于金属切削机床中。

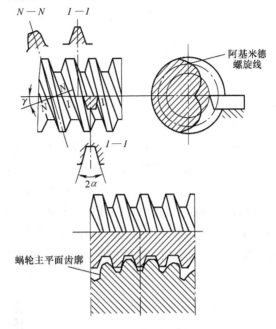

图 4-50　阿基米德蜗杆

2）将直廓样板放在蜗杆齿面的法线方向（见图 4-51 中的 $N-N$ 方向），若蜗杆法向齿面能与样板很好贴合，则蜗杆的法向齿形为直线齿廓，这种蜗杆为法向直廓蜗杆（ZN 型），其螺旋齿面为延伸渐开线螺旋面。

3）若蜗杆在平行于蜗杆轴线且与基圆柱相切的平面内（见图 4-52 中的 $II-II$、$III-III$）的齿面能与直廓样板很好贴合，则 $II-II$、$III-III$ 齿形为直线齿廓，这种蜗杆为渐开线蜗杆（ZI 型），其螺旋齿面为渐开线螺旋面。由于其加工困难，因而国内很少采用。

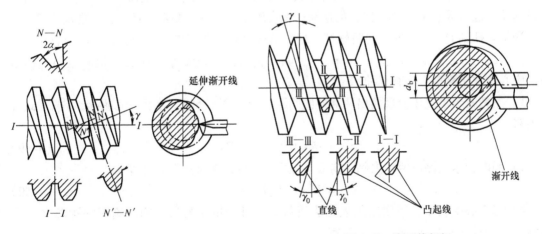

图 4-51　法向直廓蜗杆　　　　　　　　图 4-52　渐开线蜗杆

　　若用直廓样板试配与上述三种类型的蜗杆均不相符，则应考虑所测绘的蜗杆是否属于锥面包络圆柱蜗杆。

2. 蜗杆及蜗轮的几何尺寸测量

（1）蜗杆及蜗轮齿顶圆直径 d_{a1}、d_{a2} 的测量　蜗杆的齿顶圆直径 d_{a1} 可用精密游标卡尺或千分尺直接测量，考虑磨损等原因，通常需要在 3～4 个不同的直径处测量，然后取其中的最大值作为实测蜗杆的齿顶圆直径。蜗轮的齿顶圆直径 d_{a2} 应在其喉颈处进行测量，而此处为圆弧面，无法用游标卡尺或千分尺直接测量，测量时可借助量块进行（见图4-53）。当蜗轮齿数为偶数时，蜗轮齿顶圆直径等于卡尺读数减去两端量块厚度之和。当蜗轮齿数为奇数时，需按圆柱齿轮齿顶圆直径的测量方法进行修正。

（2）蜗杆齿形高度 h_1 的测量

1）用精密卡尺分别测量出蜗杆齿顶圆直径 d_{a1} 和齿根圆直径 d_{f1}，然后按下式计算出齿形高度（用此方法测得的数值精确度不高）。

$$h_1 = 0.5\,(d_{a1} - d_{f1})\tag{4-48}$$

2）用精密深度尺直接测量蜗杆齿形高度（图4-54）。

（3）蜗杆轴向齿距 P_x 的测量　蜗杆轴向齿距 P_x 可用钢板尺，在蜗杆齿顶圆上沿轴向直接测量（图4-55）。钢板尺的读数除以跨齿数即得蜗杆的轴向齿距 P_x。

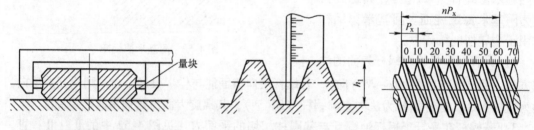

图4-53　蜗杆齿顶圆直径的测量　　　图4-54　蜗杆齿形高的测量　　图4-55　蜗杆轴向齿距的测量

（4）蜗杆副中心距 a 的测量　蜗杆副的中心距是正确确定蜗杆副的啮合参数、几何尺寸及蜗轮变位系数 χ_2 的重要依据，也是蜗杆综合测量中的关键测量项目，必须准确测量。

测量蜗杆副的中心距时，可将蜗杆、蜗轮清洗后重新装配进行测量。为测出中心距 a 首先要测量出蜗杆轴及蜗轮轴直径 D_1' 和 D_2' 及其几何公差，以便作为修正 a 值测量结果的参考。中心距常用测量方法有五种：

1）用精密卡尺或千分尺测出两轴外侧间距离 H（图4-56），实测中心距 a_w 可按下式计算出来。

$$a_w = H - 0.5(D_1' + D_2')\tag{4-49}$$

2）用内径卡尺测出两轴内侧距离 H（见图4-57），然后按下式计算 a_w。

$$a_w = H + 0.5(D_1' + D_2')\tag{4-50}$$

3）当中心距较小，不便用上述方法测量时，可用量块测量两轴内侧间的距离（见图4-58），a_w 值可按式（4-50）进行计算。

4）在划线平台上测出蜗杆和蜗轮轴上侧，至平台的距离 H_1、H_2（图4-59），然后按下式计算 a_w 的值。

$$a_w = H_2 - H_1 + 0.5(D_1' - D_2')\tag{4-51}$$

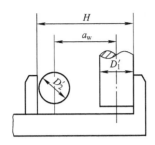

图 4-56　测蜗杆和蜗轮轴外侧的距离

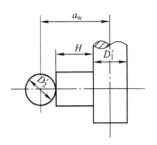

图 4-57　蜗杆和蜗轮轴内侧间的距离的测量

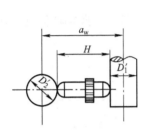

图 4-58　借助量块测蜗杆和蜗轮轴内侧间的距离

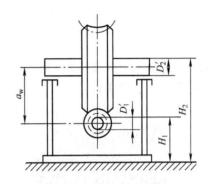

图 4-59　在划线平台上测蜗杆和蜗轮轴间的距离

5）通过测量蜗杆减速器箱体中心孔的距离来确定蜗杆副的中心距 a_w，首先将箱体平放，校准各孔最低位置的距离，然后测出蜗杆和蜗轮轴孔直径，并通过适当计算可得出 a_w 值。

3. 蜗杆及蜗轮基本参数的确定

（1）蜗杆头数 z_1 及蜗轮齿数 z_2 的确定　z_1、z_2 可直接根据被测蜗杆及蜗轮的实物数出。

（2）蜗杆压力角 α 的确定　蜗杆压力角可用齿轮滚刀试滚，或用齿形板在轴向剖面（ZA 型）或法向剖面（ZN 型和 ZI 型）内试配确定，也可直接用角度尺，在蜗杆轴向或法向进行测量（见图 4-60），如果角度尺与齿面紧密贴合，则可直接读出压力角的度数。模数制蜗杆其压力角可为 15°、20° 或 25°。径节制蜗杆常用压力角为 14.5°、20°、17.5°、25° 和 30°。

此外，还可分别测出蜗杆直线齿廓上两处的尺寸 s_1、H_1 和 s_2、H_2（图 4-61），然后按下式计算压力角。

$$\tan\alpha = \frac{(s_2 - s_1)}{2(H_2 - H_1)} \tag{4-52}$$

（3）模数 m（或径节 P，或周节 CP）的确定　普通圆柱蜗杆传动的标准齿形制有模数制、径节制和周节制三种，测绘时首先要弄清被测蜗杆副所采用的齿形制，才便于求 m 或 P 或 CP 的值。

蜗杆传动的齿形制可根据被测设备的出产国和所采用的啮合制度及实测到的蜗杆轴向齿距 P_x 确定，其方法是查表 4-11，根据表中所列的齿距 P_x、模数 m、径节 P 和周节 CP 值的对应关系确定。也可以由下列公式计算出模数、径节、周节，并根据标准系列值来确定标准齿形制，从而定出模数、径节或周节。

模数

$$m = \frac{d_{a2}}{(z_2 + 2)}$$

(4-53)

或

$$m = \frac{P_x}{\pi}$$

(4-54)

径节

$$P = \frac{(z_2 + 2) \times 25.4}{d_{a2}}$$

(4-55)

或

$$P = \frac{\pi}{P_x}$$

(4-56)

周节

$$CP = \frac{d_{a2}}{(z_2 + 2) \times 25.4}$$

(4-57)

如果计算结果与标准模数、标准径节及标准周节均不相符，则此蜗杆传动可能是变位传动，蜗轮可能是变位蜗轮。

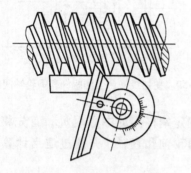

图4-60　用角度尺测蜗杆压力角

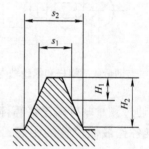

图4-61　蜗杆压力角的计算

表4-11　蜗杆轴向齿距 P_x、模数 m、径节 P 和周节 CP 值的对照表

P_x/mm	m/mm	P/in^{-1}	CP/in
3.142	1		
3.175	(1.011)		0.125（1/8）
3.325	(1.058)	24	(0.131)
3.627	(1.155)	22	(0.143
3.990	(1.270)	20	(0.157)
4.433	(1.411)	18	(0.175)
4.712	1.5	(16.933)	0.1875（3/16）
4.987	(1.588)	16	(0.196)

注：1. m、P 及 CP 中非括号内为标准系列值，括号内为非标准系列值。

2. 英寸为非法定计量单位，1in = 25.4mm。

（4）蜗轮变位系数 χ_2 的确定　变位蜗轮主要根据蜗杆副的中心距来识别，当中心距的计算值 a 与实测中心距 a_w 值相等时为标准蜗杆传动，否则为变位蜗杆传动，蜗轮为变位蜗轮。

蜗轮变位系数 χ_2 可按下列步骤确定：

1）根据测得的齿高和模数计算齿顶高系数 h_a^*。

2）根据测得的蜗杆齿顶圆直径、模数及齿顶高系数计算蜗杆直径系数 q。

$$q = \frac{(d_{a1} - 2h_a^*)}{m} \tag{4-58}$$

3）计算中心距 a。

$$a = 0.5m(q + z_2) \tag{4-59}$$

4）根据计算值 a 和实测值 a_w，求变位系数 χ_2。

$$\chi_2 = \frac{(a_w - a)}{m} \tag{4-60}$$

5）由上述步骤求得的变位系数，还必须经下式校核后方可最后确定。

$$\chi_2 = \frac{d_{a2}}{m} - \frac{z_2}{2 - h_a^*} \tag{4-61}$$

任务 5　凸轮的测绘

【任务描述】

凸轮在各种机械中应用广泛，它可用简单的轮廓曲线实现各种复杂的运动，但是它的轮廓曲线容易磨损，致使机构动作失灵，需要在维修时修复或更换。因此准确地测绘凸轮对设备是否能恢复正常的动作是十分重要的。凸轮的测绘工作主要有用摹印法或分度法测绘平面凸轮或圆柱凸轮，检查和验证凸轮的曲线，选择凸轮的材料、热处理和公差。

【任务分析】

1）做好平面凸轮的测绘工作。

2）完成圆柱凸轮的测绘工作。

3）验证凸轮曲线。

4）选择凸轮的材料和公差。

【知识准备】

凸轮是一个具有曲线轮廓或凹槽的构件。凸轮通常做等速转动，但也有做往复摆动或直线往复移动的。被凸轮直接推动的构件称为推杆。凸轮机构由凸轮、推杆和机架三个主要构件所组成。当凸轮运动时，通过其曲线轮廓与推杆的接触，而使推杆得到预期的运动。

凸轮机构的优点是：只要适当地设计出凸轮的轮廓曲线，就可以使推杆得到各种预期的运动规律，而且机构简单、紧凑。凸轮机构的缺点是：凸轮轮廓与推杆之间为点接触或线接触，故易于磨损，所以凸轮机构不能用在传递力较大的场合。

1. 凸轮测绘的步骤

1）首先按设备传动系统图或结构图，对凸轮的运动进行分析，找出凸轮在运动中所要实现的推杆运动规律及工作循环，弄清凸轮的作用和凸轮曲线的性质。

2）选择出凸轮测绘设计的基准。基准选择得正确，不但可使测绘工作顺利进行，而且也能保证测绘的质量。原则上应使设计基准与凸轮的装配基准一致。一般地说，可以选用凸轮的内孔键槽，凸轮上的刻度端面（定位端面）作为基准。

3）按照实物进行测绘。主要测绘凸轮轮廓曲线。每一个凸轮的轮廓曲线都是由几个线段组成的，而每一段线段的形状则是由凸轮机构在该线段所对应的时间内要完成的运动规律决定的。

2. 凸轮常用的曲线

凸轮常用的曲线分为工作行程曲线和空行程曲线。工作行程曲线用来实现规定的工艺过程，空行程曲线用以实现机构的引进、退回、静止及快速动作。常用的凸轮曲线有等加速等减速的抛物线、（两端有曲线过渡的）直线、等速运动的阿基米德曲线等。

对圆柱凸轮而言，凸轮曲线是指沿圆周展开后所得的平面曲线。

凸轮上由工作曲线到空行程曲线之间有过渡曲线，过渡曲线通常是圆弧。

【任务实施】

1. 凸轮的测绘方法

1）分度法。

① 将凸轮装在心轴上，并用分度头进行分度，在凸轮端面上划出若干条等分圆周的射线（对圆弧线段可少划射线）。

② 用卡尺测出各射线与轮廓的交点到凸轮中心的距离尺寸，并记入草图上相应的尺寸线上。

③ 测绘的草图按比例绘制在图样上，连接各射线上的交点成平滑曲线，即得所测绘的凸轮轮廓实际形状。

④ 将所绘制的曲线形状和理论分析凸轮应有的曲线形状进行对比分析最后确定或修正凸轮轮廓。采用分度法可以比较准确地测得凸轮磨损后的实际形状，所以最后确定曲线形状时，还应当考虑到凸轮的磨损量。测绘时，圆周等分越多，则所得结果越接近实际形状。对一般机床的凸轮进行测绘时，分度值采用6°～10°就可满足要求。

2）摹印法。将凸轮清洗干净后，在其端面上轻轻涂一层红油，用白纸摹印下凸轮轮廓形状和内孔，按照摹印的形状绘制凸轮工作图（可按分度法）。对凸轮要求不高时用摹印法测绘是比较方便的。但在一般情况下，摹印法仅作为测绘参考和校对之用。尤其是当凸轮有倒角时，印得的凸轮曲线形状误差很大。

2. 插齿机让刀凸轮测绘

图4-62为Y54型插齿机的让刀凸轮。根据插齿机的工作要求，插齿刀作一次往复运动，工作台也带着工件送进和让刀一次。让刀凸轮经过一系列推杆和杠杆带动工作台做送进运动（将毛坯送到插齿刀下）和让刀运动（毛坯退离插齿刀）。工作台退回是由弹簧的压力实现的。插齿刀往返一次对应着让刀凸轮旋转一周，当插齿刀下插时，凸轮以其 AB 段曲线（等半径 $R = 44.5$）使工作台不动，以便切削。当插齿刀切削终了要返回时，由 BC 作用使工件快速离开插齿刀，至 CD 段保持退回的距离（等半径 $R = 40.5$），插齿刀再次下插时，由 DA 作用将毛坯再送到插齿刀下。

插齿刀运动：切入→切削→切出→回程；

工作台运动：送进→固定→退离→固定；

对应的凸轮曲线：$DA \rightarrow AB \rightarrow BC \rightarrow CD$。

（1）测绘此凸轮可用分度法作出实物曲线

1）将凸轮装在标准心轴上用分度头进行分度。据分析，它有两段等半径圆弧，可用百分表找出，以 AB 段中点为零度点，在凸轮上作十字线，从 0° 开始每隔 10° 作一等分射线（图 4-63）。两段等半径圆弧处可少画几条射线。注意找出四个过渡点 $ABCD$，它们是否落在射线上。如果出入很大，则用更小的分度值，如 5°，在过渡点附近进行分度，确定其近似位置。

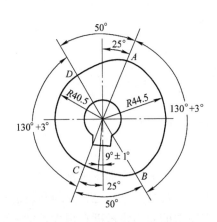
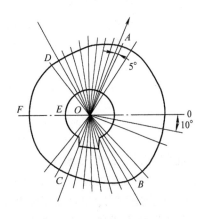

图 4-62　Y54 型插齿机的让刀凸轮　　　　图 4-63　用分度法作出实物曲线

2）用卡尺测量各射线长：如 $OF = OE + EF$，孔半径 OE 及 EF 可直接测量得到。

3）画出凸轮轮廓曲线。画曲线时，所选坐标轴和分度值同测量时所选用的相同，然后将各射线（如 OF）分别描绘在图样上，连接各射线之端点即为所测绘的凸轮轮廓曲线。画图比例尽可能采用 1:1。

（2）最后修正凸轮曲线，画出零件图

1）确定过渡点 $ABCD$ 的位置，以 5° 等分时，$ABCD$ 四点大致落在射线上。

2）AB 线段和 CD 线段圆心以作图法求得，即为零件安装中心。以线段上测得的值（距圆心最大的）为半径，画 CD、AB 圆弧曲线。

3）凸轮过渡曲线 AD、BC 理论上应为阿基米德曲线，可由作图法求得的曲线近似代替，需光滑地与 AB、CD 圆弧曲线连接。

【知识拓展】

1. 圆柱凸轮的测绘

圆柱凸轮的测绘方法与平面凸轮差不多，道理也差不多，所不同的是其轮廓曲线是在圆柱面上，测绘时要把圆柱面展开成一个平面。采用分度法时（也在分度头上进行分度），在圆柱凸轮上沿轴线画出若干等分线（编上号），然后用高度尺或卡尺测量各相应线段的长度，依据测量结果画出凸轮曲线。

以滚子直径为距离作凸轮凹槽的另一面曲线，测量方法如图 4-64 所示。圆柱凸轮可用摹印法直接印出展开得曲线形状。

2. 曲线的检查和修正

凸轮的磨损和测量误差使测得的曲线有误差，因此必须把按实物测得的凸轮实际形状作

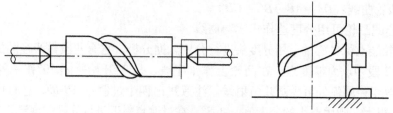

图 4-64　圆柱凸轮的测绘

必要的修正，即把描绘的或摹印得的曲线与理论分析形状进行对比，按对比分析，对曲线形状和平滑度、过渡曲线及曲线的相应位置作最后的修正。

图 4-65 所示为平板凸轮与圆柱凸轮的断面形状。

图 4-65　平板凸轮与圆柱凸轮的断面形状

3. 凸轮的材料及公差的选择

凸轮的工作表面必须有高的耐磨性，并能承受较大的表面应力而不致被压溃。

凸轮的外形制造精度和表面粗糙度不仅影响传递运动规律的准确性，且与凸轮的磨损有关，在由凸轮机构做进给运动的机床中，被加工工件表面的表面粗糙度在很大程度上取决于刀架凸轮的制造精度和表面粗糙度，故在选用材料和热处理时应当注意。

受力较小的凸轮常用经调质处理、硬度为 22 ~ 26HRC 或不经热处理的 50 钢制成，也可用强度较高的灰铸铁或球墨铸铁。中等载荷的凸轮或凸轮块可选用经高频感应淬火，硬度达 50 ~ 58HRC 的 50 钢、40Cr 或 50Mn，或用渗碳深度为 1 ~ 1.5mm 并经淬硬，硬度达 56 ~ 62HRC 的 20CrMn、20CrMnTi、12CrNi3 或耐磨铸铁。载荷很大时，为避免表面压溃，可用 40Cr，但须先整体热处理使硬度达 40 ~ 50HRC，然后再高频感应淬火使表面硬度达 56 ~ 60HRC。

凸轮的公差应根据工作要求来确定。对于用于低速进给的凸轮和操纵用的凸轮等，公差可以取大些，而对于要求较高的凸轮，如高速凸轮，因其轮廓曲线的误差对机构的性能影响较大，所以对公差的要求也应严格些。在凸轮工作图上通常要标出向径公差和基准孔（凸轮与轴配合的孔）公差。对于向径在 300 ~ 500mm 以下的凸轮，其公差可以参考表 4-12 选取。

对于只要求保证推杆行程大小的凸轮，可给出起始和终止点向径的公差，而且公差可取偏大的数值。

表 4-12　凸轮公差和表面粗糙度

凸轮精度	极限偏差			表面粗糙度 $Ra/\mu m$	
	向径/mm	基准孔	凸轮槽宽	盘状凸轮	凸轮槽
高精度	± (0.05 ~ 0.1)	H7	H8 (H7)	0.4	0.8
一般精度	± (0.1 ~ 0.2)	H7 (H8)	H8	0.8	1.6
低精度	± (0.2 ~ 0.5)	H8	H8 (H9)	0.8	1.6

项目5 机械零件的修复

【学习目标】

机械设备使用一定时期后，常出现配合件松动、运转失常、冲击振动和噪声大、精度和效率下降等现象。这主要是由于设备组成零件磨损或破坏而不能继续使用，达到了必须修理和更换的程度。由于修复零件比更换零件节省材料、修理时间和维修成本，因此掌握机械零件修复技术对今后从事机械设备维修工作的学生来说是十分必要的。

【知识目标】

1）了解机械零件修复的分类及选择方法。

2）掌握孔类零件、轴类零件、大型零件的修复方法。

3）掌握镶套、研磨、堆焊、电镀、刷镀、塑料涂敷、粘补修复、金属喷涂、金属扣合等修复方法。

【能力目标】

1）孔类零件修复。

2）轴类零件修复。

3）金属扣合修复。

4）金属喷涂修复。

5）其他零件的修复。

任务1 典型零件修复技术的选择

【任务描述】

零件的修复方法有修理尺寸修理法和标准尺寸修理法，可根据具体的使用条件灵活选择。零件的磨损量、材料、结构、强度、力学性能是选择修复技术的依据。

【任务分析】

1）修复方法。

2）修复技术。

3）典型零件修复技术的选择。

【知识准备】

一、修复方法

修复零件的方法有修理尺寸修理法和标准尺寸修理法两种，应根据具体情况选用。

1. 修理尺寸修理法

修理尺寸修理法只要求根据工作要求，恢复零件所需要的几何尺寸精度、表面粗糙度和其他技术条件，而不需要恢复零件原有的设计尺寸。如在修复轴颈时，因为同时更换轴套，修复后只要满足轴颈与轴套的配合关系就能满足轴的工作要求，因此不必恢复轴颈的原有设计尺寸。

2. 标准尺寸修理法

标准尺寸修理法要求零件在修理后，恢复原有的设计尺寸和精度。如用电镀法修复轴颈时，轴颈可以达到原有的尺寸精度。

上述两种方法在应用过程中要根据具体情况灵活选用。有时可以在一个零件上的一个部位施用修理尺寸修理法，而在另一部位施用标准尺寸修理法。

二、修复技术

机修中，用于修复机械零件尺寸的技术很多，现将普遍使用的技术加以分类，如图 5-1 所示。

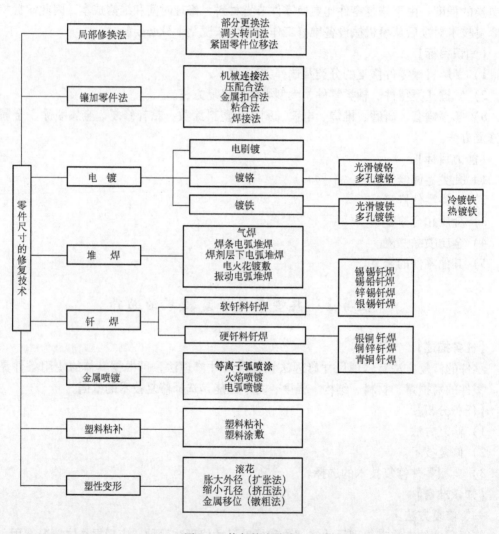

图 5-1 修复技术分类

选择修复技术时应考虑的因素如下。

（1）修复技术对零件材质的适应性 现有修复技术中的任何一种都不可能完全适应所有材料，因而其使用范围总有它的局限性。如有的修复技术用来修复钢质零件效果很好，但用来修复铸铁件，效果不一定好。各种修复技术对常用材料的适应性见表 5-1。

表 5-1　各种修复技术对常用材料的适应性

修复技术	低碳钢	中碳钢	高碳钢	合金结构钢	不锈钢	灰铸铁	铜合金	铝
镀铬、镀铁	+	+	+	+	+	+		
气焊	+	+		+		−		
焊条电弧堆焊	+	+	−	+	+			
焊剂层下电弧堆焊	+	+						
振动电弧堆焊	+	+	+	+	+			
钎焊	+	+	+	+	+	−	+	−
金属喷涂	+	+	+	+	+	+	+	+
塑料粘补	+	+	+	+	+	+	+	+
塑性变形	+	+					+	+

注："+"为修理效果良好，"−"为修理效果不好。

（2）各种修复技术能达到的修补层厚度　各种修复技术可能达到的修补层厚度是不同的，如图 5-2 所示，镀铬层的厚度不宜超过 0.3mm。

（3）由零件结构选择修复技术的方法　由于零件结构尺寸的限制，有的修复技术就不能使用。如：

1）不宜用镶轴套法修复结构上无法安装轴套的轴颈。

2）若轴上螺纹已损坏，要求将它车成小一级的螺纹时，会受到临近尺寸较大轴颈的限制。

3）修理螺孔及修复内孔时，孔壁厚度及临近螺纹孔的距离尺寸是主要限制因素。

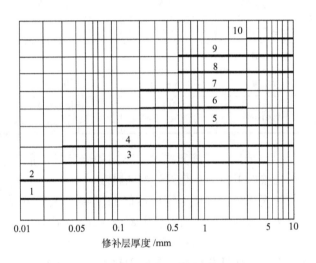

图 5-2　修复工艺能达到的修补层厚度
1—镀铬　2—滚花　3—钎焊　4—振动电弧堆焊
5—手工电弧堆焊　6—镀铁　7—塑料粘补
8—焊剂层下电弧堆焊　9—金属喷镀
10—镶零件

（4）零件修理后的强度　修补层的强度、硬度，修补层与零件的结合强度是修理质量的重要指标。而各种修复技术在一般条件下能够达到的修补层强度、硬度相差很大，见表 5-2。

（5）修复工艺对零件力学性能的影响　修补层的力学性能，如硬度、可加工性、耐磨性及密实性等，在选择修复工艺时必须考虑。

1）硬度与可加工性。硬度高，加工困难；硬度低，在一般情况下磨损较快；硬度不均，加工表面就不光滑。

2）耐磨性。摩擦表面的耐磨性，不仅与表面硬度有关，也与金相组织、两个摩擦面的磨合情况及表面吸附润滑油的能力有关。多孔镀铬、多孔镀铁、振动电弧堆焊及金属喷镀等修复工艺能获得多孔隙表面结构，由于孔隙中能储存润滑油，在短时间缺油的情况下也不损伤表面。

3）密实性。密实性指的是盖严端口，不能出现渗漏。若修补层出现砂眼、气孔及裂纹，在气体或液体压力作用下可能发生渗漏。所以在对这类设备选择修复工艺时，应注意密实性的要求。

表5-2　各种修补层的力学性能

修理技术	修补层抗拉强度/MPa	修补层与45钢结合层强度/MPa	零件修理后疲劳强度降低的百分数（%）	硬度
镀铬	4.6~6.0	3.0	25~30	600~1000HV
热镀铁	2.3~3.0	1.7~2.1	25~30	140~200HBW
焊条电弧堆焊	3.0~4.5	3.0~4.5	36~40	210~420HBW
焊剂层下电弧堆焊	3.5~5.0	3.5~5.0	36~40	170~200HBW
振动电弧堆焊	6.2	5.6	与45钢相近	25~60HRC
铜焊金属	2.9	2.9		
金属喷镀	0.8~1.1	0.4~0.9	45~50	200~240HBW
环氧树脂粘补		热粘补0.2~0.4 冷粘补0.1~0.2		80~120HBW

（6）由精度选择修复技术　不同的修复技术能够获得的零件精度是不同的。修补层可以进行机械加工的，能获得较高的精度。

（7）考虑修复温度对零件性能的影响　大部分零件在修复中经受了比常温高的温度，因此要考虑温度对零件尺寸、内部金相组织的影响。

1）电镀、金属喷镀及振动电弧堆焊等修复过程，零件温度低于100℃，对零件渗碳层及淬硬组织几乎没有影响，零件因热而产生的变形也很小。

2）各种钎焊温度都低于被焊金属的熔化温度，软钎料钎焊温度约在250~450℃之间，对零件的热影响很小；硬钎料钎焊温度约在600~1000℃之间，被焊零件要预热或同时加热到较高温度。800℃以上的温度就会使零件退火，热变形增大。

3）填充金属与被焊金属熔合的堆焊法，如电弧焊、用铸铁焊条的气焊，由于零件受到高温，热影响区内金属组织及力学性能都发生了变化，因此只适用于修理焊后加工整形的零件、未硬化的零件及堆焊后进行热处理的零件，一般钢制零件易产生较大的变形。

【任务实施】　选择典型零件修复技术

1. 轴类零件修复技术的选择

常见的轴类零件按磨损部位、修复方法的不同，可选择不同的修复技术，具体见表5-3。

2. 孔类零件修复技术的选择

常见的孔类零件按磨损部位、修复方法的不同，可选择不同的修复技术，具体见表5-4。

表 5-3 轴类零件修复技术的选择

零件磨损部位	修复技术	
	达到标准尺寸	达到修理尺寸
装滚动轴承的轴颈及外圆柱面	镀铬，镀铁，金属喷镀，堆焊并加工至标准尺寸	车削或磨削以提高几何形状精度
装滚动轴承的轴颈及过渡配合面	镀铬，镀铁，堆焊，滚花，化学镀铜（0.05mm 以下）	
轴上键槽	1）堆焊修复键槽 2）转位铣削新键槽	键槽加宽不大于原宽度的1/7，并按新槽宽尺寸修配键
花键	堆焊后重新铣削，或电镀后重磨（最好用振动焊）	
轴上螺纹	堆焊后重车螺纹	车成小一级螺纹
外圆锥面		磨到较小尺寸
圆锥孔		磨到较大尺寸
轴上销孔		孔扩大
扁头、方头及球	堆焊	加工修理几何形状
一端损坏	切削损坏的一端，焊接一段，加工至公称尺寸	
弯曲	校正并进行低温稳定处理	

表 5-4 孔类零件修复技术的选择

零件磨损部位	修复技术	
	达到标准尺寸	达到修理尺寸
孔径	镶套，堆焊，电镀，粘补	镗孔
键槽	堆焊修理，转位、另开键槽	加宽键槽
螺纹孔	镶嵌螺塞，可改变位置的零件转位重钻孔	加大螺纹孔至大一级的标准螺纹
圆锥孔	镗孔后镶嵌套	研磨修整形状
销孔	移位、重新钻孔	铰孔
凹坑、环面窝及小槽	铣削清除缺陷、重新镗孔	扩大修整形状
平面组成的导槽	镶板，堆焊，粘补	加工槽形

3. 齿轮类零件修复技术的选择

常见的齿轮类零件按磨损部位、修复方法的不同，可选择不同的修复技术，具体见表5-5。

表 5-5 齿轮类零件修复技术的选择

零件磨损部位	修复技术	
	达到标准尺寸	达到修理尺寸
轮齿	1）利用内花键，镶嵌齿圈插齿 2）轮齿局部断裂，堆焊加工成形 3）镀铁后磨齿	如大齿轮硬度低可以加工，加工成负变位齿轮

（续）

零件磨损部位	修复技术	
	达到标准尺寸	达到修理尺寸
齿角	1）对称形状齿轮，掉头倒角 2）堆焊齿角	磨削齿角
孔径	镶套，镀铬，镀镍，镀铁，堆焊	磨削孔
键槽	1）堆焊修理 2）转位另开键槽	加宽键槽
离合器爪	堆焊	

4. 其他典型零件修复技术的选择

其他典型零件修复技术见表5-6。

表5-6　其他典型零件修复技术的选择

零件磨损部位	修复技术	
	达到标准尺寸	达到修理尺寸
导轨、滑板的滑动面		电弧冷焊补，钎焊，粘补后刮削、磨削
丝杠螺纹及轴颈	1）调头使用 2）切除损坏的非螺纹部分，焊接一段重车 3）堆焊轴颈	1）校直后车削螺纹，进行稳定化处理 2）轴颈部分车削加工
拨叉侧面	铜焊，堆焊	
镶条滑动面		铜焊接长，粘接及钎焊巴氏合金，镀铁
阀座接合面		车削及研磨接合面
制动轮面	堆焊	车削至较小尺寸
杠杆及连杆的孔	镶套，堆焊	扩孔，镗孔

任务2　机械修复及金属扣合修复

【任务描述】

机械修复有镶补、局部修复、塑性变形；金属扣合有强固扣合法、强密扣合法、优级扣合法、加热扣合法。完成本任务后，学生应了解修复原理，掌握修复工艺，提高零件修复技能。

【任务分析】

1）机械修复。

2）强固扣合修复。

3）强密扣合修复。

4）优级扣合修复。

5）加热扣合修复。

【任务实施】

一、机械修复法

常用的机械修复法有镶补、局部修复、塑性变形等方法。

1. 镶补修复工艺

（1）扩孔镶嵌　箱体孔或轴孔磨损后，可用扩孔镶嵌套的方法修复，套与扩孔之间应有过盈，并以骑缝螺钉固紧，如图 5-3 所示。

（2）扩孔镶嵌螺纹套　箱体孔或复杂零件上的螺纹孔螺纹损坏后，可以通过扩孔后攻大一级的螺孔来修复，或采用扩孔镶嵌螺纹套的方法，如图 5-4 所示。

（3）补强板修复法　零件发生裂纹时，可以镶上补强板加固修理。在修补时需注意在裂纹的尽头处钻卸荷孔，以防止裂纹继续发展，特别是采用脆性材料制造的零件。图 5-5 所示是用钢板（补强板）和沉头螺钉加固修复的情形。

2. 局部修复

（1）镶齿修复　不重要的低速齿轮，当折断一个或几个彼此相邻的齿时，可用镶嵌轮齿的方法修复。镶嵌的轮齿和轮缘上的燕尾槽（铣削、刨或钳工加工）尺寸配合，端面缝隙用骑缝螺钉紧固，如图 5-6 所示。也可在齿根接缝处辅以焊接加固。镶上的轮齿按齿形样板修整，或与其相配的齿轮对研磨，用手工精修齿形。

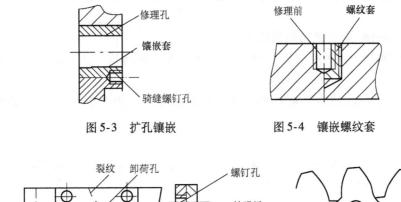

图 5-3　扩孔镶嵌　　　　　　　　图 5-4　镶嵌螺纹套

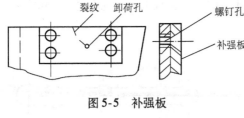

图 5-5　补强板　　　　　　　　　图 5-6　镶齿

（2）镶齿圈修复　多联齿轮、齿轮轴及有内花键的齿轮，当轮齿损坏后，可用镶嵌齿圈的方法修复，如图 5-7 所示。修理后用单键连接，端部用骑缝螺钉紧固，齿圈内孔采用过渡配合或过盈配合。

3. 塑性变形修复

对采用塑性材料制造的零件，当其磨损后可采用塑性变形方法修复，如镦粗、挤压、扩张和滚花等方法。

4. 翻转使用法

（1）长丝杠　长丝杠局部磨损后可以调头转向后重新使用。

（2）单向回转的齿轮　单向回转的齿轮出现磨损后，在结构允许的情况下也可以翻转

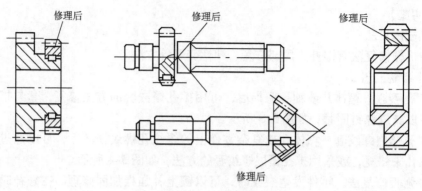

图 5-7　镶嵌齿圈

后重新使用。

二、强固扣合法

1. 适用范围

强固扣合法适用于修复壁厚为 8 ~ 40mm 的一般强度要求的薄壁机件。

2. 修复步骤

1）先在垂直于损坏机件的裂纹或折断面上，铣削或钻出具有一定形状或尺寸的波形槽。

2）把形状与波形槽吻合的波形键镶入。

3）在常温下铆击，使波形键产生塑性变形而充满波形槽腔，直至使其嵌入机件基体之内。

这样，由于波形键的凸缘和波形槽扣合，便将损坏的二面重新牢固地连接为一整体（见图 5-8）。

3. 波形键

（1）尺寸　波形键如图 5-9 所示，其凸缘部分直径为 d、宽度为 b、间距为 l、厚度为 t，其尺寸建议为：$d = 1.4b$，$l = 1.6b$，$t \leqslant b$。

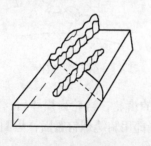

图 5-8　强固扣合法

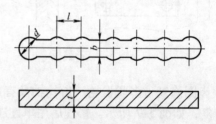

图 5-9　波形键

（2）个数　波形键凸缘个数一般为 5、7、9 个。

（3）材料　波形键的材料要韧性好、质软且便于铆紧，冷硬倾向大且不发脆，铆接强度高；对受热机件，波形键的线胀系数要和机件一致。一般波形键的材料常采用 12Cr18Ni9 奥氏体不锈钢，在修复高温铸铁机件时，须采用 Ni36 类或 Ni42 类高温合金，因为这类材料的线胀系数与铸铁相近。

（4）制作步骤 按外形下料，用模具在压力机上冷挤压成形后刨平两平面并修两端凸缘的圆弧，最后进行热处理（如 12Cr18Ni9 在 1050～1100℃中保温 20～30min，空冷，使硬度达到 140HBW 左右）。

4. 波形槽

（1）尺寸 波形槽的尺寸要求不高，与波形键之间允许有 0.1～0.2mm 的间隙（图 5-10a、b、c）。波形槽的深度 T 可视机件壁厚 H 决定，一般是 $T=(0.7～0.8)H$。

（2）布置 波形槽的布置采用前后相间或是长短相间的方式（图 5-10d），以使应力分布在较大范围内。

（3）加工 波形槽在铣床、镗床等设备上直接加工，也可借助钻模用手电钻就地加工。先用直径等于 d 和 b 的两种钻头分别按钻模钻孔，再用平底钻锪平孔底至深度 T，最后再用宽为 b 的錾子修正波形槽宽度上的两平面。

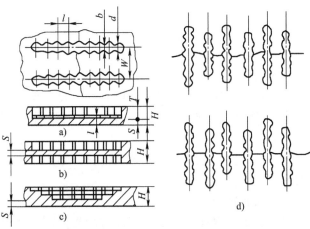

图 5-10 波形槽的尺寸与布置方式

5. 铆击

铆击用频率高、冲击力小的小型铆钉枪垂直于待铆接面铆击。先铆凸缘，后铆中间与连接部分，从两端凸缘铆起向中间推进，并轮换对称铆击，最后铆击裂纹上的凸缘，并且不宜铆得太紧，以免将裂纹撑开。以每层波形键低于铆接面 0.5mm 的深度，来控制其铆紧度。

为使波形键冷硬化，每个部位应先用圆弧面冲头铆击其中心，再用平头冲头铆击各部位的边缘。

三、强密扣合法

1. 适用范围

对于承受高压的气缸和高压容器等需要防止渗漏的零件，应采用强密扣合法如图 5-11 所示。

2. 修复步骤

先把损坏的零件用波形键连接成牢固的整体，再在两波形键之间的裂纹或折断面的结合缝上，每隔一定的距离加工缀缝栓孔，孔距小于孔径（0.5～1.5mm），装入缀缝栓，使之形成一条密封的"金属纽带"，达到阻止流体受压渗漏的目的。

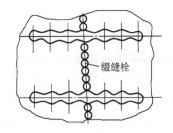

图 5-11 强密扣合法

3. 尺寸

缀缝栓的厚度 t 和孔的深度 T 可参考波形键中的 t 和波形槽中的 T；缀缝栓的直径 d 应按两波形键之间的裂纹或折断面间的长度确定，通常选用 $\phi5～\phi8mm$。

4. 材料

缀缝栓的材料应与波形键一致，但在不重要的地方，可用低碳钢或纯铜等软质材料，以便于铆紧。为防止缀缝栓在使用过程中脱落，可在孔的上部攻出螺纹，最后一个缀缝栓带有螺纹并涂以环氧树脂或无机粘结剂，拧紧后，锯去多余部分再铆紧。

四、优级扣合法

1. 使用范围

优级扣合法主要用于修复在工作中要求承受高载荷的厚壁机件，如水压机横梁、轧钢机主架、辊筒等。

2. 修复方法

仅采用波形键扣合不能得到可靠的修复质量，须在垂直于裂纹或折断面上镶入钢制的加强件（图5-12）。

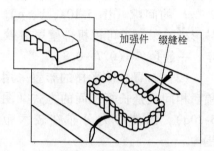

图 5-12　优级扣合法

加强件与机件连接大多采用缀缝栓，必要时再镶入波形键。

3. 加强件的形式

（1）楔形加强件　修复铸钢件时加强件可设计成楔形，如图5-13所示。

（2）十字形加强件　对受多方面载荷的机件，加强件可设计成十字形（图5-14）。

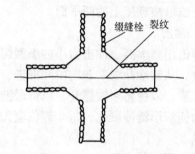

图 5-14　十字形加强件

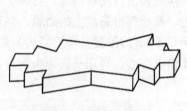

图 5-13　楔形加强件

（3）X形加强件　采用X形加强件（图5-15），铆接时能使裂纹开裂处拉紧。

（4）特殊情况　机件受冲击负荷时，裂纹附近不用缀缝栓固定，以使修复区域能保持一定弹性（图5-16）。

弯角附近有裂纹时，在机件裂纹上加工一排凹槽，凹槽的底面1、2与机件两垂直面平行，并留有适当的基底，凹槽内装入和它正确配合的加强件3，并用缀缝栓4将其扣合（图5-17）。

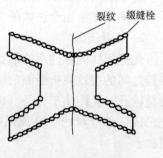

图 5-15　X形加强件

4. 加强件的加工工艺

1）先在坯料上按设计划线，然后将坯料安放在机件需修复的部位，并用压板压紧，在四角上钻孔，并插入定位销，再按划线钻出全部缀缝栓孔。

2）取下坯料，铣去多余金属，同样把机件上加强孔中多余的金属钻掉，钳工修正。

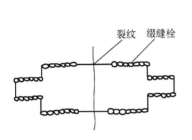
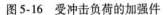
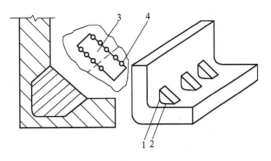

图 5-16 受冲击负荷的加强件   图 5-17 弯角裂纹的加强

五、加热扣合法

1. 使用范围

加热扣合法可修复大型飞轮、齿轮和重型机身。

2. 修复方法

利用加热的扣合件在冷却过程中产生冷收缩而将损坏机件拉紧。

3. 形式

根据机件损坏部位的形状和安装可能性，热扣合件可设计成不同的形式，分别如图5-18和图 5-19 所示。

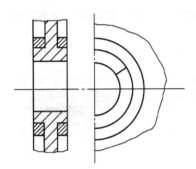

图 5-18 圆环状加热扣合件

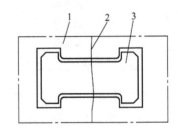

图 5-19 工字形加热扣合件
1—工件 2—裂纹 3—加热扣合件

任务 3 电镀修复

【任务描述】

电镀是常用机械修复和表面处理的工艺，有镀铬和镀铁两种常用方法。刷镀因灵活、简便，在现场维修中的应用也越来越广泛。

【任务分析】

1）镀铬。

2）镀铁。

3）刷镀。

【知识准备】

1. 电镀的基本方法

先将待镀零件表面进行适当的预处理和镀前处理。再将待镀零件置于盛有电镀液的电解槽内作为阴极，电解槽内的阳极通常由镀层金属制成（如镀铜时阳极采用铜棒），有时阳极也用不电解的金属或导电体制成（如镀铬时用铅－锑合金作阳极）。如镀镍时，工件为阴极，接电源负极；镍为阳极，接电源正极。

电流接通后，只要两极间维持一定电压（由外电源供给），则阳极就不断电解形成金属阳离子，被吸至阴极上就可获得沉积层（即镀层）。控制一定的条件（阴极电流密度、电解液成分、温度、时间等）即可获得所需的镀层。

2. 镀铬

在零件表面镀铬不仅能修复零件磨损表面的尺寸，而且能改善表面质量，特别是表面的耐磨性。

（1）镀铬层的特性 根据不同的电镀条件，可获得不同的物理－力学性能的铬镀层（表 5-7）。

表 5-7 镀铬层的物理－力学性能

镀铬层的类别	电镀工艺条件	镀层的物理－力学性能
无光泽镀铬层	电解液温度低 电流密度较高	硬度高、脆性大，结晶组织粗大，有稠密的网状裂纹，表面呈灰暗色
光泽镀铬层	电解液温度中 中等电流密度	脆性小，较高的硬度，结晶组织细致，有网状裂纹，表面光亮
乳白色镀铬层	电解液温度高 电流密度较低	孔隙率小，硬度低，脆性小而韧性好，能承受较大的变形而镀层不致剥落，表面为烟雾状的乳白色，经抛光后可达到镜面般的光泽

1）镀铬层的硬度。镀铬层的硬度随着电解条件的不同在较大的范围内变动（400 ～ 1200HV）。当加热到 300 ～ 500℃时，镀铬层的硬度几乎没有变化，当加热到 500 ～ 600℃，它的硬度才有较大的变化。

在适当的条件下，镀铬层的硬度高于渗碳钢和渗氮钢的硬度：铬的硬度为 800 ～ 1200HV，未经热处理的钢为 225 ～ 345HV，渗碳钢为 650 ～ 750HV。

镀铬层的硬度不因镀层厚度增加而有所改变。

镀铬层的摩擦因数较低（只有钢和铸铁的 50% 左右），硬度高，抗氧化的化学稳定性高。在摩擦工况下，镀铬零件具有较高的耐磨性，比无铬层零件高 2 ~ 50 倍。铬的化学稳定性高，在大气中能长时间保持光泽。镀铬层的热导率比钢铁高 40%。

2）铬与基体的结合强度。铬的重要特性之一是铬与基体金属（除钢外）有很好的结合强度，其结合强度高于其自身结晶间的结合强度。

3）镀铬层的脆性。镀铬层的主要缺点是性脆，它只能承受均匀分布在其表面的载荷，在集中的冲击力作用下容易破裂。而且铬层越厚，强度和疲劳强度越低。由于镀铬层有网状裂纹，对保护基体不受腐蚀也是不利的。

（2）镀铬层的厚度 镀铬层的允许厚度为 0.2 ~ 0.3mm，当冲击负荷大时，铬镀层厚度应尽量小些。

（3）镀铬层的种类　镀铬层可分为平滑镀铬层和多孔镀铬层两类。

平滑镀铬层具有很高的密实性和较高的反射能力，但其表面不易储存润滑油。

多孔镀铬层的外表形成无数网状沟纹和点状孔隙，能保存足够的润滑油以改善摩擦条件。

（4）镀铬层的使用范围　两种镀铬层的使用范围见表5-8。

表 5-8　平滑镀铬层和多孔镀铬层的使用范围

镀铬层名称	使用范围	实　　例
平滑镀铬层	1）修复微量过盈配合的零件尺寸 2）用于提高模具工作面的表面粗糙度，并且降低工作时的摩擦力 3）用于延长零件在较低压力的磨损条件下工作的使用期限	锻模，冲模 测量工具（塞规、量规、卡规）
多孔镀铬层	1）修复在相当大的压强下，温度高，滑动速度大和润滑供油不充分的条件下工作的零件 2）修复切削机床的主轴、泵轴等零件	内燃机曲轴、主轴、活塞销、气缸套、排气阀杆、活塞环及其他零件、车床主轴、镗床刀杆

（5）多层镀覆　常见的防护–装饰性镀层多为多层镀覆，即首先在基体上镀上"底"层，而后再镀"表"层，有时甚至还有"中间"层。这是因为很难找到一个单一的金属镀层能同时满足防护、装饰的双重要求。常见的汽车、自行车、钟表等外壳的光泽镀层均属此类。

3. 镀铁

由于镀铬存在着成本高、效率低、影响健康和污染严重等缺陷，因此除特殊场合外，在修理生产中，镀铬已逐渐被镀铁所代替。

镀铁可用来修复磨损零件的尺寸。铁镀层结晶细致，与纯铁相比有较高的硬度和强度，有较高的耐磨性，但硬度增大会使脆性和疲劳强度降低，实际应用中硬度限制在 160 ~ 180HBW 内。镀铁还有以下突出的优点：镀铁沉积速度快，平均每小时可使工件直径加大 0.6mm 左右；一次镀层厚度厚，可达 1 ~ 2mm（最佳厚度为 1.2mm）；材料便宜，成本低廉，在同样条件下，费用仅为镀铬的 12%。

由于铁镀层的硬度和结合强度不太高，因此不宜用于过盈量大的配合和压强大的摩擦配合。镀铁修复用于摩擦部分的零件，当磨损大于 0.5mm 时，可在镀铁的外层再镀上一层铬。修复同时具有耐冲击和耐磨要求的零件时，为了提高硬度和镀层的耐磨性，镀铁后应进行热处理（渗碳或渗氮、淬火、回火）。为了防止淬火使镀层失去韧性，镀层的含碳量（质量分数）不能大于 0.25%。

4. 刷镀

刷镀也称电刷镀，是电镀的一种类型。电刷镀是一种在工件表面进行局部电沉积的高速电镀新技术。

（1）刷镀的原理　电刷镀不需镀槽，它以石墨为阳极，石墨外面包有吸水纤维材料（玻璃布、尼龙布，海绵）构成镀笔，接电源正极，工件作为阴极，接电源负极。电镀时，浸有电镀液的镀笔，在工件表面上以一定的往复运动速度涂刷，从而获得所需厚度的镀层。

（2）刷镀与槽镀的比较 刷镀与槽镀的比较如图 5-20 所示。

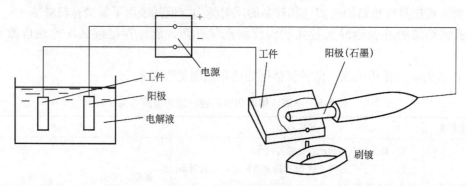

图 5-20 刷镀与槽镀

刷镀过程中，刷镀笔与阴极（工件）之间有相对运动，在电极表面上能发生金属离子还原的区域仅限于刷镀笔刷镀的区域，所以阴极表面不会产生像在槽镀中的浓度差极化现象（有足够的离子供还原），所以镀层均匀、致密、结合良好，而且氢气也易于逸出。因此允许刷镀使用比槽镀高得多的电流密度以及含高浓度金属离子的电镀液。这就使它的金属离子沉积速度比一般槽镀电镀快 5~20 倍，但仍可获得均匀、致密、结合良好的镀层。

（3）刷镀的特点

1）镀层有良好的性能。刷镀镀层与基体金属的结合强度高，在钛、铝、铜、铬及高合金钢和石墨上也具有很好的结合强度。刷镀镀层还具有良好的耐磨性、耐蚀性，有防渗碳、防渗氮的性能等。

2）设备轻便简单。不用镀槽，可在现场流动作业，重型零件可不拆卸就地修理。

3）灵活，用途广。操作方便，可沉积有多种用途的合金镀层和组合镀层，并可以根据需要方便地选用电刷镀层种类和调整电刷镀层硬度，适用于碳钢、铸铁、合金钢、镍、铬、铝、铜及其合金。一般的机修人员经过短期培训就可操作。电刷镀溶液不需要定期化验和调整成分。

4）维修质量高。刷镀过程中工件的加热温度低于 70℃，不会引起变形和金相组织变化。根据需要可获得厚度 0.01~3mm 的镀层。采用安培-小时计监控，电刷镀层厚度的精度可达 ±10%，在要求不高的场合不需要机械加工。

（4）刷镀技术的应用范围 刷镀的应用主要有三方面：

1）对新制零部件进行技术维护。

2）对已使用过的零件进行修理。

3）改善零部件表面的理化性能。在修理工作中，常用于恢复磨损和超差零件的尺寸，以及大型和精密零件，如曲轴、液压缸、柱塞、机体、导杆等局部磨损、擦伤、凹坑、腐蚀的修复。

目前，比较经济合理的电刷镀层厚度不大于 0.5mm。

（5）刷镀的经济性 刷镀的设备简单、投资少、材料消耗费用低，大大节约了能源，管理费用少，可现场维修，所以明显降低了维修费用。

对边远地区、进口机械或配件供应有困难的设备，采用电刷镀维修减少了购买或等待配件的时间，减少了停机损失，大大缩短了维修周期。

例如，各类轴承的外圆和内孔，需要修复的尺寸一般小于 0.1mm。采用电刷镀技术修复，维修周期短，质量好，不需加工，修理成本仅占新件成本的 10% ~ 30%。

【任务实施】

1. 镀铬工艺

（1）镀铬前的表面处理

1）机械准备加工。为了取得正确的几何形状，工件要进行准备加工和去除锈蚀，以获得均匀镀层。例如，机床主轴电镀前一般要进行磨削。

2）护屏和绝缘处理。对于有锐边和尖角的零件，其边缘处铬沉积得快，会产生粗糙颗粒，因此锐边要倒圆。此外还可应用特别的护屏（用线材或金属箔片制成的辅助阴极）。

在局部镀铬时，不需要镀覆的表面部分要加以绝缘处理。通常采用的绝缘材料有赛璐珞、硝化纤维素清漆、过氯乙烯清漆、乙烯塑料管、乙烯塑料带等。镀铬零件的孔眼则用铅堵塞。

3）表面活化处理。为了使镀层和零件表面有良好的结合强度，必须在电镀前（或表面化学处理前），用有机溶剂（苯、丙醇等）、碱溶液等将零件表面的油脂、氧化皮、锈迹及其他脏物仔细地清除。清洗后还要进行弱酸蚀，以清除零件表面上的极薄的氧化膜，同时使表面受到轻微的侵蚀，呈现出金属的结晶组织，增强镀层与基体金属间的结合力。

由于铬层与钢件的结合力不强，因此电镀前应增加"反镀"，即在除油、去氧化物后先将制件作为阳极以小电流进行阳极处理 0.5 ~ 2min，使金属表面结晶暴露，造成极细致的"粗糙"表面以增加与镀层面的结合力，但在铜或镍表面上镀铬不需"反镀"就能得到很好的镀层。

（2）常用的电解液　设备修理中常用的镀铬电解液的成分 CrO_3（150 ~ 250g/L），H_2SO_4（0.75 ~ 2.5g/L）。

镀铬与其他电镀不同，不能用铬作为阳极，而用铅锑合金作阳极，因为用铬作阳极时，金属电解的电流效率大大高于阴极电沉积的电流效率，使电解液不稳定，以致不能正常控制电镀过程。

（3）镀铬零件的热处理　对镀层厚度超过 0.1mm 的较重要零件应进行热处理，以提高镀层的韧性和结合强度。热处理在热的矿物油中或空气中进行，温度一般采用 180 ~ 250℃，时间是 2 ~ 3h。

2. 镀铁工艺

（1）镀铁前的准备工作　镀铁前要在工件表面贴涂绝缘层和进行表面活化处理。

镀铁时对绝缘的要求较高，稍有不慎，就会漏电，产生毛刺，并影响沉积速度。形状较简单的零件常用粘贴聚氯乙烯薄膜作绝缘；形状复杂零件的绝缘层可用过氯乙烯清漆和硝基磁漆交替涂刷，漆膜应均匀，一层干后再涂下一层，以 5 ~ 7 层为宜。

表面活化处理是影响镀铁工艺质量的关键，其目的是除去工件表面的氧化膜，显露洁净的表面组织，以获得高的表面结合强度。常采用的表面活化处理方法有阳极刻蚀和盐酸浸蚀两种方法。

阳极刻蚀是在质量分数为 30% 的硫酸溶液中，以工件为阳极，铅板为阴极通电处理。此时阳极表面发生电解反应，产生大量氧气泡，不断撕裂和冲刷表面的氧化膜，使洁净的表面露出。这种方法目前使用得最多，结合强度也好，但劳动强度大，且容易将硫酸带入镀槽中而污染镀液。

盐酸浸蚀是将工件在质量分数为 15% ~30% 的工业盐酸中浸 1 ~3min，腐蚀掉表面的氧化膜，然后取出工件用清水冲净，迅速浸入镀槽，稍经预热，即可正常电镀。

淬火和渗碳零件要镀铁时应先行退火。

（2）电解液成分和工艺　热镀铁的电解液成分、工艺参数和应用范围见表 5-9。

表 5-9　热镀铁的电解液成分、工艺参数和应用范围

电解液成分/(g/L)				工艺参数		应用范围
$FeCl_2$	$MgCl_2$	$MnCl_2$	HCl	温度/℃	电流密度/(A/dm^2)	
700	—	—	0.8 ~1.5	95 ~100	20 ~500	用于固定配合的零件和镀铁后渗碳的零件
500	100	—	0.5 ~0.8	95	10 ~20	用于镀铁厚度 2 ~3mm、硬度较高的零件
200	—	100	0.5 ~0.8	85 ~95	10 ~40	用于在滑动摩擦下工作的钢件、淬火件，镀层厚度小于 1mm

（3）镀铁零件的热处理　镀铁后，由于氢渗入基体而增加镀层的脆性，故应进行除氢的热处理。方法是将零件在油中或炉中加热到 150 ~200℃保温 1 ~3h，然后空气冷却即可。

3. 大件局部镀孔

工艺分析：在大修中，经常碰到大的壳体孔与轴承外环配合松动的情况，以前多采用镗孔镶套，或镀轴承外环的方法来修复，但前者费时费工，后者使以后更换轴承困难。采用局部镀孔，既简单、质量好、效率高，镀铁后又无需加工，还可以在现场进行。

结论：镀铁修复。

实施方案：

（1）局部电镀槽　局部电镀槽是以被镀件的孔作为电镀槽的结构，如图 5-21 所示。

（2）电解液的配方

硫酸镍（$NiSO_4 \cdot 7H_2O$）　　　　200g/L

硼酸（H_3BO_3）　　　　　　　　40g/L

氯化镍（$NiCl_2 \cdot 6H_2O$）　　　　175g/L

十二烷基硫酸钠　　　　　　　0.05g/L

（3）电镀条件

温度：　　　　　　　　　　40 ~60℃

pH 值：　　　　　　　　　1.5 ~2.0

阳极电流密度：　　　　　　2.5 ~10A/dm^2

（4）工艺过程

1）清洗。用机械清洗除去油垢、锈斑。

2）测量。测量磨损孔的尺寸。

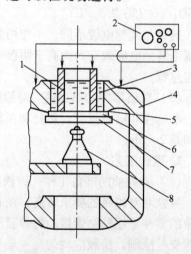

图 5-21　局部电镀槽的构成

1—纯镍阳极空心圈　2—电源设备　3—电解液
4—被镀箱体　5—聚氯乙烯薄膜　6—泡沫塑料
7—层压板　8—千斤顶

3）化学清洗。用丙酮和碳酸钙擦洗孔，并用清水冲洗。

4）酸蚀。用稀盐酸酸蚀孔表面 30～60s，并用清水冲洗。

5）电镀。及时将电解液倒入被镀的孔内，接上电源进行电镀，以电流大小和时间长短来控制镀层的厚度。电流密度与电镀速度的关系见表 5-10。

表 5-10　电流密度与电镀速度的关系

电流密度/(A/dm²)	2.5	5.0	7.5	10.0
镀速/(mm/min)（直径方向）	0.07～0.08	0.15～0.16	0.23～0.24	0.30～0.32

在电镀过程中，温度最好保持在 40～45℃，以防止盐类析出，妨碍电镀进行。

6）清除镀层　当镀层过厚或质量不好时，可采用下面的酸性溶液清除镀层（不需通电）：

工业硝酸　90%～95%；

工业盐酸　5%～10%。

（5）阳极的选择　阳极材料可使用纯度为 99.8% 的镍，阳极的面积应与被镀孔径有一定比例（表 5-11）。小孔用棒料作阳极，大孔用板料卷成的圆筒作阳极。

表 5-11　阳极孔径的选择　　　　　　　　　　（单位：mm）

被镀工件孔径	$\phi15～\phi20$	$\phi20～\phi40$	$\phi40～\phi60$	$\phi60～\phi100$
镍阳极孔径	$\phi3～\phi6$	$\phi6～\phi10$	$\phi10～\phi15$	$\phi15～\phi30$
被镀工件孔径	$\phi100～\phi150$	$\phi150～\phi200$	$\phi200～\phi250$	$\phi250～\phi350$
镍阳极孔径	$\phi30～\phi60$	$\phi60～\phi100$	$\phi100～\phi150$	$\phi150～\phi250$

（6）电解液

1）电解液的处理。电解液可以反复使用。在电解液质量变坏时，只需加以过滤及净化处理，即可继续使用，但在处理前应先分析化学成分，加以调整。处理方法如下：

① 用硫酸调整 pH 值（当 pH 值差 0.4 以下时可以不调整）。

② 加热至 70℃ 以上，每 1L 电解液中加入 30% 双氧水 1.2mL 并充分搅拌，使铁、铜等杂质充分氧化。

③ 继续加热 2～3h，并经常搅拌，使多余的双氧水充分分解（如双氧水分解不彻底易使镀层发泡）。

④ 加入质量分数为 3% 的 NaOH 溶液调整 pH 值，使 pH 值至 6～6.3，NaOH 溶液应逐步滴入，同时进行充分搅拌，避免因局部碱性过高而产生氢氧化镍，浪费镍盐。

⑤ 每 1L 电解液中加入活性炭 2g，如电解液中杂质较多，可适当多加些。

⑥ 澄静 12h，然后进行过滤。必须滤净，不可使活性炭微粒混杂于溶液中，以免影响镀层质量。

⑦ 调整 pH 值至 1.5～2.0。

⑧ 用铜板作阴极，以小电流（0.1～0.3A/dm²）进行电解处理，除去电解液中铜、锌等杂质，直到电解板上获得良好的镀层为止。

2）电解液的化学分析法。

① 镍的分析。以 EDTA 络合滴定。

② 硫酸根的分析。在电解液中加氯化钡、氯化镁混合溶液便产生硫酸钡沉淀，然后调整 pH 值至 10，加抗坏血酸及氰化钾掩蔽金属离子，以 EDTA 络合滴定，根据硫酸根的含量可计算硫酸镍及氯化镍的含量。

③ 硼酸的分析。以 NaOH 溶液滴定，以溴钾酚紫及麝香草酚蓝为混合指示剂。

（7）电源设备 局部电镀的电源设备最好体积小、质量轻、携带方便，以适应现场机动灵活性的要求。图 5-22 是某厂采用的硅整流器电源线路图。

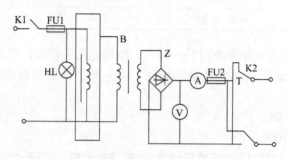

图 5-22 局部电镀电源线路图

K1—输出换向开关，250V，2A Z—全波整流器，2CZ 型硅整流器 FU1—熔断器，RL-15 型，4A

A—直流电流表 10V~100V 以上，0~20A HL—电源指示灯，220V，15W FU2—熔断器，RL60，20A

T—单相调压器，220V/0~250V，0.5kVA， V—直流电压表，20V/18V，400VA 以上 K2—输出换向开关，20A

任务 4 金属喷涂、塑料涂敷及焊接修复

【任务描述】

金属喷涂是一种表面处理方法，涂敷层较薄，表面质量好，结合强度较高，在零件修复上得到广泛应用。塑料涂敷可增加零件尺寸，涂敷后可加工，适合磨损量较大的零件修复。焊接修复常用在零件尺寸较大或制造周期长的情况下。

【任务分析】

1）金属喷涂。

2）塑料涂敷。

3）焊接修复。

【知识准备】

一、金属喷涂

金属喷涂又称热喷涂，是将熔融的金属用喷枪喷到被保护的金属表面上，并形成金属保护层。这种方法的使用不受工件的尺寸与形状的限制，也不需加热，涂覆层的厚度通常为0.1~0.2mm。喷涂的方法有以下三种。

1. 火焰喷涂

（1）工艺过程 把材料以棒状或粉末状送入氧乙炔混合气体燃烧的火焰中，并在火焰中熔化，然后用压缩空气以高速喷到基材表面上。

在高温下，压缩空气把熔融金属从喷枪口喷射到制件表面上，熔融金属被喷成许多小颗粒（雾化）并以很大的速度撞在已被清理（喷砂处理）过的粗糙表面上，撞成饼状贴在金属表面，各颗粒之间也互相粘接，成层地堆积起由鳞片构成的金属涂层。

（2）条件

1）涂覆的金属。作为涂覆的金属必须是在火焰区内可以熔融而不分解的，如锌、锡、铅、钢以及不锈钢等。

2）火焰。火焰是用乙炔或丙烷和氧燃烧而成，温度可达 3000℃。

3）喷砂处理。喷涂层与基体金属结合的牢固程度与基体金属的表面状态有关，工件先经过喷砂处理，然后再进行喷涂可获得良好的机械结合力。

2. 电弧喷涂

（1）工艺过程　采用两根互相绝缘的线材作为电极，当它们被送到相交点时，在直流电作用下，即产生电弧，并开始熔融，然后被压缩空气雾化并以高速喷到工件表面。

（2）适用范围　这种涂层比较粗糙，它适用于喷涂熔点较高的金属，如不锈钢、蒙乃尔合金等。对钛、铌等易于氧化或氮化的高熔点金属，需在排除空气的封闭空间内，以高频电源加热熔化线材，利用惰性气体进行雾化、喷涂。

3. 等离子弧喷涂

（1）工艺过程　等离子弧喷涂技术是利用两电极间的电弧，受到惰性气体的压缩，在喷嘴口产生等离子火焰，温度可超过 5500℃，将注入喷枪体内的金属粉末熔化并以高速喷到工件表面。

（2）等离子火焰生成的原理　等离子弧喷涂原理如图 5-23 所示。

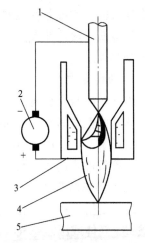

图 5-23　等离子火焰发生装置原理图

1—钨极　2—电源
3—喷嘴　4—火焰
5—工件

等离子弧喷涂是高度电离的气体流焰，其正、负离子的总电荷数目相等，因而得名。图 5-23 中钨极 1 和喷嘴 3 分别接于电源负、正两极，并引入高频电源，使钨极 1 的前端与喷嘴 3 之间产生火花放电，引燃电弧。这时连续送入工作气体，当气体穿过喷嘴孔道的电弧空间时被加热电离，且受到压缩，温度升高，以很高的速度从喷嘴喷出，成为等离子火焰。此时若在喷嘴孔道内或喷嘴外送入粉末材料，即可被加热而形成喷涂过程。

二、塑料涂敷

1. 塑料的特性

塑料是合成的高分子材料之一，它的主要成分是合成树脂。在设备零件的修复方面，塑料应用较广是因为它具有如下的优点：抗咬合性、抗爬行性，优良的耐磨、减摩性，良好的成型性和可加工性，良好的粘接性、减振性和消声作用，优越的化学稳定性和电绝缘等性能。

但与金属相比，塑料也有较大的缺点：耐热性差，易老化，蠕变及冷流动性大，热导率低，热膨胀系数大，硬度低（一般在 50HBW 以下）。

2. 设备修理时工程塑料的选用

（1）镶嵌或涂敷塑料　对设备的磨损零件，可采用镶嵌或涂敷塑料的方法进行修复，以补偿修理的尺寸链和提高零件的耐磨性。如填充聚四氟乙烯，具有耐磨、刚性好、承载能力高等优点，是用作机床导轨镶板的理想材料。

（2）使用塑料的配对件　对一些贵重精密零件的配对件，可以使用塑料件以保护精密零件不受磨损。如 MC 尼龙，强度、耐磨性高，并可浇注成型，可用作大型车床进给丝杠螺母。此外，用作钢板压延机上万向联轴节滑块，寿命可比铜制的高两倍以上。

（3）用作保护的塑料件　机床中往往安装一个塑料齿轮以起安全保险作用，超负荷时只损坏塑料齿轮，而不致损坏其他机构。

（4）减少噪声的塑料件　为减少机床修理后的噪声，对受力不大的齿轮可改用塑料或夹细布胶木制成。如聚胺烯（尼龙）、MC 尼龙、聚甲醛、氯化聚醚等均可用来制成齿轮。它们均有较好的强度、耐磨性、良好的冲击韧度和较低的摩擦因数。

（5）减摩塑料轴承　为节约有色金属，在设备修理时．对于一些铜轴承和铜瓦都可以用塑料代替。对不易润滑的部位，可使用具有减摩、自润滑作用的塑料，如 MC 尼龙用来制作大型轴承、矿山机械的轴套等。聚四氟乙烯（F-4）可用于制作各种无油润滑活塞环、填料及密封圈等，如用作蒸汽锤的密封盘根，使用温度可达 250℃ 以上，寿命比石棉盘根提高数十倍。

（6）抗腐蚀的塑料件　在腐蚀介质中工作以及在高温（150℃）下工作的机械零件，有些可用塑料制作，部分塑料零件甚至可以代替不锈钢的零件。如聚四氟乙烯、聚全氟乙丙烯（F-46）能耐沸腾的盐酸、硫酸、硝酸及王水，并能耐各种有机溶剂的腐蚀，其乳液可涂于金属表面，制成各种在腐蚀介质中工作的零件，如密封圈等。但这种材料的缺点是刚性差、强度低、流动性大。又如聚苯醚（PPO）可以制作在高温下工作的精密齿轮、轴承等摩擦传动零件。

3. 塑料涂敷

将塑料涂敷在金属零件表面，能利用它的抗咬合性、耐磨、耐蚀、绝缘等特性来弥补金属基体这些性能的不足。而机件的强度、刚性等仍由金属基体保证。

低压聚乙烯、尼龙 1010、氯化聚醚等塑料均能作为涂层，可根据机件用途和掌握的涂敷方法等条件来选择。涂层厚度一般在 0.1~0.5mm 为宜，常用的涂敷工艺有下列三种：

（1）沸腾熔敷法

1）工艺过程。先将经过表面处理的工件预热至塑料的熔点以上，然后将热工件迅速浸入被 CO_2 气体或压缩空气吹成沸腾状态的塑料粉末中，经过很短时间即取出冷却，工件表面就形成涂层。

2）特点。这种方法的优点是不需要溶剂，简便，设备简单，塑料变质程度小，厚度均匀而且平滑，在复杂形状的工件上可迅速敷以涂层，生产率高。其缺点是不能熔敷大件，不能现场施工，工件预热表面易氧化，使涂层附着强度受到影响。

（2）火焰喷涂法　火焰喷涂法是用塑料喷枪将树脂粉末喷到经过净化处理及预热的工件上。当塑料粉末经过高温火焰区时，呈熔融或半熔融状态，黏附于热的工件表面上，直至达到所需的厚度为止。

1）预热。工件一般采用烘箱预热，温度容易掌握。对于薄壁和小零件，也可不经预热而直接喷涂。对于不同塑料，工件预热温度不同，喷涂氯化聚醚时为 200℃；喷涂尼龙 1010 时为 250℃；喷涂低压聚乙烯时为 220℃。在夏季预热温度应低一些，冬季则高一些。

2）气压。喷涂时先把各种气瓶压力调整至以下压力范围：CO_2 气瓶工作压力为 200～250kPa；氧气瓶工作压力为 200～400kPa；乙炔瓶工作压力为 50kPa。

CO_2 主要用于送粉、防止氧化，由于 CO_2 气体需要加热，所以在压力调节器前装有加热器（也可以采用压缩空气送粉，但容易使涂层氧化）。氧气及乙炔用于加热工件及熔化塑料。

3）操作准备。打开进粉调节器，将 CO_2 送入飞扬式粉桶，使粉末旋转飞腾，然后随 CO_2 从出粉管送入喷枪。塑料粉经干燥，并用筛孔尺寸为 0.18mm 的筛过筛处理，氯化聚醚及低压聚乙烯可不烘焙。而尼龙 1010 需在 60℃ 下烘焙 2h 才能使用。

4）喷涂要领。当出粉通畅后，再打开氧乙炔焰，将火焰长度调整为 150～200mm，即可开始喷涂。喷枪口与被喷工件距离为 100～200mm。在第一层粉末"湿润"后，即可大量出粉加厚，直至需要的尺寸。如喷涂平面，则将平面放在水平位置，手持喷枪来回移动进行喷涂；如工件为圆柱形或内孔，需要装在车床上旋转喷涂，工件旋转线速度在 20～60m/min 范围内，达到厚度停喷后应继续旋转，直至塑料凝固为止。

5）淬火处理。喷涂尼龙 1010 时，在粉末完全凝固前，须将工件立即放入冷水中淬火，冷却至水温后取出。因水淬后结晶度小，含水量高，可以提高涂层的粘结强度和韧性。

6）填料。对某些有特殊用途的涂层，可根据使用要求在塑料中加入填料，如 MoS，以提高耐磨性。加入的填料应能通过 0.074～0.063mm 的筛网，并要均匀混合在树脂粉料中，填料一般应少于 5%。

（3）热熔敷法　将工件先进行加热，然后用不带火焰的喷枪把塑料粉末喷上工件，或将加热的工件蘸上一层粉末，借工件热量来熔融，冷却后即形成塑料涂层。

1）工件的预热。用氯化聚醚喷涂为 230℃。用尼龙 1010 喷涂为 290℃，用低压聚乙烯喷涂为 310℃，用聚氯乙烯喷涂为 270℃。

2）喷涂层数。如一次喷涂不能达到所需厚度，就要反复多次。每次喷涂后需要加热处理，使涂层完全熔化，发亮，再喷涂第二层。所需加热处理的温度对于氯化聚醚喷涂为 200℃，对于低压聚乙烯喷涂为 170℃。时间以 1h 为宜。

3）喷涂后的处理。取出浸于水中骤冷，使涂层光滑，机械强度提高。

4）其他要求。热熔敷法用的树脂粉末应能通过 0.18mm 的筛网，送粉压力为 100～200kPa。

热熔敷法喷枪不带燃烧系统，可用喷漆喷枪，避免有害气体产生，涂层质量高、美观、粘结力大，塑料粉末损失小，容易控制。

4. 塑料粘接

在设备修理时，对某些断裂件、磨损件用塑料进行粘接修复或补偿尺寸，可以获得良好的经济效果。根据不同材料，有三种不同的粘接方法。

（1）热熔粘接法　热熔粘接法主要用于热塑性塑料之间的粘接。先利用电热、热气或摩擦热将粘合面加热熔融，然后叠合，加上足够压力，直到冷却凝固为止。大多数热塑性塑料加热到 230～280℃ 就可进行粘接。

（2）溶剂粘接法　非结晶性、无定形的热塑性塑料，要加单纯的溶剂（含有该塑料的溶液或含该塑料单体的溶液）才能粘接。含塑料的溶液有利于填充缝隙及凹坑，降低固化速度，使溶剂很好地渗入粘合面，以减少粘接点的收缩，避免因收缩而产生的应力。

溶剂的挥发性不宜太快和过慢。快干溶剂有甲酮、乙酮、丙酮、醋酸乙酯和二氯乙烷；中等干燥速度的有三氯乙烯、过氯乙烯等。溶剂配方可参考有关资料。

（3）胶粘剂粘接 将两个物件用胶粘剂胶合在一起，并在接头部分具有足够粘接力，这些胶粘剂可以粘接各种材料，如金属与金属、金属与非金属、非金属与非金属。近年来，这种方法的工艺发展很快，品种和质量都在不断发展和提高。

1）胶粘剂的分类。

① 按来源分类。胶粘剂的种类很多，根据来源可分为天然胶粘剂和合成胶粘剂两类，合成胶粘剂是近代工业中主要应用的一种。合成胶粘剂以可分为热塑性（如丙烯酸酯）、热固性（如酚醛、环氧树脂）、橡胶（如氯丁）以及相互组合而成的多种成分的合成胶粘剂（如酚醛－丁腈）。

② 按用途分类。按用途可分为结构型胶粘剂与非结构型胶粘剂，前者用于承受大载荷的结构件的粘接，后者用于不受载荷或受较小载荷的结构件的粘接。

2）胶粘剂的形态与组成。胶粘剂有粉状、棒状、薄膜、糊状及液体等几种状态，而以液体最为常用。

胶粘剂一般是由几种材料组成。常以富有粘接性的合成树脂或弹性体为基体，添加增塑剂、硬化剂、填料和溶剂等组成。

用作胶粘剂基体的一般是合成树脂及橡胶。

增塑剂是一种高沸点液态或低熔点固体的有机化合物，与基体有良好的相溶性，但不参与化学反应。它的主要作用是提高树脂的柔软性、抗冲击性，耐寒性等，但同时使树脂的拉伸强度、刚性以及软化点有所下降，故用量应适当。

填料是有机物或无机物，加入后通常可使接头处的弹性模量、强度、热膨胀性、收缩率及耐热性有所改善，并能降低成本。

3）粘接工艺。

① 胶合件的表面处理。胶合件粘接表面应光滑平整，配合良好，以保证获得厚薄均匀的胶层。另外，表面必须清洁干燥，不可有油污，灰质。通常可用丙酮、甲醇、三氯乙烯等溶剂清除油脂，有时还要用砂布或喷砂清除表面脏污或使表面粗糙，有时还须化学处理使表面活化，以提高粘接强度。对于各种塑料、金属和橡胶要用不同的化学处理剂。

② 胶粘剂配制。对于多组分的胶粘剂来说，按照正确配比与配制程序来调配胶液是很重要的，否则将影响粘接质量。

③ 胶的涂布。涂布方法有喷涂、刷涂、浸渍、粘贴薄膜、滚筒法等几种。涂布的关键是必须保证胶层无气泡，均匀不缺胶。涂布量和涂布层数随不同胶剂粘而异，通常在保证不缺胶的情况下胶层以较薄为宜。此外，遵守一定的停放干燥规程（时间，温度）也是很必要的。

④ 固化。每一种胶粘剂都有其合适的固化条件（温度、压力和时间），否则会影响粘接质量。

⑤ 接头设计。接头的形状对胶合强度影响很大。应根据胶的物理力学性能及使用要求加以具体考虑。设计的一般原则是增加胶合面积，减少接头所受剥离力、冲击力，使之尽量承受纯切力和拉力。几种主要的接头形式如图5-24所示。

胶粘剂种类繁多，而且发展很快。目前常见的有环氧树脂胶粘剂，酚醛－缩醛类粘合剂、酚醛－橡胶粘接剂、烯酸酯类粘合剂、厌氧性密封粘合剂、聚氯粘合剂、GPS－1 有机硅胶粘剂、F－2 含氟材料用胶、高分子液态密封胶、无机粘结剂等多种，它们的牌号、组成配方、适用粘接材料、粘接及固化条件等各不相同，每类中又分很多种，这里不作介绍。

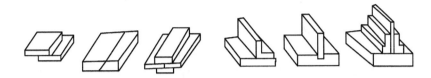

图 5-24　胶接接头的形式

三、焊接修复

一般的低碳钢、中碳钢与合金钢均具有良好的焊接性，用这些材料制成的零件采用焊接修复时，主要是考虑受热变形的问题。铸铁件和淬火件在采用焊接修复时，工艺上必须采取相应的措施才能保证焊接质量。

1. 铸铁件的焊接修复

（1）铸铁件在焊接修复时的主要困难　由于铸铁是焊接性不良的材料，采用焊接修复时会遇到如下困难：

1）焊接接头易产生白口组织。焊接时熔化区小，冷却快，在焊缝金属与基体分界线上易产生白口薄层，既硬又脆，不但加工困难，而且使用中易产生裂纹，甚至脆断。

2）焊接接头易产生裂纹。焊接中半熔化区白口铁收缩量比灰铸铁收缩量大得多，二区之间产生的热应力很容易超过强度极限而形成纵向裂纹。局部过热也会使母材性能变坏（晶粒长大、组织疏松、变脆），加剧应力的不均衡状态促使裂纹生成。

3）焊缝易产生气孔。由于铸铁含碳量高，特别是铸铁件内易吸收油脂和污物，所以焊接时易生成 CO_2 及其他气体，而铸铁从液态到固态变化过程快，气体不易逸出而产生气孔，使焊缝强度受到很大的影响。

此外，铸铁组织、零件结构形状与对焊接修复要求的多样性，也使铸铁焊接复杂化。

（2）焊接工艺的种类

1）热焊和半热焊修复。在零件焊接前要进行高温预热，预热可用大的煤气火焰喷嘴或加热炉进行。用气焊或电焊的方法可以达到满意的焊接效果（焊后缓冷，并时效处理），这适合于铸造车间修复铸件毛坯的缺陷，用与基体相同材质的焊条可达到加工后看不出焊接修复痕迹的效果。

但是，这种热焊由于劳动条件差，生产效率不高，周期长，需要加热和保温炉，而加热又将使零件变形，失去原有精度，因此应用受到限制。

2）冷焊修复。冷焊就是在常温下或只对工件进行低温预热然后施焊。冷焊虽也有困难，但比较简便、经济，劳动条件也好，是一种很有前途的方法，近年来发展较快。

铸件冷焊要求焊后有较高的强度、严密性，并可进行切削加工。这就需要用特殊的焊条，如铜铁系焊条、镍铜系焊条和镍铁系焊条等。

使用铜铁系焊条冷焊，焊缝的抗裂纹能力强，具有相当高的强度，但存在白口层和淬硬组织不利于切削加工。

使用镍铜系焊条冷焊，则焊接接头的可加工性较好，熔合区的白口层、淬硬层很薄，接头强度和抗裂纹能力不如铜铁系焊条，更不宜用来补焊面积较大的缺陷或刚度很大的工件。

常用的镍铜合金是蒙乃尔合金，它的成分（质量分数）是：镍 65% ~ 70%，铁 2% ~ 3%，锰 1.2% ~ 1.3%，其余为铜。

2. 钢制精密淬火零件的焊接修复

（1）焊接修复淬火零件的困难　在机修中，经常遇到损坏的零件或工具，它们是由合金结构钢、合金工具钢或中碳钢制成，且经过热处理，具有高的硬度和较高的几何精度，焊接修复时有如下困难：

1）由于含碳量较高及含有其他合金元素，零件在焊接过程中有较大淬火倾向，膨胀系数大，热导率低，焊接时易产生很大的残留应力而形成冷裂纹；塑性差的焊缝易产生热裂缝。

2）由于含碳量高，熔池脱氧不足，产生的 CO_2 来不及逸出而造成气孔。

3）焊缝强度低。

4）在零件的热影响区极易产生退火和变形，使零件失去原来的硬度和几何精度。

5）焊前、焊后不经热处理。往往不能恢复原有的力学性能，多次进行热处理则会因热变形和高温氧化而失去原有的尺寸精度和表面粗糙度。

因此，必须采用特殊的焊条和相应的焊接方法。

（2）特殊焊条的应用

1）两种特殊焊条的性能。高合金耐磨 1 号焊条和低合金耐磨 2 号焊条就属于这种焊条，焊后工件不需经过整体的热处理．硬度即可达到 35 ~ 62HRC。只要采取适当的焊接方法，硬度就能控制在这个范围内，这种焊条还具有优良的抗裂性，焊缝强度高，且保持原有精度。

2）焊条的制作及选用。高合金耐磨 1 号焊条的焊芯材料为 30CrVA，用于硬度为 35 ~ 62HRC 的钢制精密淬火零件的堆焊修复。低合金耐磨 2 号焊条的焊芯材料为 20CrMo，用于硬度为 30 ~ 45HRC 钢制精密淬火零件的堆焊修复。选氧化钙低氢型焊条皮（配方可参考有关资料），焊芯尺寸为 $\phi1.5mm$ 及 $\phi2mm$ 两种，长度为（200 ± 5）mm。

3）焊接工艺。用小电流快速焊，均匀地低温预热（50 ~ 100℃）。焊前彻底清除油污，焊条充分干燥，采用直流电源，短弧焊接并背风施焊，适当的焊接顺序，熄弧后马上锤击焊缝，焊后缓慢冷却或立即低温回火处理，焊后不进行整体淬火和其他高温处理。为控制不同硬度，采用分层焊法。最后磨削加工，若有缺陷及时补焊。

在应用时，焊条皮配方和制造、施焊的具体要求可参考有关资料（如机修手册）。

【任务实施】

一、主轴锥孔的胶粘

修理车床、铣床主轴时，若主轴锥孔被拉出的沟痕深度达 0.3 ~ 0.5mm，而且拉沟的面积大时，可采用将内锥孔扩大，再用环氧树脂粘接锥度套的方法修复。

以车床主轴为例，锥度套可用 20Cr 钢并经渗碳淬火，达到表面很硬、内部强韧的要求。

锥度套壁厚 3 ~ 5mm，套外径比主轴孔小 0.15 ~ 0.20mm，以便容纳必要的胶层。

用这种方法修理主轴，操作简便，并增加了锥孔硬度，延长了主轴的寿命。

二、轴颈磨损后的修复

用胶粘法修复轴上有固定配合的轴颈部分，比镀铬、金属喷涂、堆焊等方法简便得多。有企业用这种方法修复了大型电动机转子轴及 10MN 压力机、12.5MN 双动压力机传动轴装滚动轴承的轴颈部分。

修复方法是先对磨损的部分进行车削，使之比原来的公称尺寸小 0.5 ~ 1.0mm。然后用丙酮清洗轴颈部分的油污，随后将烘干去脂的玻璃纤维布（或带）浸润环氧树脂胶，一道道地缠绕在轴颈上，缠绕厚度应根据玻璃纤维布的厚薄使修复轴尺寸大于理论尺寸，以便固化后进行加工。

为便于干燥，缠绕宜在车床上进行，待其自然硬化，可采用车削、磨削将其加工至要求尺寸。

三、机床铸件孔洞的修补

机床的裂纹、铸件的孔洞及缺陷均能用胶粘法修复。

先将玻璃纤维布在环氧树脂胶中浸透，在机件上贴四五层，待其硬化后就有防渗漏的效果，胶粘前，修复表面要净化处理。在填补较大孔洞时，可先在孔上衬一层金属垫片，再覆盖浸润了胶粘剂的玻璃纤维布（见图 5-25）。也可沿裂纹凿出燕尾槽，在槽内注入环氧树脂（内有 30% ~ 50% 石英粉为填料），此方法虽稍复杂，但其承受压力较大，外表也美观。

图 5-25　孔洞的修理
1—网状纤维　2—金属垫片

如水泵外壳，由于长期与带有漂白粉的水接触，出水管上已腐蚀穿透，后来用加有石英粉的环氧树脂在该处修补，不但解决了漏水问题，而且解决了耐腐蚀问题。

四、电器元件的修复

由于环氧树脂具有良好的电气性能，对玻璃、胶木、瓷器等非金属也具有极好的粘接力，因此可用来粘接高压瓷绝缘子、高频炉中的玻璃支架、各种电器元件和仪表的胶木外壳等。

五、平带的粘接

平带的粘接可用聚氨酯粘合剂，其配方为：聚氨酯甲组 100g，乙组 200g，502 粘结剂 1% ~ 3%。接头可采用斜接，接头长度 50mm 以上，粘合后用台虎钳或夹具夹紧，让其自然固化，24h 后即可使用。

六、焊接修复的实施

1. 使用奥氏体铁铜焊条的焊接工艺

（1）准备工作

1）仔细了解被焊件的情况。如损坏情况和原因、结构及尺寸、铸铁组织、刚性、焊接操作条件、使用要求等，以便确定修复方案。

2）清洗焊接部位。对未完全裂开的工件要找出裂纹端点。寻找方法是将煤油渗入裂纹，用乙炔火焰迅速烤掉表面上的油，涂白粉笔粉，查看缝中油渗出的印迹。对铸件大、壁厚、关键部位有裂纹迹象的零件，不可使用上述方法，可用王水腐蚀法，手砂轮打磨光可呈现一条可见黑线。

3）端点上钻孔。为防止裂纹延伸，要在裂纹端点上钻孔，孔径为 $\phi 3 \sim \phi 10mm$（随壁厚增大而增大）。

4）焊处开坡口。对已经断开的零件，要合拢、复原、夹固并点焊后再开坡口。对受冲击负荷的大型厚壁铸件，应先热压扣合键再开坡口。尽量开两面坡口，先开一面焊好，再开另一面并施焊（可用电弧开坡口，这样简单易行且效率高）。

5）预热工件。在焊前要火烤除油，并低温预热，这可在电炉中或用氧乙炔焰（大面积烘烤）来进行，速度要缓慢，均匀而深透预热至 $50 \sim 60℃$，焊接部位要放平，夹固。焊条应放在 $200 \sim 250℃$ 电炉中烘烤 $30 \sim 50min$。

（2）焊接操作 焊接场所应无风、暖和。

1）焊接顺序。焊接时先点焊定位，按从中间向外、对称、分散的顺序焊。也可采取分段、短段、分层、交叉、分散、断续、逆向操作等方法。

对多裂纹者，先焊支裂纹，后焊主裂纹，防止裂纹从止裂孔扩散至中心部位。

2）电流控制。开始焊接电流较大，焊接坡口中间时调小，坡口快焊平时电流调至最小（可减少基材熔化量），并以回火焊道来焊接。堵止裂孔时先较大，快补平时调小，也可用回火焊道来补焊。

3）运条方法。焊第一层宜用线状焊，第二层后可采用划圈或适当摆动焊条，从而对上一层焊道有较好的整理和回火作用。

4）锤击和铲修。熄灭焊弧后，熔池由液态刚凝固，即红色消失瞬间的四五秒钟，用圆头小锤锤击焊缝，有效地消除收缩应力，防止裂纹。锤击后用錾子修整焊缝。焊缝降温后再次引弧焊接。有气孔时要铲掉重焊。

5）补焊。所有坡口、止裂孔焊完后，再用小电流将不平处补焊平滑、打磨铲修，用圆锥头样冲再锤一遍，使组织致密。

2. 修复铸铁齿轮的断齿

如图5-26所示，可在齿形中心线上装上一个或几个螺钉，将齿形堆焊出来（留待加工余量），每次熄弧后都要锤击焊缝，最后按齿形样板加工齿形。

3. 修复损坏的地脚螺纹孔或螺纹孔

能够恢复螺纹孔原有的尺寸和形状，且焊后不必加工螺纹的方法是：用纯铜加工同样尺寸的螺纹，将它拧在损坏的螺纹孔中，然后沿裂纹开坡口堆焊，焊后空冷，拧下铜螺钉，用丝锥稍加整修即可。

当螺纹孔被打掉一块时，修复工艺如图5-27和图5-28所示。先在螺孔内插入一根直径相同的纯铜棒或石墨棒，堆焊后取出石墨棒，再修理螺纹即可。

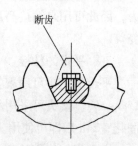

图5-26 堆焊齿形

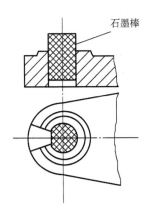

图 5-27　螺纹孔缺口的焊接修复

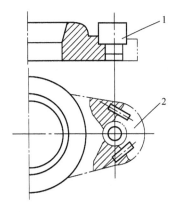

图 5-28　螺纹孔缺口的焊补
1—纯铜或石墨模芯　2—缺口

【知识拓展】

1. 金属喷涂的应用

（1）铝喷涂层　铝喷涂层或锌喷涂层在大气中对钢铁件具有良好的保护性能，它们是钢铁的阳极保护层。铝不但在大气中而且在海洋气候、酸性环境以及含硫的工业大气中与锌相比具有更优良的耐蚀性。铝喷涂还用来保护高强度铝以提高其表面的耐蚀性。此外喷铝层还可用来防止硫酸的腐蚀。

（2）锡喷涂层　锡喷涂层经过抛光可用于食品工业。

（3）铜喷涂层　铜或其合金喷涂层可用于功能性修复等。

（4）镍铬喷涂层　为提高钢铁的耐高温性能，可以喷镍铬合金后经 1100℃ 热处理获得扩散层，能抗 900℃ 的高温氧化。如需防止高温含硫气体的侵蚀，还可以再喷上一层铝。

2. 特制镍铜合金焊条的应用

这种焊条是采用 $\phi15mm$ 的镍铜合金（蒙乃尔合金）丝为焊芯，用低氢型碱性涂料制成的一种专用焊条，可用它来修复机床导轨的严重划伤。其优点是：焊缝强度可靠，硬度与导轨一致，可刮削加工，颜色一致，看不出焊疤，加工方法简单，导轨不会变形，使用时焊缝与导轨表面磨损一致而均匀。

（1）导轨划伤较轻伤痕的修复

1）准备工作。清洗整个导轨，划伤处用丙酮仔细清洗干净。划伤的沟槽用三角锉、刮刀或錾子修成如图 5-29 所示的形状。烘干焊条。

2）预热及保温。用氧乙炔焰加热划伤部分，最好用两把焊炬，加热面积大些，加热至 $60 \sim 70℃$（一般局部加热的温度控制在 100℃ 以下，以免引起导轨变形）。为了保温，可安置小电炉或带保温罩的红外线灯照在补焊处。

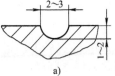

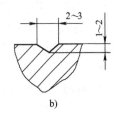

图 5-29　坡口形状
a）圆形　b）尖形

3）焊接及电流大小。用直流电正极性电源进行焊接，电流大小可在试焊中选择（最好用加热到 $60 \sim 70℃$ 的质量较好的废铸铁放在导轨上试焊，以确定电流大小）。

焊接时，电弧压低，焊条沿坡口中心线移动，只要母材熔化良好，电流应尽量小，焊速应尽量快。一根焊条可一次焊完。

4）逆向焊和正向焊。采用逆向焊法或正向焊法均可，逆向焊法如图5-30所示，逆向焊法热量分散均匀，对未焊处有预热作用。缺点是母材上起弧，打火处较硬，电弧易损伤导轨面。

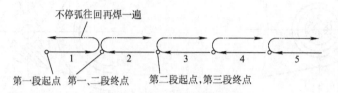

图5-30　逆向焊法

正向焊在已焊焊缝上引弧和息弧，引弧容易，不损伤导轨面，缺点是热量不均，对未焊处无预热作用，两者可根据操作方便选择。

逆向焊每次必须采用不停弧的回火焊道，即由起点焊到终点，电弧不熄，再以较快的焊速往回焊一遍，对第一遍有回火及减缓冷却速度的作用。每次熄弧后，不要马上锤击焊缝，让熔渣覆盖缓冷。2~3min后再锤击焊道，清除焊渣，并将成形不良的焊道加以适当修整后再引弧焊下一段。在焊接过程中，若温度不足60℃时应作补充加热，工作量不大者，中途不休息，连续焊完为止。

5）焊后修整。焊完后如无缺陷，锤击一遍焊缝，并用手砂轮打磨，留下0.3mm左右的余量。再用废砂轮片的平面把焊缝磨平，然后用较大的长方形磨石加上煤油或机油，把焊缝磨至与原导轨面一致平滑，接着进行刮削或导轨磨削。

（2）大面积严重划伤的修复

1）准备工作。将划伤处的成片伤痕全部铲去2~3mm，在铲过的平面上钻直径为 $\phi 3$ ~ $\phi 5$mm、深为 3~4mm 的小孔，孔距约25~30mm均匀分布，如图5-31所示。

先用 $\phi 2$mm 奥氏体铁铜焊条把每个小孔焊死（填满）并铲平，再开始正式焊接，以增加镍铜合金焊缝强度。

2）焊接。正式焊接时，为了减少焊缝的收缩应力，按图5-31所示顺序分小块逐块焊满，留2~3mm 的加工余量，最后将每个小方块连接起来。

3）磨削。用手砂轮粗磨，留下0.5~1mm 精磨余量，借机床本身的导轨和传动机构就地磨削，发现没焊到之处，再稍作局部预热，补焊并磨削，再刮削。

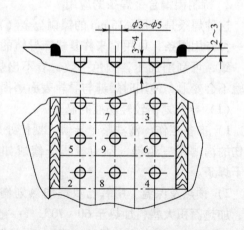

图5-31　钻孔尺寸及焊接顺序

3. 精密零件焊接修复

用焊接的方法可以修复牙嵌式离合器磨损的楔牙工作面、凸轮或鼓轮工作面、摩擦片壳的方槽、主轴局部裂纹、剪床刀片的局部缺口、磨损的齿轮硬齿面或断牙等精密淬火零件。

对于精度较高的轴类零件的局部损坏，如花键、螺纹、轴颈等的磨损或裂纹的修复，除了要考虑以上问题之外，主要的难度是零件细长，容易弯曲变形。焊条焊芯宜选用低碳钢丝（08），直径 $\phi1.6mm$ 或 $\phi2.0mm$ 较好，选低氢型焊条，如中碳堆焊焊条。

焊接时，堆焊部位用丙酮清洗后，要用布或石棉绳将堆焊部位临近的轴表面包扎好，防止熔化金属粒飞溅上去，然后浸入水中，露出堆焊部位，注意事项同前。焊接长度一次不超过 40mm，工件冷却到 30℃ 以下（水面不起气泡，不发出"嗞嗞"声）再起弧。焊后装夹在车床上用百分表检查。若有小变形，可修正顶尖孔后再加工。

任务 5　典型零件修复

【任务描述】

床身和导轨、主轴、滑动轴承、齿轮、丝杠是机床维修的典型零件，修复典型零件，可对学生起到触类旁通的作用。

【任务分析】

1）床身与导轨的修复。

2）主轴及轴类零件的修复。

3）滑动轴承修复。

4）齿轮修复。

5）丝杠修复。

【任务实施】

一、床身与导轨的修复

1. 修理要求

1）对床身和导轨进行修理的实质都在于恢复它们的平面度和直线度，使其符合几何公差要求。

2）使两组导轨之间的几何位置以及导轨与主轴回转中心线之间得到准确的位置关系。

2. 修理方法

（1）磨削法　这种方法不仅能大大减少钳工的刮削工作量，最主要的优点是磨削后的表面比刮削的耐磨。

（2）精刨　修理导轨可用精刨代替刮削。在没有磨床或龙门刨床的情况下，可采用手工刮削法进行修理。

（3）手工刮削　使用刮刀、研磨工具等。但刮削技术比较复杂，劳动强度大。因此磨损量在 0.1~0.5mm 或导轨表面拉伤痕深在 0.5mm 以上时，如果条件允许，用磨削或精刨为宜。导轨面研磨伤痕较重时，还可用机械修补法修理。

二、主轴及轴类零件的修复

1. 主轴的修理

（1）修理要求　修理机床主轴时，应保证前后主轴轴颈的同轴度以及其他轴颈、锥孔与主轴轴颈的同轴度均在公差范围之内。而且各表面不应有砸伤、刻痕，轴颈、锥孔等的几何精度、表面粗糙度也应在要求的公差范围之内。

（2）修理前的准备工作

1）检查轴颈硬度是否足够，如不够，在修理前可镀铬或进行热处理，使轴颈达到规定的硬度。

2）考虑与轴相配的轴承的情况，以选择比较合适的修理工艺。对于滚动轴承的轴颈，由于轴承的内圈是标准的，因此应将主轴轴颈恢复至规定的尺寸。如果主轴轴颈磨损轻微，亦可将滚动轴承内圈镀铬或镍，使内圈减小。

（3）滑动轴承轴颈磨损不大时的修理方法　可用磨床磨削或用可调研磨套进行研磨，长条平板研磨，双轮研磨以及磨石高精度研磨等方法修理。

1）磨床磨削。此种方法加工后的尺寸公差等级可达 IT6～IT7 级，表面粗糙度可达 $Ra1.6～Ra0.2\mu m$，而且效率高，因此应用广泛。通常可在外圆磨床上进行精磨修理。主轴轴颈修理达到要求之后，再通过调整轴瓦间隙，使主轴颈与轴瓦间得到正确配合，但须注意，磨削时磨削量要小，只要磨圆即可。

2）研磨套研磨。如图 5-32 所示，研磨套 1 具有螺旋形开口间隙，通过调节螺钉 3 调节研磨套夹具 2，使研磨套开口间隙发生变化，从而使研磨套与主轴轴颈获得合适的间隙。

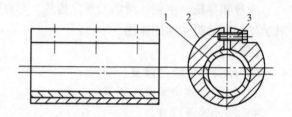

图 5-32　可调研磨套
1—研磨套　2—研磨套夹具　3—调节螺钉

研磨套用灰铸铁制成，它的硬度较主轴软（160HBW 左右），以保证研磨剂能嵌入研磨套表面，而不会嵌入主轴轴颈表面，而且它的耐磨性和润滑性较好，因此这种方法适用于精细研磨。

磨后尺寸公差等级可达 IT6 级以上，表面粗糙度可达 $Ra0.4～Ra0.2\mu m$。为了保证研磨质量，研磨前应将工件和研磨工具用煤油清洗干净，并用洁净棉纱擦干。

研磨时，将主轴装在卧式车床上，将研磨套套在轴颈上，调节研磨套使配合适当（间隙值约为 0.02～0.04mm）。随即把研磨剂均匀地涂刷在主轴轴颈和研磨套表面上。然后开动车床进行研磨。此时操作者用手握住可调研磨套，并使它沿主轴表面作轴向往复运动。

研磨速度不宜过高，一般为 20m/min 左右。研磨速度过高会产生很大的热量，使轴颈表面退火（俗称发黄），且难以控制尺寸。在研磨的过程中，除了应不断添加研磨剂外，还需随时调节研磨套与轴颈的配合间隙。在研磨结束前应停止添加研磨剂，继续使用细化了的磨料研磨，从而使表面粗糙度提高。

通常在粗磨时应选用粒度较大的磨料，如绿碳化硅（TL），配料（质量分数）是：10%～15% 的 TLW10，85%～90% 的轴承油（L-FD），加适量的煤油。精研时用 5% 的 TLW5，5% 的 GBW5（氧化铝），90% 的轴承油（L-FD），加适量的煤油。

为了提高研磨速度，研磨的开始阶段应先进行粗研，而精研时研磨余量要尽量小，如轴颈外径为 $\phi80～\phi120mm$，其精研余量控制在 0.005～0.01mm。

3）长条平板研磨。长条平板研磨操作方法与锉削大致相仿。研磨时先将洗净的主轴装于车床两顶尖之间，双手握持长条研磨平板，同时在研磨处及平板上薄薄地涂抹一层研磨剂，然后开动机床，主轴随即旋转。研磨板沿轴向往复移动时，轴颈即得到全面研磨。

研磨平板长 200、宽 100、厚 20mm，两端有把手，采用灰铸铁制成。要求研磨板的组织均匀、研磨性高、变形小、寿命长、表面光滑、无裂纹和斑点等缺陷。

研磨速度略高于可调研磨套研磨的速度。这种方法简单易行，工作可靠。精度和表面粗糙度质量高，且加工量小（$0.01 \sim 0.03$mm），因此可延长主轴的使用寿命，此法适用于磨床主轴的修理。

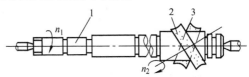

图 5-33　双轮珩磨
1—主轴　2、3—珩磨轮

4）双轮珩磨。如图 5-33 所示，将主轴 1 装于车床两顶尖间，两个珩磨轮 2 和 3 按相反方向安装，一个装夹于大溜板的磨轮架上，在可调弹簧力的作用下，均匀地与被磨轴颈接触。当主轴以转速 n_1 旋转时，由于摩擦力的作用，珩磨轮转速为 n_2。

这种方法可使表面粗糙度达到 $Ra0.2 \sim 0.05\mu$m。它的主要作用是降低零件表面粗糙度值，并不保证几何精度，工件几何精度由前道工序来保证。

珩磨时珩磨轮轴线与工件轴线的夹角 $\alpha = 28° \pm 1°$，工件速度 $v_{主} > 60$m/min，轴向进给量 $S = 0.08 \sim 0.3$mm/r，珩磨压力为 $100 \sim 150$N，珩磨余量小于 0.05mm，不仅效率高，而且表面粗糙度质量高。

在粗磨阶段，为提高效率，可加少量研磨剂（W12、W14 氧化铝），同时加入少量油酸起润滑作用。精磨时，将研磨剂擦净，加注煤油冷却润滑。

珩磨轮的材料，磨淬火钢时宜用碳化硅或碳化硼，其粒度在粗磨时先用 W20，粗磨后换用 W10 磨料，能够获得较好的表面粗糙度。图 5-34 所示为珩磨轮结构图，由磨轮 1、轮轴 2、弹簧 3 及主体 4 等组成，其结构简单，使用调节方便，一般工厂都能制造和使用。

如果工件表面粗糙度要求低，可采用单轮珩磨。单轮珩磨工具比双轮珩磨简单，但在珩磨过程中，工件表面易形成螺旋形研磨纹，表面粗糙度可达 $Ra3.2 \sim 0.4\mu$m。研磨细长轴时在单轮径向压力作用下，工件会产生弯曲，而且生产率也低。

5）磨石高精度珩磨。磨石高精度珩磨如图 5-35 所示，将磨石 2 装夹在珩头体 4 内，珩头体 4 则固定在卧式车床刀架上，借助弹簧 3 的压力与工件 1 接触，随溜板做往复运动，在工件高转速及充足的冷却润滑条件下进行光整加工，此种方法较为简便。

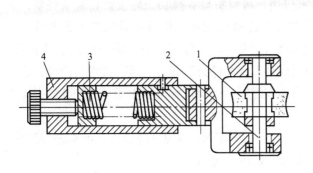

图 5-34　珩磨轮结构图
1—磨轮　2—轮轴　3—弹簧　4—主体

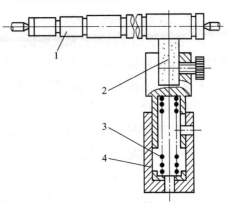

图 5-35　磨石高精度珩磨
1—工件　2—磨石　3—弹簧　4—珩头体

磨石在加工过程中既起切削作用，又具有光整作用。由于机床主轴大多由碳钢或合金钢制成，因此选用白刚玉（GB）或绿色碳化硅（TL）作为磨料的磨石比较适宜，在一定范围内，磨料粒度越细，珩磨的表面粗糙度值越低，但生产率低，如采用 W10 的磨石，表面粗糙度可达到 $Ra0.8 \sim Ra0.4\mu m$，采用 W7 的磨石，表面粗糙度可达到 $Ra0.4 \sim Ra0.16\mu m$。这种珩磨工艺能够满足一般机床主轴表面粗糙度的要求。

珩磨时，磨石仅作缓慢的往复运动，工件转速越高（工件转速大于 600r/min），珩磨效果越好。磨石与工件表面接触的形状如图 5-36 所示，磨石的圆弧半径 R_1 应略大于工件的半径 R_2。这对提高珩磨效率，避免工件表面烧伤和保证表面粗糙度是十分必要的。一般 $R_1 = (1.1 \sim 1.3)R_2$。

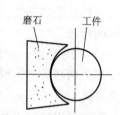

图 5-36　磨石与工件的
接触形状

冷却润滑对珩磨精度影响较大。要求使用的切削液具有良好的润滑冷却性能且供给充分。可由 15% 的轴承油加 85% 的煤油配制。

（4）滑动轴承轴颈磨损很大时的修复　如果主轴轴颈的磨损量很大，已超过轴瓦的调节范围时，与轴颈相配合的轴瓦也因磨损严重而需要更换，则主轴轴颈的修理应根据新配制的轴瓦而定。通常新轴瓦为标准尺寸，因此主轴颈也应按标准尺寸修理。当上述各种修理方法已不适用于此种情况时，应采用金属喷镀法或振动堆焊法进行修理。喷镀、堆焊后的轴颈均须进行机械加工，磨削至规定尺寸，并达到所要求的表面粗糙度。

恢复主轴标准尺寸的工艺选择，应根据轴颈磨损的情况而定。如果主轴磨损不十分严重，需要恢复的尺寸在 0.6mm 以下，可采用镀铬法。镀铬前须经磨圆（磨削量要小），镀铬后按轴瓦磨削至要求尺寸。如果主轴磨损严重，需要恢复的尺寸在 0.6mm 以上，应采用金属喷镀、振动堆焊等方法进行修理。

若受条件限制，也可采用镶轴颈套的方法修理。轴颈套的厚度应大于 1.5mm，镶轴颈套前应将主轴车细，并加工轴颈套（应具有一定的过盈量），再将套加热（或冷却轴）镶在轴上，然后车削、热处理、磨削至要求尺寸。由于镶嵌轴颈套后主轴的强度降低，因此不能满负荷工作。

（5）主轴其他部位的修理

1）锥孔受伤。如锥孔精度降低、严重拉伤、沟痕明显等损伤，即使锥孔磨损轻微，无划痕，也应检验其形状是否正确。先擦净锥孔并涂薄层涂料，然后把塞规放入孔内转动几次，根据塞规表面着色情况判断：若着色面积占 70%，且分布均匀，说明锥孔形状正确，否则应进行修理。锥孔磨损不大，可用磨削或刮刀刮削的方法修理。若有拉伤、沟痕，应先粗车孔，然后精车或精磨，但去掉的金属层不宜过厚，以保证标准顶尖能正确安装。去掉金属层较厚时，可配制顶尖衬套。

2）支承面。主轴的支承端面如果磨损轻微（轴向圆跳动未超过公差），可不进行修理，否则应精车。此项工作最好在试车时根据安装以后的情况修正。

3）键槽磨损。可先补焊，然后铣出键槽。修补时注意选择合适的工艺，以免产生热应力。磨损轻微时也可改大键槽，再重新配键。

4）螺纹损坏。可修整螺纹，然后再配螺母。注意螺纹在轴中部时，修配的螺母小径不得小于螺纹一端所有轴颈的大径，这样才能使螺母进入轴中部。

2. 轴类零件的修理

在修理前应考虑轴的可修性和修复的经济效果。有时购置新件既便利又经济，就不必修理旧件。轴类零件的修理也要考虑与它相配零件的尺寸关系。磨损小于 0.6mm 的轴颈可用镀铬法修复。磨损严重时宜用金属喷涂和振动堆焊等方法修理，但焊后须进行机械加工。

若轴断裂后，一端完好且形状复杂，则应进行修复。修复的方法如图 5-37 所示，1 为轴被保留的一端，2 为新配的一端，其外径应留加工余量，接口处应加工成图示的轴与孔的配合，其中图 5-37a、b、c 沿坡口焊接后，焊缝加工或如图 5-37d 所示加工成螺纹配合。

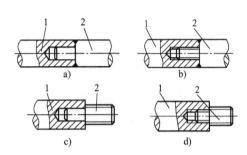

图 5-37　断轴的修复

三、滑动轴承的修复

滑动轴承由于磨损严重、工作面被拉伤、轴瓦断裂以及轴颈咬住等原因而不能继续使用时，需要修理。修理前也应考虑可修复性和经济性。修理方法由损坏情况而定。

1. 轴向可调式滑动轴承的修理

如果轴承内表面磨损均匀或轴承本身仍有足够的调节余量，则可先修由于磨损而不圆的轴颈，然后调整间隙。若轴承已无调节余量，可按图 5-38 所示的方法进行修理。

图 5-38a 为轴向可调节的滑动轴承，当调节余量完全没有时，可将轴衬 2 在大端的螺纹车长，在小端的螺纹车小，并将调节螺母 3 改成图 5-38b 中螺母 3 的形状。

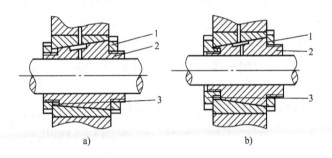

图 5-38　轴向可调滑动轴承的修理
1—螺母　2—轴衬　3—调节螺母

2. 径向可调滑动轴承的修理

若内径磨损轻微，可通过调整垫片和加工轴瓦接触面的方法来调整间隙。如果轴瓦内径磨损严重，可用金属喷镀法修补。它的特点是利用改变轴承的几何尺寸，使其内径变小，而在外径表面上喷镀一层金属层。再经机械加工而将其修复。修复过程如下：

（1）轴瓦整形　如图 5-39 所示，将轴瓦 3 置于可换胎模 2 上（1 为模具底座），扳动摇臂。使带有球形凸头的丝杠 5 向下移动，同时压紧轴瓦，并使轴瓦产生塑性变形，遂将其内径缩小。如图5-40所示，变形量x_1反映轴瓦内径缩小的量，x_2为轴瓦因内径缩小，轴瓦近向外延伸的量，称为铣削量，它们的大小均由轴瓦的直径D与轴瓦磨损情况来定。

（2）铣削轴瓦接合面　根据表5-12中查出的数值，将轴瓦两边铣削去x_2。

（3）喷涂金属　将上、下两片瓦用胎具扣紧，沿轴瓦的外径表面喷镀金属层。为了保证喷涂质量，喷镀前应在轴瓦的外表面上车削圆沟。

（4）车削　将轴瓦外表面车至要求尺寸。然后车削轴瓦内径，并留刮削余量0.05 ~ 0.08mm。上述修理方法适用于尺寸较大的轴瓦，如尺寸较小，则修复价值不大。

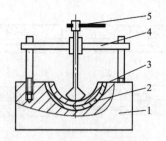

图 5-39　轴瓦整形
1—模具底座　2—胎模　3—轴瓦　4—支架　5—丝杠

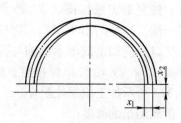

图 5-40　铣削量

表 5-12　轴瓦整形量与轴瓦直径的关系

D	50 ~ 100	100 ~ 200
x_1	1 ~ 2	2 ~ 3
x_2	1 ~ 1.8	1.8 ~ 2.5

3. 轴套的修理

对于用铜、铜合金以及低碳钢制成的轴套，如果间隙在0.15 ~ 0.5mm之间，可利用这些材料所具有的较好的塑性来修复。其操作过程如图5-41所示，将铜套5放入冷压模具中，模具由下模1、模套2和3、上模4组成，模套3为可换套，其外径与模套2内径一致。内径随铜套5的外径变化。所加压力使铜套5不能自行滑出，而用锤子轻敲打出即可。

冷压后的轴套再用铰刀铰削或压入机座后精镗至要求尺寸。

四、齿轮的修复

1. 齿轮常见的损坏形式

1）由于过载或齿部受反复弯曲应力的作用，齿根部产生裂纹而断裂。

2）齿轮工作面由于承受反复变化的接触应力而产生疲劳层，慢慢剥落，出现小坑。

3）两啮合齿轮的表面，由于维护保养差，润滑不足而发热，两齿面胶合。

4）轮齿磨损。

2. 利用变位齿轮原理修复齿轮

通常小齿轮比大齿轮磨损严重，因此往往只修理大齿轮，小齿轮需另外配制。大齿轮经

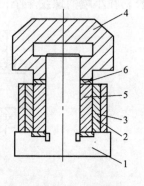

图 5-41　轴套修理
1—下模　2、3—模套
4—上模　5—铜套　6—垫片

过修理后，齿高减小。为了保持中心距不变，小齿轮的齿高将相应增高，因此要用变位齿轮的原理对齿轮的尺寸重新进行计算。此外，在机械设备的修理中经常出现的问题有：用模数齿轮更换径节齿轮（进口设备），以及为使车床导轨刮削后（溜板箱的高度下降），小齿轮仍能与齿条正常啮合，此时也要采用变位齿轮的原理计算齿轮的修配尺寸。

（1）变位齿轮修复　某车床的一对齿轮，它们的齿数和模数分别为 $z_1 = 20$，$z_2 = 80$，$m = 3$。由于小齿轮磨损严重，修理时想利用高度变位齿轮的中心距和传动比不变的特点，对大齿轮采取负变位修理，小齿轮按正变位配制。

1）计算。

① 确定变位系数（根据大小齿轮的齿数从有关资料中查取）：

$$\chi_1 = 0.356 \qquad \chi_2 = -0.356$$

② 检查小齿轮齿顶厚度。高度变位修正后，小齿轮齿顶可能变尖，因此应检查小齿轮的齿顶厚度是否满足下式：

$$S_{顶1} > 0.2m$$

若齿顶没有变尖，此方案可行。

③ 计算各部分尺寸。中心距 A，分度圆直径 d_1、d_2，齿顶高 h_1、h_2，齿顶圆直径 D_1、D_2 等尺寸计算出来后，即可修理大齿轮及加工小齿轮。

2）修理大齿轮。先修整外径并使齿高减小 χm，然后用齿轮刀具修整齿形，但进给时，也以齿轮齿顶为基准，而较标准齿轮减少 χm，这样即可使齿高减小。

3）加工小齿轮。小齿轮加工的方法与标准齿轮基本一样，只是在开齿时，以齿轮齿顶为基准，齿轮刀具向齿轮中心移动。进给时，应较标准齿轮少移动 χm，以使小齿轮的齿高增大。

（2）寸制齿轮修理　进口机床的寸制齿轮已磨损，现决定用米制的修正齿轮更换，计算该齿轮的几何尺寸。已知原寸制齿轮的参数为：$z_1 = 37$，$z_2 = 46$，径节 $P = 8$。

1）确定模数 m。

$m = 25.4/P = 3.17\text{mm}$，由于标准模数 $m = 3\text{mm}$，故模数选为 3mm。

2）确定变位系数 $\chi_总$。先求中心距 $a_实$：

$$a_实 = (z_1 + z_2)/2P = 5.15\text{in} = 131\text{mm}$$

而

$$a = m(z_1 + z_2)/2 = 124.5\text{mm}$$

由于 $a_实$ 与 a 相差较大，为减少齿顶变尖，而增大 a，应将齿数增多。暂选 $z_1 = 38$，$z_2 = 48$（传动比由 0.804 变为 0.792，对传动影响不大）；则

$$A = 3 \times (38 + 48)\text{mm}/2 = 129\text{mm}$$

$a_实$ 大于 a，因此作角度变位修正，并采用正变位修正，确定分离系数 λ：

$$\lambda = (a_实 - a)/m = 0.66$$

确定啮合角 $\alpha_啮$：

$$\cos\alpha_啮 = a\cos\alpha_0/a_实 = 0.9246$$

所以

$$\alpha_啮 = 22°24'$$

计算总变位系数 $\chi_总$：

$$\begin{aligned}\chi_总 &= \chi_1 + \chi_2 \\ &= (z_1 + z_2)(\text{inv}\alpha_啮 - \text{inv}\alpha_0)/2\tan\alpha_0 = 0.75\end{aligned}$$

式中 $\alpha = 20°$ 是分度圆的压力角，渐开线函数可由公式 $\mathrm{inv}\alpha = \tan\alpha_0 - \alpha$ 计算，也可以直接查表。

确定 χ_1 与 χ_2 时应考虑使齿轮不发生根切、不使齿顶变尖。通常，由于小齿轮的轮齿强度比大齿轮低，因此应使小齿轮的 χ_1 偏大。取 $\chi_1 = 0.5$，$\chi_2 = 0.25$。

3）检验小齿轮齿顶是否变尖。$S_{顶1}$ 应大于 $0.2m$。$0.2m = 0.2 \times 3\mathrm{mm} = 0.6\mathrm{mm}$。

$$S_{顶1} = (S_{分1} \times r_{顶1}/r_{分1}) - 2r_{顶1}(\mathrm{inv}\alpha_1 - \mathrm{inv}\alpha_0)$$

计算（过程略）得：$S_{顶1} = 2.17\mathrm{mm} > 0.6\mathrm{mm}$。

4）计算其余各部分尺寸（略）。分度圆直径 $d_{分1}$、$d_{分2}$，齿顶高 $h_{顶1}$、$h_{顶2}$，齿顶圆直径 $D_{顶1}$、$D_{顶2}$。

3. 镶焊齿环修理法

如果轮齿磨损严重，特别是轮齿被打光，但内花键及其他部位仍然完好，有修复的价值，此时可采用镶焊齿环的方法修复。其工艺如下：

1）将损坏的齿形部分车去，所留齿轮心部如图 5-42 所示的剖面线部分。

2）制备齿环。

① 先锻造齿环毛坯，毛坯材料尽量选用与原齿轮相同的或性质相近的材料。

② 将锻件退火。

③ 车削，齿环内圆与齿轮心部外径为过渡配合并开出焊接坡口。

3）压合并焊接齿环，精车余量。

4）加工齿形，并对齿形部分进行热处理（表面处理达到要求的硬度）。

5）磨合及检验。将修复的齿轮放在齿轮工作台上进行磨合和精度检验，如图 5-43 所示。心轴 3 的数量视被磨合齿轮 6 的数量而定。如果心轴的直径一定，应根据齿轮内孔直径配备轴套，以磨合孔径不同的齿轮。齿轮架 2 的槽做成光滑曲线形，用以调整齿轮中心距。

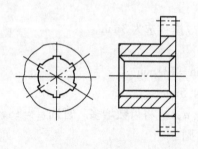

图 5-42 车去齿形

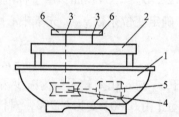

图 5-43 齿轮工作台
1—底座 2—齿轮架 3—心轴
4—蜗杆副 5—电动机 6—被磨合齿轮

对于齿形误差大、接触精度不良的齿轮，应在齿面上加少许研磨膏，进行研磨。研磨相当于一对齿轮在工作中相啮合，因此研磨后的齿轮就能够减小齿形误差，齿面的表面粗糙度可达 $Ra1.6\mu\mathrm{m}$，并使齿面接触良好，减小噪声，从而提高齿轮啮合质量。

注意被磨合齿轮的齿形误差不能太大，并要求有一定的表面粗糙度。工作转速一般取 $60 \sim 100\mathrm{r/min}$，不宜太高或过低。磨合时间为 $20 \sim 40\mathrm{min}$，根据被磨合齿轮硬度随时检查而定，但齿厚减薄不能太多。研磨后的齿轮必须清洗干净，不得残留研磨膏。最后将齿轮打号存放。

4. 补焊修理法

如果个别轮齿被打坏，一时又无备件予以更换，可采用此法修理（适于手动或低速齿轮）。修理过程如下：

（1）焊前除污　清除齿轮污垢，用锉刀或刮刀将损坏层去掉，使轮齿露出金属光泽，以提高焊接质量和便于检查齿形损坏情况。

（2）补焊齿形　为防止齿轮变形，采用对角分层堆焊。先从轮齿开始堆焊，逐层堆焊至齿顶。堆焊层数由模数大小而定，模数大，层数就多。如模数 $m = 5$，可按 $3 \sim 4$ 层焊。

（3）机械加工　首先按原件外径进行车削，然后铣削轮齿。

5. 镶补轮齿修理法

对于仅一个轮齿或相连数齿磨损严重或折断的齿轮可用此法修复。此法适用于低速、手动齿轮，修理过程如下：

1）将损坏的轮齿切去，并在轮缘上开一个燕尾形的槽，如图 5-44 所示。

2）加工一个镶补轮齿毛坯 1，使它与原齿轮 2 紧密配合，并用焊接（图 5-44a）或螺钉紧固（图 5-44b）。

3）按被修齿轮内孔加工锥度为 1/1000 的心轴，将齿轮套在心轴上，在车床上找正，车削镶补轮齿毛坯外径，使之与被修齿轮外径一致。

4）按原齿校正后铣齿。所镶齿块也可预先制成满足齿形要求的毛坯，然后按上述步骤 1）、2）镶补。但在焊接或用螺钉紧固的过程中，被镶轮齿可能有微量移动，因此这种齿轮不适用于速度较高的传动。

6. 镶嵌套修理法

内孔损坏较严重的齿轮，如果其齿形、公法线都正确，有修理价值，则可修理。修理过程如下：

1）齿轮的内孔扩大到 D_1。

① 装夹。如图 5-45 所示，为了保证修理质量，只有在齿轮 1 装入夹具 2 找正后，扩内孔。为此，以齿轮的 A 面为基准，将其装夹在车床夹具内。

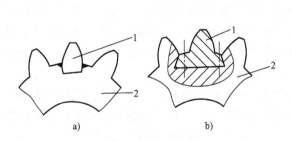

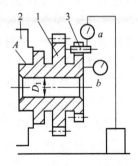

图 5-44　镶补轮齿
1—轮齿毛坯　2—原齿轮

图 5-45　装夹与找正
1—齿轮　2—夹具　3—检验棒

② 找正。找正的方法是将检验棒 3 放入齿轮 1 的两个轮齿中间，把百分表架放在导轨面上，然后用百分表在 a 的位置测量检验棒 3 的顶点位置，同时转动夹具 2，使齿轮 1 随之转动，用同法沿齿圈测量数次，应使百分表读数的最大差值在齿轮齿圈径向圆跳动公差范围之内（表 5-13）。

表 5-13　圆柱齿轮齿圈径向圆跳动公差

齿轮直径/mm	≤50	50~80	80~120	120~200	200~320
公差值/mm	0.02~0.032	0.026~0.04	0.032~0.05	0.038~0.058	0.045~0.07

之后将百分表放在图中 b 的位置，转动夹具，使轴向圆跳动也在公差范围之内（小于 0.02mm）。如此反复细致地找正，待夹紧后还须进行复验，使之不超出公差。校正后，车削齿轮的内孔至尺寸 D_1。

应注意，检验棒的直径约等于齿轮模数的 1.5 倍。

2）加工套毛坯。选用与原件牌号相同或性质相近的材料，按图 5-46 加工，其内径 d 留余量 3~4mm，外径 D_2 与齿轮加工后的内孔过盈配合，倒角 $C4$。

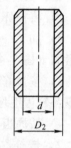

图 5-46　套毛坯

3）将套毛坯与齿轮压合。

4）沿坡口焊接。

5）加工内孔至尺寸，然后在插床上插制内花键。

五、丝杠的修理

1. 丝杠的损坏形式

1）在工作过程中切屑和灰尘落入丝杠螺旋面而产生磨损。

2）丝杠倒转，加之润滑不良，在丝杠与螺母之间产生滑动摩擦的磨损。

3）在切削过程中丝杠因受力及本身自重而弯曲或扭转变形。

由于丝杠制造工艺较为复杂，成本较高，因此丝杠损坏后应尽可能修复。

2. 丝杠的校直

冷校直丝杠的方法有压弯校直法和砸弯校直法。压弯校直法是利用压力机加压校直，但校直保持性差。砸弯校直法校直丝杠，其精度较为稳定，而且操作简单，下面介绍这种方法。

砸弯校直法是利用金属材料延伸的原理，将丝杠的弯曲高点朝下，对丝杠弯曲低点相邻的几个螺纹小径表面敲击。丝杠在瞬时锤击力的作用下，局部表面产生塑性变形，从而将弯曲部位伸展。由于丝杠弯曲部分的内应力得到重新分布，并且处于平衡状态，因此丝杠弯曲部分经校直后不会复原。其校直过程如下：

1）如图 5-47 所示，用两个 V 形架 2，将丝杠 1 顶起，百分表 3 触及丝杠表面。然后转动丝杠，同时移动百分表，从百分表指针的摆动格数，即可检查出丝杠外径的径向圆跳动。

2）用硬质木块将丝杠弯曲部分的下面托起（弯曲高点朝下）。校直时，先把与丝杠形状吻合的铜棒 1 放在丝杠 2 弯曲低点附近螺纹小径上，然后用锤子敲打铜棒，校直，如图 5-48所示。应注意，铜棒的圆弧半径应大于丝杠螺纹小径，铜棒头部尖角 α 应小于丝杠的螺旋角。

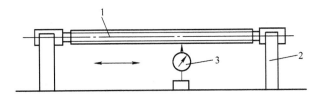

图 5-47　用百分表检查

1—丝杠　2—V 形架　3—百分表

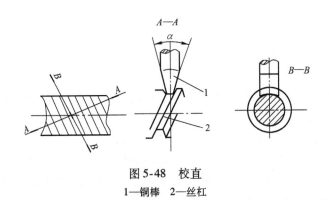

图 5-48　校直

1—铜棒　2—丝杠

3. 丝杠端部磨损的修复

由于磨损的丝杠很少有不弯曲的情况，因此在修复前首先应予以校直。

如果丝杠两头轴颈磨损，则首先将支承轴颈修圆，再采用镀铬、金属喷涂等方法修理丝杠轴颈。

如果丝杠仅有一端磨损（通常是靠近主轴箱的一侧），则可将丝杠掉头使用。

4. 研磨法修复丝杠

对于丝杠螺纹磨损，大都采用研磨法修复。此种方法简单易行，不需要复杂的设备，只需用顶尖间距离大于丝杠长度的卧式车床和研磨套等就能进行研磨。

（1）研磨套及丝锥　研磨套是研磨丝杠的主要工具，它的内螺纹是利用专用丝锥制成的。一般需要两个规格不同的丝锥，其中一个丝锥校正部分的中径要比被研磨丝杠螺纹最大中径大 0.05 ~ 0.1mm，用于粗研磨丝杠螺纹；另一个要比被研磨丝杠螺纹的最小中径大 0.05mm 左右，用于精研丝杠螺纹。丝锥的齿形半角基本上与被研磨丝杠螺纹的齿形半角相同。后一个丝锥除了用作攻制研磨套外，还以配制修后的丝杠螺母。

（2）研磨方法

1）如图 5-49 所示，研磨时先在研磨套 2 的内层涂上薄层研磨剂，再旋在丝杠 1 上，并把丝杠顶在车床两顶尖间，然后根据丝杠的磨损情况进行研磨。

2）如果丝杠齿廓仅有一个工作面被磨损，则研磨时使研磨套只与磨损的那一个面接触，研磨剂也只需涂在需要研磨的

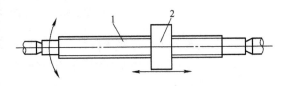

图 5-49　研磨丝杠

1—丝杠　2—研磨套

那个面上。

3）开动机床，以2～3m/min的速度研磨，并用手扶住研磨套，不让它随丝杠旋转，而是沿着丝杠做轴向滑动。

4）粗研磨时以最大研磨量位置为起点，使研磨套逐渐自最大研磨量位置移向最小研磨量位置。在研磨量较大的区域，随着研磨量的微量减小，误差逐渐消除，整个丝杠中径就逐渐趋于一致。

5）当感觉到研磨套沿丝杠全长阻力大小相差不大时，即用煤油清洗丝杠，更换研磨套，并涂以精磨研磨剂，进行精研到合格。

由于此种研磨方法可以避免机床传动链误差的影响，因此在一般的车床上，也能恢复丝杠的精度。

（3）注意事项　丝杠螺纹的研磨修理是一项非常细致的工作。为了达到比较理想的研磨效果，应注意：

1）研磨套必须保证被研磨丝杠在有效齿廓高度上能够全部被研磨到。研磨套材料可用1级灰铸铁或中等硬度的黄铜制成。

2）丝杠在研磨前，应以轴颈为基准，研磨中心孔。

3）为了提高研磨效率和保证质量，研磨剂的配制应合适。粗研磨时为10%碳化硅（TL），其粒度为W10，加90%的轴承油及适量煤油；精研时为5%的碳化硅（TL），其粒度为W5，加90%的轴承油及适量的煤油。

4）在研磨过程中，应避免发生过热。操作中可经常用手摸丝杠，不应有热的感觉。

（4）可调研磨套　如果丝杠齿廓两个工作面都被磨损，则在两个面上均涂以研磨剂，研磨套用图5-50a所示的结构。在研磨套1上另外附加一个可调研磨套2，通过1、2的连接螺纹来调整，使研磨套与丝杠成双面齿廓接触，如图5-50b所示，并由螺母3固定。研磨过程与上述基本相同。

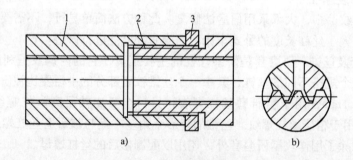

图5-50　双面研磨套
1—研磨套　2—可调研磨套　3—螺母

有丝杠车床的企业，可将丝杠装夹在丝杠车床上，按磨损较大的螺纹，对整个丝杠螺纹车一刀，然后再按光修后的丝杠螺纹研磨套研磨，可加快修复速度。

（5）修复严重磨损的丝杠　如果丝杠螺纹磨损比较严重，采用研磨法已难以修复，则可按以下方法进行修理：

1）矩形螺纹的丝杠。可沿着轴向对螺纹的厚度进行车削，即加大了相邻两螺纹之间的

距离 B_1，如图 5-51 所示。但螺纹厚度 B 的减小量，应小于原螺纹厚度的 10%。然后按修理后的丝杠螺纹配制研磨工具进行研磨。

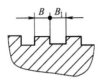

图 5-51 方形螺纹

2）梯形螺纹的丝杠。可将丝杠螺纹车深，并把带有毛刺的大径稍加修理。螺纹小径的减小量应小于原螺纹小径的 5%，然后亦按修理后的丝杠螺纹配制研磨工具进行研磨。

项目6　机械设备装配及检查

【学习目标】

机械设备经过修理后的装配方法与装配质量，是达到修理质量的重要环节。机械设备在装配后必须按规定的项目及内容进行检验与试验，以保证修理的质量，使它重新获得应有的性能和精度。

【知识目标】

1）掌握机械设备装配的基本概念，装配尺寸链计算方法。

2）掌握主轴轴承、齿轮、螺纹、键、过盈配合等典型零件装配方法。

3）了解零部件静、动平衡方法以机械设备装配后检验与试验的内容和方法。

【能力目标】

1）固定调整件的修制。

2）主轴滑动轴承、滚动轴承的装配。

3）过盈配合组合件的装配、联轴器的安装。

4）齿轮、螺纹、键、密封件的装配。

5）机床精度检查量具的使用及机床精度检测。

任务1　固定调整件的修制

【任务描述】

在齿轮轴装配时，为了保证装配轴向间隙，常用配制某个厚度的调整件（垫圈）的方法来保证装配精度。因此，在机械设备装配前阅读装配图和技术文件，检查关联零件尺寸、计算装配尺寸链，预装组件，测量轴向间隙，得出修制尺寸，修制固定调整件，装配出满足机械设备性能的组件或部件。

【任务分析】

1）了解装配的基本概念、要求及注意事项。

2）做好装配准备工作。

3）装配尺寸链计算、测量轴向间隙，确定修制量并修制调整件。

【知识准备】

1. 机械设备装配的基本概念

机械设备装配顺序与拆卸相反，并随机械的构造不同而不同，其原则是：从里到外，从下到上，先零件后部件，最后总装成整台设备。

（1）装配过程　机械设备的装配包括组装、部装和总装三阶段。以车床为例，说明如下：

1）组装。将主轴、轴承、齿轮、垫圈、螺母、键等零件，按照技术要求装配成主轴系统的组件，就是组件装配，简称组装。

2）部装。将主轴箱、主轴系统组件、主轴变速机构等装配成主轴箱部件，就是部件装配，简称为部装。

3）总装。将主轴箱部件、进给箱部件等各个部件和其他零件装配成为机床，就是总体装配，简称总装。

（2）装配的组织方式

1）流动装配。很多机械设备同时分布成多个装配点（每台机械设备组成一个装配点），装配人员在一个装配点装完某一部分后，立即流动到下一个装配点进行新的装配工作。而任一个装配点的下一道工序是由另一组装配人员去完成。这样由若干个装配小组来完成整台机械设备的装配，优点是装配专业化，生产效率高，适用于成批以及重型机械设备的装配。

汽车生产线、电视机生产线都属于流动装配，汽车或电视机经过一连串的装配点，由各装配点的装配人员进行装配，最后完成总装，成品送入仓库。

2）定点装配。定点装配的特点是整台机械设备的全部零件集中在一个装配点，由这个装配点的装配人员在这里完成全部装配工作。这种装配适用于小批、单件装配。

如机床、自动灌装机等设备的安装都采用定点安装，在装配车间内完成。在装配车间内可以看到好几个装配点，各装配点有几位或一组装配人员在安装设备，这些设备可以是同一个产品，也可以是不同的产品，但都在同一个装配地点，由同一组装配人员完成装配。

修理装配常采用定点装配，因为修理装配往往批量不大，甚至在同一时期内仅仅修理一两台设备，因此采用定点装配方式比较合适。

2. 装配方法及注意事项

（1）装配方法

1）修配法。在机械设备修理中，常常由于一些零件存在误差，装配时达不到装配的精度要求，在这种情况下可以选择方便、刮削量小、而经修理后对其他尺寸无影响的某个零件作为修配件，进行修配。

例如，轴与孔的配合关系不正常时（太紧或太松），因为加工孔较加工轴难度大，修配时，可以选择孔为基准，选择轴为修配件，使之达到所要求的配合。修配法在机械设备的修理中应用较广。

2）调整法。调整法分固定调整法与动调整法两种。

① 固定调整法。固定调整法是配制具有某个厚度的垫圈作为调整配件，来保证装配精度的一种方法。由于所采用的调整配件的尺寸（垫圈厚度）是一定的，所以叫固定调整法。它的优点是不需要对零件进行修配。

② 动调整法。例如，安装车床时，要求其主轴1的中心线与尾座3的尖顶2中心线重合，不应产生偏移量 Δ（图6-1）。这时，可利用螺钉4调整尾座的位置来消除偏移量。动调整法的特点是在没有提高零件制造精度、不修制零件的情况下达到了安装要求，并且在零件磨损后，还可进行调整，恢复到所要求的精度，因而此种方法比较方便。由于这种方法是在变动零件的几何位置后获得所需要的装配精度的，因此叫做动调整法。

（2）装配注意事项　如前所述，机械设备的修理装配是一个比较复杂的过程。装配工作的质量直接影响到机械设备的性能。而影响装配质量的因素很多，为了提高装配质量，一般应注意以下几个事项：

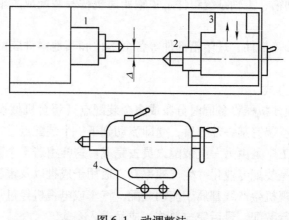

图 6-1　动调整法
1—主轴　2—顶尖　3—尾座　4—螺钉

1）保证零件质量。机械设备的装配质量与零件精度有密切关系。如果零件的几何精度、表面粗糙度和热处理等不符合技术要求，则会产生装不上或者虽然勉强装上去，但不能达到装配精度。这样不仅影响装配质量，而且还会影响到装配的效率。

如图 6-2 所示的齿轮和齿轮轴，由于齿轮的孔径 D_1 大于它的公差范围，安装后轴与孔不同轴，产生装配误差（偏心量 e），从而造成偏摆或者歪斜，使轴线与齿轮中心线成 α 角，这就会产生噪声，导致零件加剧磨损。反之，如果 $D_2 > D_1$，则会出现装不上的问题。

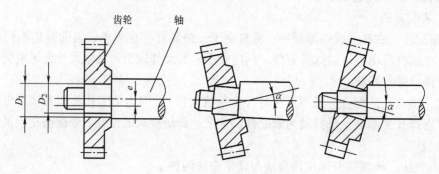

图 6-2　齿轮和齿轮轴的装配

图 6-3 所示为主轴箱简图，它与床身配合的底面 A 不平。当把主轴箱装在床身上并施加力 p 夹紧后，主轴箱将变形，并使主轴轴线弯曲，从而降低了装配质量。

因此必须对零件进行认真检查，一旦发现有缺陷，必须进行修理。修配时除参考零件图样的技术条件之外，还需与其相配合的零件同时修配，以便获得理想的配合精度。零件在装配前必须妥善保管，尽量避免碰伤。

2）力的作用点必须保持正确。例如在装配机床床身时，如果地脚螺钉的位置与床脚的螺钉孔对不准，强行将地脚螺钉打偏（图 6-4），则会使紧固螺钉的作用点不正确，从而使床身变形（如导轨面凸起）。

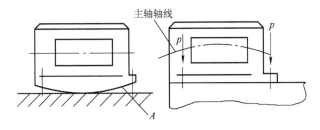

图 6-3　主轴箱的装配

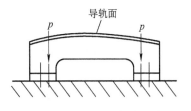

图 6-4　力的作用点不正确

3）夹紧力必须均匀一致。当用螺钉连接时，如果夹紧力不均匀，使一边过紧，则会产生加压弯曲。如果夹紧力小，将会使部件连接不紧；如果夹紧力过大，则螺钉容易损坏。为此，应选用正确的紧固方法，并应使用合适的工具。

如图 6-5 所示的情况，应从中央开始，互相交替，按 1、2、3、4、…、12 的顺序紧固，且不能一次拧紧。为使力均匀一致，应使用指针式扭力扳手，按规定的夹紧力拧紧。

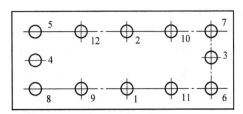

图 6-5　拧紧螺钉的顺序

4）对固定连接的要求。固定连接的零件，除要求具有足够的连接强度外，还应保证其结合处的紧密度，不允许有间隙、松弛和渗漏现象。为防止渗漏，可降低两接触面的表面粗糙度，然后用强力压紧，或在连接的结合面放置衬垫。

连接的刚性直接影响设备的精度。例如机床主轴箱、立柱等与床身的固定连接，对其结合面必须认真地修配，要求结合面上的接触点均匀分布（在结合表面间，0.04mm 厚的塞尺不应插进去）。

5）对滑动配合零件的要求。滑动配合的零件应具有最小的允许间隙，并且滑动要灵活自如。经过刮、磨精加工的导轨与其相配合零件的表面，应能全部贴紧。沿着滑动导轨移动的部位插入 0.04mm 塞尺时，不得插进 10mm。

6）对定位销的要求。为使零件相互位置精确固定而采用定位销钉时，其数量至少要有两个。常用的销钉有圆柱形和圆锥形两种。其工作表面（全长上）应与两连接零件孔的内表面完全贴紧。可用涂色法检查。

7）对两连接零件结合面的要求。装配时，两连接零件结合面之间，不允许放置图样上没有的或结构本身不需要的衬垫。例如床身、底盘和床脚的各支承面，均用螺钉固定，在装配时，不应使用衬垫。

3. 装配前的准备工作

装配前应该做好充分的准备工作，使装配能顺利进行，否则，由于装配延期，延误了设备恢复生产的时间，会使工厂受到较大的经济损失。

（1）准备工作的内容

1）了解所装配设备的用途，各部分的结构和工作原理及有关的技术要求。

2）确定适当的工作地点。

3）准备必需的设备、仪表、工具和装配所需的辅助材料，如纸垫、毛毡、垫圈、开口销等。

4）选定基础部件（如主轴箱或机械的机架）的安装位置，安排好零件、部件安装顺序，避免中途返工浪费时间。

5）做好起重与搬运的准备。

（2）起重与搬运

1）目的和要求。在机械设备的修理过程中，被拆卸的一些零部件，特别是比较重的零件或机械设备本身，在移动时，应选用适合的起重运输工具，以保证人身和设备的安全，减轻体力劳动，提高劳动生产率和修理质量。对于重量较大的零部件应由专业的起重运输人员进行搬运。

2）正规的起重运输设备。在比较大的工厂或较大的机修车间，通常配备有各种形式的起重运输工具和设备，如桥式起重机、旋转起重机、悬臂起重机等。或配备有各种机动和自动运输车等搬运设备。此外，有的企业采用千斤顶和卷扬机等，以提高机械化的程度。

3）简易起重设备。在中、小型机械厂和饮料、食品、卷烟、纺织、电子等行业的工厂中，生产车间没有起重机械设备，在机修期间可以因地制宜，制作一些结构简单、使用方便的起重运输设备，如三角架、龙门起重机、抱杆、简易悬臂起重机等，这样就可以就地起吊，便于维修。龙门起重机的吊链挂于滑车上，滑车可以沿横梁移动，如果支脚上装有可以转向的走轮，就能在车间内移动，使用更为灵活方便。

【任务实施】

1. 机械装配的一般步骤

1）清洗。在装配前，不论是新的零、部件还是已经清洗过的旧零、部件，都应进一步清洗。

2）检查。在装配前，应对所有的零、部件按技术检验的要求进行检查；在装配过程中，也要随时对装配质量进行检查，避免全部装好后再返工。

3）记号。对所有的配合件，不能互换的零件、部件，都应按拆卸、修理或制造时所作的记号，成对或成套地进行试装配，不允许混乱搭配。

4）润滑。对运动零件的摩擦面，均应涂以润滑油或润滑脂（用运转时所用的润滑油或润滑脂），要求油脂清洁、油脂盒有盖，以防止杂质进入。

5）垫圈的涂层。为保证密封性，安装各种衬垫时，要求在垫圈表面涂抹机油、密封胶或虫胶漆。

6）配用新的止动元件。所有锁紧止动元件，如开口销、弹簧垫圈、保险垫片等必须按原机械要求配齐，不得遗漏，一般不准重复使用。

7）定位销的装配。装定位销时，不准用铁器强迫打入，应在配合完全适当时，轻轻打入。

2. 调整件的修制

装配齿轮、带轮时，轴向间隙的大小是根据装配要求修制调整件的。

如图6-6所示，带轮1和齿轮5装在轴3上，轴3在衬套4中旋转。图中的几个装配尺寸 A_1、A_2、A_3、A_4 都对装配后的间隙 Δ 有影响。在装配时，由于 A_2、A_3、A_4 受零件限制而不能改变，为保证 Δ 值，只能配置有一定尺寸的垫圈2。为此，首先测量 A_2、A_3、A_4 的精确尺寸，计算 K 值大小。

因为　　　　$A_1 = A_2 + A_3 + A_4 + \Delta + K$

所以　　　　$K = A_1 - A_2 - A_3 - A_4 - \Delta$

1）预装。根据 K 值计算值（留装配调整量0.03～0.05mm）加工垫圈2，把厚度为 K 的垫圈2装在带轮1和衬套4之间，预装后，实际测量安装间隙 Δ，为保证测量准确性，需仔细观察零件实际位置，在多点进行测量，以免因零件几何误差，影响实测间隙值。

2）装配。将上述预装间隙值与装配目标值比较，得出修制件 K 的精修尺寸，精磨调整件后，重新进行装配，直至间隙值 Δ 满足装配要求。

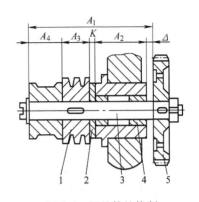

图 6-6　调整件的修制

1—带轮　2—垫圈　3—轴　4—衬套　5—齿轮

【知识拓展】　装配精度及保证方法

1. 装配的精度

机械设备修复的好坏与装配质量有关，故必须提高装配质量，保证装配精度。

（1）影响装配精度的因素

1）零、部件的几何精度即零件的几何形状。

2）零、部件之间的相互位置精度和相对的运动精度。

（2）装配精度的功能　装配精度的好坏影响到设备的工作性能和工作精度。工作性能即机械设备在生产运行中的稳定性或生产能力；工作精度即机床或机械加工出的产品精度。

2. 保证装配精度的方法

为达到一定的装配精度，常采用两类方法：

（1）保证配合件的配合精度　由于机械内部的磨损，破坏了零、部件之间的正常配合状况，大量的修理工作就是要恢复正常的配合质量。为了保证配合质量，装配时必须严格按照配合的技术要求，将配合件修复到原配合的技术要求，为此可以采用如下的方法：

1）选配法。如配合件的加工精度不能满足互换性的要求，为达到规定的配合质量必须采用选配法，即配合要求是通过选择两个配合关系符合要求的零件来保证。

2）修配法。在装配前进行简单的机械加工，如铰削、刮削、研磨等，使其与配合的零件达到所要求的配合精度。

3）调整法。利用增减垫片、调整螺钉等方法进行调整。

（2）利用尺寸链精度　机械装配中，有时虽然各配合件的配合精度满足了要求，但积累误差所造成的尺寸链误差却可能超出了允许的范围。例如，内燃机曲柄连杆机构的尺寸链如图6-7所示，图中各符号的意义如下：

A——O 点至缸体上平面的高度；

B——曲轴的回转半径；

C——连杆两中心孔的距离；

D——活塞销孔中心到活塞顶平面的高度；

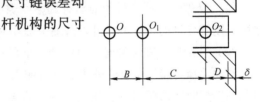

图 6-7　曲柄连杆机构的装配尺寸

δ——活塞位于上止点时其上平面至缸体上平面的距离，它是尺寸链的封闭环。δ 对柴油机的压缩比有很大影响。

当 A 为最大，B、C、D 的尺寸最小及中心 O、O_1、O_2 的间隙为最大时，δ 值最大；反之，δ 值最小，δ 值可能超出规定范围。为此必须在装配后进行检查，当不符合要求时，应重新进行选配或更换某些零件，使 δ 在规定的范围之内。

任务2 主轴与滑动轴承的装配

【任务描述】

滑动轴承常用在机床主轴前支承，在主轴转速要求较低或很高的情况下使用。主轴滑动轴承装配需检查滑动轴承轴瓦、主轴配合尺寸、箱体配合尺寸，制作后支承工艺套，在滑动轴承轴瓦上制作润滑油槽，研磨滑动轴承支承结合面，调整滑动轴承间隙来满足机床的主轴功能及主轴回转精度、几何精度要求。

【任务分析】

1）了解机床主轴精度要求。

2）检查滑动轴承、主轴配合面、箱体孔的尺寸精度与几何精度。

3）制作滑动轴承润滑油槽及后轴承工艺套，做好研磨准备工作。

4）配研滑动轴承，检查配合间隙、主轴相关精度。

【知识准备】

机床主轴的作用是将电动机的转动传递给刀具或工件。机床加工质量的高低，在很大程度上取决于主轴的回转精度，主轴回转精度取决于主轴精度、轴承精度、箱体孔精度，前后轴承装配质量。

1. 主轴与轴承的装配要求

（1）位置正确 保证主轴在轴承中获得正确的位置，并保证主轴在负荷作用下，旋转灵活，轴线不偏斜。

（2）滑动轴承的间隙适当 由于机床的主轴在轴承中以很高的速度旋转，主轴的滑动轴承，必须通过正确的装配得到理想的间隙，使润滑油能够进入主轴颈与轴承之间，并形成油膜，创造符合液体摩擦的良好条件。这对于避免回转部分磨损，保证正常工作时间和延长使用寿命起着很大的作用。

2. 间隙调整的方法

（1）修理时 通常滑动轴承有调整间隙的结构，因此在主轴轴颈磨损后的修理时，在强度、刚度允许的条件下，可以磨细主轴并继续使用。

（2）装配时 在装配时，对滑动轴承可进行调整，使之得到适当的间隙。

滑动轴承与箱体结合的外表面也可能因受力、磨损而变形，使它与箱体孔配合不严密，因此在装配时还需要修刮，使之达到配合要求。修刮的工作量可能比制造装配时的修刮量大。此外，机床主轴因受力变形而不同轴，在装配前均应修理矫正。

【任务实施】 CD6140A 型卧式车床主轴轴承（滑动）装配

图 6-8 所示为 CD6140A 型卧式车床的主轴结构图，其前轴承即为滑动轴承，它的特点是内孔带锥，且能够做轴向移动，并借此对主轴轴颈与它配合的间隙进行调整。

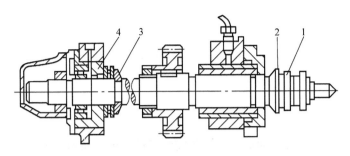

图 6-8　CD6140A 型车床主轴结构
1—轴颈测量表面　2—主轴轴肩支承面　3—止推垫圈　4—轴承套

一、装配前的准备工作

1. 进行必要的检查

滑动轴承装配的原则在于获得适合液体摩擦的间隙，并且在回转运动中能够保持这种间隙。要获得这种正确配合的前提是轴颈与轴承必须有正确的形状，因此在装配之前，必须对被装配的主轴、轴承及其他有关零件进行严格检查，特别是要求主轴轴颈与滑动轴承之间相关的几何尺寸精度、表面粗糙度等应符合规定。相配合的表面不允许有毛刺、划痕、裂纹以及凹凸不平之处。图 6-9 和图 6-10 所示分别为轴瓦直径过大和过小的情况。

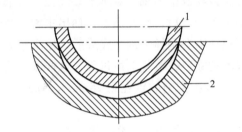

图 6-9　轴瓦直径过大
1—轴瓦　2—主轴孔

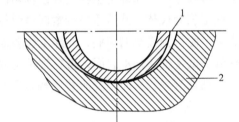

图 6-10　轴瓦直径过小
1—轴瓦　2—主轴孔

2. 开润滑油槽

根据滑动轴承的不同情况对轴承开润滑油槽。如果是利用旧的轴承，则不需要重新开油槽。如果轴承已被磨损，油槽深度已变浅，则需对原来的油槽加以修整，适当加深，并修光油槽的毛刺和棱面。如果是新轴承，则应按图样的规定来配制。

为了提高润滑效果，开槽时应注意油槽位置的正确。由于机床的主轴速度都很高，因此油槽应开在油膜承受载荷小的地方。例如 CD6140A 车床前轴承的润滑油自轴承上部流入，即从油膜承受载荷最小的地方流入，这样，当轴颈旋转时，能够将润滑油带到工作表面上形成油膜，还能产生油压以平衡作用在主轴上的力，主轴浮在轴承中间，从而使主轴与轴承之间形成液体摩擦。如果油槽开在油膜承载区内，将会破坏油膜的承载能力。

3. 制作装配工艺套

由于 CD6140A 车床主轴后轴承是滚动轴承，为了便于刮削前轴承，需配制装配工艺套。刮削时它临时代替 32214/P5 轴承以支承主轴，其内径尺寸精度为 H5，间隙最小，以保证回转精度,其外径与箱体的配合为过渡配合。工艺套设计及制造须满足滑动轴承装配要求。

4. 工检量具及辅料

为了使装配工作顺利进行,装配前必须全面核对被装配的零件是否齐全无缺。还必须准备好装配所需要的工检量具和必需的辅料等。

二、装配过程

1. 清洗

首先用煤油清洗主轴及滑动轴承等待装配的零件。要求所有零件的工作表面光洁,没有划痕,主轴的键槽内不允许留有杂物,螺纹表面清洗后能自如地拧上螺母。

2. 装滑动轴承

把滑动轴承装入箱体主轴孔内。检查其外壁与箱体接触是否严密,没有间隙,其外径圆度误差应小于0.01mm。

3. 刮削

如果接触不严,可通过刮削箱体孔使之配合紧密。刮削轴承内孔时则要以此为基准。在刮削的过程中,最好将主轴箱直立(使主轴垂直),这样得到的刮削点是真实的。

刮削滑动轴承瓦的过程分为粗刮削和精刮削。

(1) 粗刮削　粗刮削的目的在于提高刮削效率。刮削时,先将主轴带锥轴颈处均匀地涂上一薄层涂料,随即把主轴装入主轴箱内,此时斜齿轮及推力轴承等可不必装上,后轴承用装配工艺套代替。然后适当旋紧调整螺母并转动主轴。之后,松开螺母,抽出主轴,在轴承表面上便得到接触的印痕,此即工作表面上的高点,需要刮掉。刮削完成后,用干净的棉纱仔细擦拭主轴和轴承表面,再在轴颈上涂一层很薄的涂料,重复上述过程,这样逐次将高点、次高点刮去,从而使表面的接触点逐渐增加。一般粗刮削的点在每25mm×25mm内达到3~5个即可。

(2) 精刮削　精刮削时,在轴承内壁上抹一层极薄的涂料,如粗刮削一样,主轴与轴承内壁相对转动,根据着色情况精刮。刮削时,要顺着一定方向刮,刮一遍后,再刮第二遍时,刮削的方向应和刮第一遍的方向相反,如此交叉地进行刮削,以免产生波纹。刮刀落刀要轻,起刀时挑起,尽量深一点,以便存油,对准点子刮时,每刀一点,不需重复刮。当每25mm×25mm区间内达到16~20个点,接触面积占全轴承面积的15%~20%时即可。

但在 m 圆弧处(图6-11)的点子数应偏高。这是因为进行切削加工时,刀具作用在工件上的力主要在 m 圆弧处。如果此处点子少,切削时,在力的作用下轴承磨损快,主轴就会向此处偏移,而使主轴精度下降。

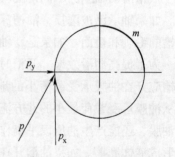

图6-11　切削力作用方向

此外,刮削时要有意使滑动轴承靠近小头的那一段与主轴的配合间隙稍大一些,中间再稍大一点,彼此相差的数值极微小(若用着色法鉴定,仅仅程度轻重不同而已),但这有助于保证主轴的回转精度。

待刮削达到要求后,即将装配工艺套拆卸下来,将主轴安装于前后轴承内,并将斜齿轮、推力轴承等装在轴上。为了使推力轴承和后轴承安装正确,应使止推垫圈贴紧主轴轴肩,后轴承不得偏斜。

4. 调整与检查

装配之后应对主轴进行调整并检查装配精度。

（1）调整 主要调整前、后轴承，使主轴与轴承的间隙保持在 0.02～0.03mm 范围之内，如用手转动主轴，应没有阻滞现象。前轴承的调整过程是，首先松开预紧螺钉，借助调整螺母使滑动轴承做轴向移动来调整主轴间隙，主轴的后轴承由调整螺母来进行。

（2）检查 检查的项目主要有径向圆跳动、轴向窜动和主轴支承面的跳动等。

调整与检查不能机械地截然分开。往往是边检查边调整，二者同时进行，直到符合要求为止。

1）主轴空隙的检查。根据经验，在检查上述项目之前，应按图 6-12 所示的方法先检查主轴的空隙。这里所说的空隙，是指主轴、滑动轴承与箱体等零件装配成主轴箱部件之后，主轴组件与主轴箱孔的综合误差。

空隙的大小由在力作用下主轴的应变量来表示。因此，它不同于主轴与其配合的滑动轴承之间的间隙。

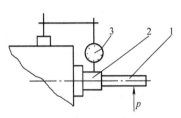

图 6-12 检查主轴空隙
1—加力棒 2—主轴 3—百分表

检验时将加力棒 1 插于主轴 2 锥孔中，百分表 3 安放于主轴箱上（见图 6-12），并使其测头触及主轴外圆表面，在加力棒的外端根据表 6-1 所列数据加力，百分表读数所反映的主轴应变量（即空隙）应在要求的范围之内。

表 6-1 主轴空隙表

序号	中心距/mm	滚动轴承		滑动轴承	
		刚度/(N/μm)	空隙/mm	刚度/(N/μm)	空隙/mm
1	≤150	500	0.02	300	0.02
2	≤200	800	0.02	500	0.02
3	≤300	1200	0.03	800	0.04

CD6140A 车床的中心高为 200mm，检查时参照表 6-1 中的序号 2，利用加力棒的杠杆原理，给主轴施加负荷 500N，如果主轴空隙在 0.02mm 以内（在正反两个方向所测应变量之和），则表明该机床主轴装配后具有足够的刚度。如果空隙超出规定范围，应对主轴进行调整，然后对上述项目重新进行检查。

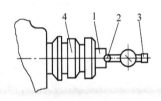

图 6-13 检查轴向窜动
1—轴向窜动工具 2—钢球
3—百分表 4—主轴

2）主轴径向圆跳动的检查。用百分表测量轴颈测量表面 1（图 6-8）外圆面的径向圆跳动，应小于 0.01mm。超差时应先对轴承间隙进行调整，如在前项检查时已予调整适当，此时应主要对后轴承进行检查和调整。

3）主轴轴向窜动的检查。如图 6-13 所示。用轴向窜动工具 1 及钢球 2，并且把平头百分表 3 顶住钢球，然后回转主轴 4，其轴向窜动量应小于 0.01mm。超差时应对轴承套 4（图 6-8）、止推垫圈 3（图 6-8）及推力球轴承进行检查。

4）主轴轴肩支承面的轴向圆跳动检查。用百分表检查主轴轴肩支承面 2（图 6-8）的轴向圆跳动量，应小于 0.02mm。如超差，待总装后精车修整。

任务3　主轴与滚动轴承的装配

【任务描述】

滚动轴承常用于机床主轴前、后支承，滚动球轴承极限转速高，成对角接触球轴承可通过修磨垫圈来提高机床主轴刚度（也可直接订购成对轴承），随着滚动轴承制造精度和润滑效率的提高，滚动轴承在机床主轴上使用越来越广泛。

主轴滚动轴承支承，前支承轴承精度高于后支承轴承精度。成对角接触滚动轴承装配时，需根据主轴性能要求，合理确定预紧负荷与预紧量，修磨垫圈。为了提高主轴装配精度，需测出滚动轴承高点，合理搭配前、后支承高点位置，提高主轴几何精度。

【任务分析】

1）了解滚动轴承装配要求。

2）清洁滚动轴承及主轴、主轴孔，检查滚动轴承及主轴、主轴孔的尺寸精度与形状精度。

3）计算配合过盈量，选择装配方法。

4）滚动轴承装配，检查预紧量、主轴相关精度。

【知识准备】

一、滚动轴承装配要求

1. 清洁要求

滚动轴承运转的好坏除自身的精度外，良好的工作条件是必不可少的，因此一定要保持轴承的清洁。在装配时要求工具、操作者及环境清洁，所用的润滑油或润滑脂也不可有杂物进入。

2. 配合要求

大修时，滚动轴承内圈与轴的配合，外圈与孔的配合都应符合装配的要求，按滚动轴承要求的公差与配合来选择，一般球轴承的配合应比滚柱轴承稍紧一些。

3. 圆锥滚子轴承的装配

圆锥滚子轴承在装配时，是将内圈、滚动体、保持架一起装在轴上，外圈单独装在箱体上。轴承的间隙是由内、外圈相互靠近的程度来保证的。

4. 推力轴承的装配

在装配推力轴承的时候，要注意分清紧圈和松圈的位置，切勿装反。

二、装配前的检查与清洗

1）轴承外径与箱体轴承孔的配合尺寸以及轴承内径与主轴颈的配合尺寸，都必须符合技术规定。

2）各个经过修复的零件都应符合原图样尺寸，其圆柱度、圆度必须在公差范围内。

3）配合的表面必须与旋转轴线同轴，前后轴承孔也必须同轴，如不同轴，将影响前后轴承的同轴度和主轴的回转精度。

4）轴肩的夹承面应与旋转轴线垂直，轴承压套两端要平行，轴的靠肩圆角处不得存留杂物。

上述各部位检查合格并将碰伤、划伤及毛刺等修复后，清洗干净即可装配。

【任务实施】

一、滚动轴承装配

滚动轴承的装配法很多，如手工装配、机械压装以及加热轴承装配、冷却主轴装配等。

1. 机械压装

机械压装轴承，大都利用压力机，借助附具或衬垫，将垫放在轴承与压杆之间，加压后把轴承压入箱孔内（或轴颈上）。

用此安装方法，轴承受力均匀，可避免歪斜和掉入杂物，因而安装质量高，操作简便，劳动强度低，适用于过盈量较大的配合。

2. 热压法

热压法是将轴承放在以油或水为介质的容器中加热，使孔的内径膨胀变大而装在轴上。若要把轴承装入轴承孔，则应加热机体，使孔扩大。

加热温度控制在100℃左右，保温15～20min。温度不宜过高，若温度超过140℃，将会使轴承的耐磨性降低。如果轴承的保持架是塑料的，只宜用水加热。

此种方法可避免配合表面被擦伤，且装配质量高，故应用较广。适用于过盈量较大的轴承。此外可利用冷却的办法，即冷却轴颈，使轴颈变小，随即把轴承内圈装在轴颈上。

3. 手工装配

借助工具，人工将滚动轴承直接装在主轴上。此时严禁用锤子直接击打轴承内圈或外圈，而应衬垫附具。

二、调整与检查

1. 调整

滚动轴承的间隙过大会产生振动，反之，则会加快磨损。按结构形式的不同，可采用衬垫、螺钉等附件进行调整。现以 CD6140A 型车床主轴为例说明调整过程，如图6-14所示。

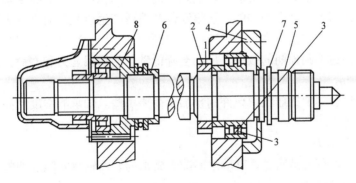

图6-14　CD6140A 型车床主轴结构

1—螺钉　2—螺母　3—轴承内轴套　4—法兰盘

5—轴颈测量表面　6—止推垫圈　7—主轴轴肩支承面　8—轴承套

1）拆卸主轴前端的法兰盘4，松开螺钉1，转动螺母2，以放松前轴承带内锥的内轴套3。

2）用纯铜棒轻敲内轴套 3，使其稍微向后移动，然后使主轴相对于内轴套 3 回转一定角度（应根据主轴轴颈与轴承圆跳动方向来确定）。

3）拧紧螺母 2，使内轴套与主轴紧密配合。

由于这种方法采用了对角调整的原理，可以消除一些方向性误差，提高主轴回转精度。

2. 检查

在检查之前先应根据表 6-1 提供的数据对主轴空隙进行检查，之后再检查其他项目。

（1）主轴径向圆跳动的检查　用百分表测量表面 5，径向圆跳动量应小于 0.01mm，超差时应根据主轴轴颈与轴承的径向圆跳动方向，按对角装配进行调整，直至达到标准为止。如果几次调整仍不能达到要求，就需要对后轴承进行同样的调整。只要被装配的零件合格，通常是可以调整到符合要求的。

（2）主轴轴向窜动的检查　借助轴向窜动测量工具、钢球并用平头百分表顶住钢球，回转主轴，其轴向窜动量应小于 0.01mm。超差时应检查轴承套 8、止推垫圈 6 与推力球轴承。主轴轴向间隙也应在 0.01mm 以内。

用百分表检查主轴轴肩支承面 7 的轴向圆跳动量，其值应小于 0.02mm。如果超差，亦留待总装时精车修整。

三、滚动轴承的预加负荷

滚动轴承在较大的游隙状态下工作时，负荷集中在处于受力方向上的一个或几个滚动体上，使滚动体和内、外圈滚道接触处产生应力集中，从而降低了轴承的刚度和寿命。同时由于有较大的游隙，主轴轴线会发生漂移现象，影响回转精度，并产生振动。

试验表明，当轴承的游隙超过 0.006mm 时，轴承的寿命就会降低到 50% 以下，当轴承的游隙调整到零的时候，由于滚动体受力均匀得多，回转精度提高，且振动减小，但此时轴承的刚度并未见显著的提高。

1. 预加负荷

当轴承调整到不但游隙完全消除，而且还产生一定的过盈的情况下，由于滚动体和内、外圈滚道接触处产生一定的弹性变形，它们之间的接触面积增大了，各滚动体的受力状态就更均匀，刚度也提高了。这个预加的、使滚动体和滚道产生过盈的力即称为预加负荷。

必须指出，在一定的范围内预加负荷可以提高刚度、回转精度等，但是预加负荷超过了合理的限度，不但达不到预期的效果，反而会降低轴承的承载能力和寿命，并且使轴承极限转速下降。

一般来说，滚柱轴承比球轴承允许的预加负荷要小些。轴承的精度越高，达到同样刚度所需的预加负荷越小。

2. 确定预加负荷力

滚动轴承的预加负荷是通过调整轴承间隙来施加的。而轴承间隙的调整又是通过使轴承内圈做轴向位移来实现的。

（1）成对角接触球轴承　最小预加负荷力 F_{A0min} 可按下式计算：

$$F_{A0min} = 0.158\tan\alpha \times F_R \pm 0.05F_A$$

式中　F_R——作用在轴承上的径向载荷（N）；

　　　F_A——作用在轴承上的轴向载荷（N）；

　　　α——轴承的计算接触角，36000 型轴承，$\alpha = 12°$；46000 型轴承 $\alpha = 26°$。

成对使用轴承中的每个轴承均按上式计算。上式中"＋"号在轴向工作载荷使预加过盈量减少的轴承中使用，"－"号在轴向工作载荷使预加过盈量加大的轴承中使用。最小预加负荷力 F_{A0min} 按所求得两个值中的大值选取。当轴承的具体负荷值不易确定时，可按表 6-2 中推荐的预加负荷力选用。成对安装角接触球轴承如图 6-15 所示，用垫圈预紧的角接触球轴承如图 6-16 所示。

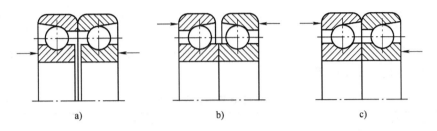

图 6-15　成对安装角接触球轴承

a）磨内圈　b）磨外圈　c）外围宽、窄端相对安装

表 6-2 中的轻、中、重分别是预加负荷的三个级别。选用轻、中、重时应考虑轴承的转速高低、负荷大小、刚度要求和允许的升温。

轻级主要用于高速、轻负荷的轴承，如高速内圆磨床等的主轴轴承。

中级主要用于中速、中等负荷、对刚度和旋转要求较高的轴承，如外圆磨床的主轴轴承等。

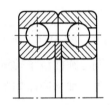

图 6-16　用垫圈预紧

重级主要用于低速、重负荷或刚度要求特别高的轴承，如齿轮及螺纹加工机床分度轴的轴承等。

表 6-2　成对角接触球轴承的预加负荷力　　　　　　　（单位：N）

轴承内径 d/mm	36100 系列			36200 系列			46100 系列			46200 系列		
	轻	中	重	轻	中	重	轻	中	重	轻	中	重
10	35	70	140	45	90	180	60	120	240	80	160	320
12	40	80	160	55	110	220	70	140	280	90	180	360
15	45	90	180	65	130	260	80	160	320	110	220	440
17	55	110	220	70	140	280	90	180	360	130	260	520
20	70	140	260	100	200	400	130	260	520	180	360	720
25	80	160	320	115	230	460	140	280	560	200	400	800
30	110	220	440	160	320	640	190	380	760	280	560	1120
35	135	270	540	220	440	880	230	460	920	370	740	1480
40	145	290	580	250	500	1000	240	480	960	440	880	1760
45	170	340	680	290	580	1160	290	580	1160	500	1000	2000

（2）圆锥滚子轴承　预加负荷力的推荐值按表 6-3 选用，表中 d 为轴承内径（mm）。

表6-3　圆锥滚子轴承的预加负荷力

圆锥滚子 轴承系列	代号	预加负荷力/N		
		轻	中	重
超轻宽	2007900	$(7.5 \sim 10)\,d$	$(15 \sim 20)\,d$	$(30 \sim 40)\,d$
特轻宽	2007100	$12.5d$	$25d$	$50d$
轻　宽	7200	$15d$	$30d$	$60d$
轻　宽	7500	$17.5d$	$35d$	$70d$

（3）调心圆柱滚子轴承（3182100系列）　预加负荷大小主要考虑预加负荷后的游隙，推荐的游隙值可按表6-4选用。

表6-4　3182100系列轴承的工作游隙　　　　　　　（单位：mm）

速度因素 $d \cdot n$ （mm·r/min）	轴承精度等级		
	D	C	B
<50000	$-0.003 \sim +0.003$	$-0.005 \sim 0$	$-0.005 \sim -0.002$
50000 ~ 150000	$0 \sim +0.006$	$-0.002 \sim +0.03$	$-0.003 \sim 0$
150000 ~ 250000	$+0.005 \sim +0.012$	$-0.001 \sim +0.004$	$-0.002 \sim +0.002$

注：d为轴承内径（mm），n为主轴最高转速（r/min）；"$+$"号为游隙，"$-$"号为过盈量。

调心圆柱滚子轴承预加负荷的方法是将轴承的内圈在轴上作轴向位移，使内圈直径胀大，为使轴承内原始的径向间隙缩小到必要的数值，内圈对轴的轴向位移量 δ_0 应按下式计算：

$$\delta_0 = K(e_{\mathrm{H}} - e_{\mathrm{n}} + a) \tag{6-1}$$

式中　K——轴承内圈在主轴圆锥形轴颈上的轴向位移量与轴承径向间隙的比例常数；

e_{H}——轴承内的原始径向间隙（mm），见表6-5的推荐值（大值）；

e_{n}——轴承内的配合间隙（mm），见表6-5的推荐值（小值）；

a——常数，一般为0.01mm。

表6-5　调心圆柱滚子轴承的原始径向间隙

轴承小端内径 d /mm		原始径向间隙 e_{H} /μm		轴承小端内径 d /mm		原始径向间隙 e_{H} /μm	
超过	到	最小	最大	超过	到	最小	最大
14	20	10	20	140	160	35	70
20	30	15	25	160	180	35	75
30	40	15	30	180	200	40	80
40	50	15	30	200	225	45	90
50	65	15	35	225	250	50	100
65	80	20	40	250	280	55	110

K值可由下式计算：

$$K = (m/2)\left[1 - n^2/(m^2 - n^2)\right]\cot\alpha \tag{6-2}$$

式中　m——$m = r/r_1$；

图 6-17　平均半径与计算半径

　　　　n——$n = r_0/r_1$（图 6-17）；

　　　　r——轴承与主轴轴颈配合锥孔的平均半径（mm）；

　　　　r_0——空心主轴的内孔半径（mm）；

　　　　r_1——内圈滚道的计算半径（mm），考虑到凸缘的影响，r_1 应取基本半径稍大的数值；

　　　　α——圆锥母线的倾斜角。

常数 K 的数值也可以从表 6-6 中查取。

表 6-6　常数 K

r_0/r	0.20	0.50	0.55	0.60	0.65	0.70	0.75	0.80
K	14.0	15.0	15.5	16.0	16.5	17.3	18.5	20.2

【知识拓展】　主轴滚动轴承的选配和定向装配

1. 回转精度

主轴的回转精度主要取决于轴承的精度。一般来说，主轴轴承都是内圈转动，外圈固定不动，而且主轴的负荷方向是不变的，因此轴承内圈的径向圆跳动将完全表现为主轴轴线的径向圆跳动，而外圈的影响是小的。如果在装配中，事先测出轴承内圈和主轴轴颈的径向圆跳动和方位，采用选配的方法，就可以把两者的误差抵消一部分，从而得到较高的回转精度。这样的装配称为选配法或定向装配。

2. 选配

图 6-18 所示为单一轴承与轴颈选配的情况，图中 O_1 为主轴轴颈中心，O 为主轴前端定心表面中心，两者之间的偏心距为 Δ_1；O_2 为轴承内圈滚道的中心，它与轴承内孔中心（与轴颈中心 O_1 重合）的偏心距为 Δ_2。在装配时，两偏心的相对位置可以是任意的。

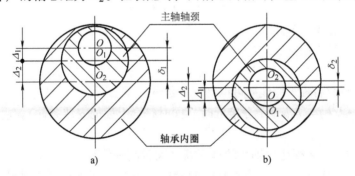

图 6-18　单一轴承与轴颈选配

图 6-18a 中两偏心方向相同，主轴端部定心表面的径向圆跳动量为 $2\delta_1 = 2\,|\,\Delta_1 + \Delta_2\,|$。

图 6-18b 中两偏心方向相反，主轴端部定心表面的径向圆跳动量为 $2\delta_2 = 2\,|\,\Delta_1 - \Delta_2\,|$。

两偏心在其他任意位置时，主轴端部定心表面的径向圆跳动量均介于 $2\delta_1$ 与 $2\delta_2$ 之间。

由此可以得出以下的结论：如想在不提高主轴与轴承制造精度的条件下提高主轴的回转精度，可以选择轴承内圈滚道径向圆跳动量与主轴定心轴颈径向圆跳动量接近的轴承，并按两偏心方向相反的原则进行装配，如装配得当，可以获得显著的效果。

3. 定向装配

主轴端部径向圆跳动量不仅决定于前轴承，而且与后轴承有关。如果正确地选配前后轴承并应用定向装配，可以获得高回转精度。

如图6-19所示，前后轴承的径向圆跳动量分别为$2\delta_1$和$2\delta_2$，设前后轴承的最大径向圆跳动点位于通过主轴轴线的同一平面内，由于前后轴承的最大径向圆跳动点可在主轴轴线两侧，则主轴前端的径向圆跳动量可能是δ_a或δ_b。

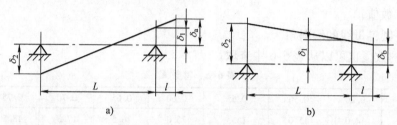

图6-19　前后轴承径向圆跳动量

由图6-19a所示得

$$(\delta_1 + \delta_2)/L = (\delta_a + \delta_2)/(L + l)$$

化简上式得

$$\delta_a = \delta_1(1 + l/L) + \delta_2 l/L$$

由图6-19b得

$$(\delta_2 - \delta_1)/L = (\delta_2 - \delta_b)/(L + l)$$

化简上式得

$$\delta_b = \delta_1(1 + l/L) - \delta_2 l/L$$

分析上式可见，$\delta_b < \delta_a$，为使$\delta_b = 0$，则需

$$\delta_1(1 + l/L) = \delta_2 l/L$$

即

$$\delta_1 + \delta_1 l/L = \delta_2 l/L$$

由上式可知允许$\delta_2 > \delta_1$。

由以上分析可得出如下的结论：

1）装配前后轴承时，如使其最大径向圆跳动点位于通过主轴轴线的同一平面，且位于轴线的同一侧，则前后轴承的误差可以抵消一部分。

2）当$\delta_1(1 + l/L)$与$\delta_2 l/L$十分接近时（同时符合上面的安装条件），主轴前端的径向圆跳动量为最小。

3）前轴承的精度必须比后轴承的精度高（通常高一级）。

综上所述，对主轴轴承采用选配和定向装配的方法，在不提高主轴及轴承精度的条件下，可以提高主轴回转精度。但选配和调整工作比较麻烦，故仅在精密车床的制造和修理中，或在极限转速很高的情况下应用。

任务4　过盈配合组合件的装配

【任务描述】

过盈配合是一种连接，过盈配合量不但影响机械设备的性能，而且影响装配的手段和方法。过盈配合件的物理特性也影响装配方法的选择。过盈配合组合件的装配，需现场测量过盈量，计算压入力、加热温度、冷却温度，选择不同的压装、加热、冷却方法。

【任务分析】

1) 了解过盈配合组合件装配的基本概念。

2) 现场测量配合件过盈量，计算压入力及压入方法。

3) 压装和检查。

【知识准备】 过盈配合组合件装配

过盈配合组合件的装配是将较大尺寸的被包容件（轴）装入较小尺寸的包容件（孔）中。过盈配合是一种固定连接，因此装配时要求有正确的相互位置和紧固性，还要求装配时不损伤机件的强度和精度，装入简便、迅速。因此，过盈配合适用于受冲击载荷零件的连接以及拆卸较少的零件的连接。

由于过盈配合要求零件的材料应能承受最大过盈所引起的应力，配合的连接强度应在最小过盈时得到保证。为了保证这种连接在装配后能够正常工作，就必须保证装配时过盈量的适当。通常过盈量的选取有两种方法，即查表法和计算法。

常温下的压装配合适用于过盈量较小的几种静配合，其操作方法简单，动作迅速，是最常用的一种方法。根据加力方式不同，压装配分为锤击法和压入法两种。锤击法主要用于配合要求较低、长度较短、采用过渡配合的连接件；压入法加力均匀，方向易于控制，生产效率高，主要用于过盈配合。过盈量较小时可用螺旋或杠杆式压入工具压入，过盈量较大时用压力机压入。

1. 配合尺寸检查

零件配合尺寸检查主要应注意零件的尺寸和几何形状偏差、表面粗糙度、倒角和圆角是否符合图样要求，是否去掉了毛刺等，零件的尺寸和几何形状偏差是否超出允许范围，以免造成装不进、机件胀裂、配合松动等后果。表面粗糙度不符合要求会影响配合质量。倒角不符合要求或不去掉毛刺，在装配过程中不易导正，可能损伤配合表面。圆角不符合要求，可能使机件安装不到预定的位置。

零件尺寸和几何形状的检查，一般用千分尺或精度为 0.02mm 的游标卡尺，在轴颈和轴孔长度上两个或三个截面的几个方向进行测量，而其他内容靠样板和目视进行检查。

零件验收的同时，也就得到了相配合零件实际过盈的数据，它是计算压入力、选择装配方法等的主要依据。

2. 计算压入力

压装时，压入力必须克服轴压入孔时的摩擦力，该摩擦力的大小与轴的直径、有效压入长度和零件表面粗糙度等因素有关。由于各种因素影响，压入力难以精确计算，所以在实际装配工作中，常采用经验公式进行压入力的计算。

$$P = \frac{a\left(\dfrac{D}{d} + 0.3\right)iL}{\dfrac{D}{d} + 6.35} \tag{6-3}$$

式中 a——系数，当孔、轴均为钢时，$a = 73.5\text{kN/mm}^2$；当轴为钢、孔为铸铁时，$a = 42\text{kN/mm}^2$；

　　　　P——压入力（kN）；

　　　　D——孔内径（mm）；

　　　　d——轴外径（mm）；

　　　　L——配合面的长度（mm）；

　　　　i——实测过盈量（mm）。

一般根据上式计算出的压入力再增加20%～30%选用压入机械为宜。

【任务实施】

　　过盈配合装配所用的设备，应根据计算出的压入力大小来选择。手扳压力机一般用于装配尺寸不大的零件，所需的压力为10～15kN；机械驱动的螺旋压力机可装配压力在50kN以下的零件；如果所需装配压力再高些（30～150kN），可采用气压式压力机；液压式压力机所产生的压力可达100～1000kN，用于装配较大尺寸的零件。

　　零件压入时，首先应使装配表面保持清洁并涂上润滑油，以减少装入时的阻力和防止装配过程中损伤配合表面；其次应注意均匀加力并注意导正，压入速度不可过急、过猛，否则不但不能顺利装入，而且还可能损伤配合表面，压入速度一般为2～4mm/s，不宜超过10mm/s；另外，应使零件装到预定位置方可结束装配工作。用锤击法压入时，还要注意不要打坏零件，为此常采用软垫加以保护。装配时如果出现压入力急剧上升或超过预定数值时，应停止装配，必须在找出原因并进行处理之后方可继续装配。出现这种问题的原因常常是：检查机件尺寸和几何形状偏差时不够仔细，键槽有偏移、歪斜或键尺寸较大，以及装入时没有导正等。

【知识拓展】　热装与冷装

一、热装

　　热装的基本原理是：通过加热包容件（孔），使其直径膨胀增大到一定数值，再将与之配合的被包容件（轴）自由地送入包容件中，孔冷却后，轴就被紧紧地抱住，其间产生很大的连接强度，达到过盈配合的要求。热装主要用于没有压力机床时或直径大、过盈量大的零件的配合，或冷压合时零件将被损坏或较大型零件不宜使用冷压法的情况下。

1. 检查装配零件

热装时，装配件的检查和测量过盈量与压入法相同。

2. 确定加热温度

热装包容件的加热温度常用下式计算

$$t = \frac{(2 \sim 3)i}{k_a d} + t_0 \tag{6-4}$$

式中　t——加热温度（℃）；

　　　t_0——室温，即指零件最初的温度（℃）；

　　　i——实测过盈量（mm）；

　　　k_a——包容件材料的线膨胀系数（1/℃）；

　　　d——孔的名义直径（mm）。

3. 选择加热方法

常用的加热方法有以下几种，在具体操作中可根据实际工况选择。

（1）热浸加热法　热浸加热法常用于尺寸及过盈量较小的连接件。该方法加热均匀、方便，常用于加热轴承。其方法是将全损耗系统用油放在铁盒内加热，再将需加热的零件放入油内即可。对于忌油连接件，则可采用沸水或蒸汽加热。

（2）氧乙炔火焰加热法　该法多用于较小零件的加热，此加热方法简单，但易于过热，故要求具有熟练的操作技术。

（3）固体燃料加热法　该方法适用于结构比较简单、要求较低的连接件。其方法可根据零件尺寸大小，临时用砖砌一个加热炉或将零件用砖垫上，再用木柴或焦炭加热。为了防止热量散失，可在零件表面盖一个与零件外形相似的焊接罩子。此方法简单，但加热温度不易掌握，零件加热不均匀，而且炉灰飞扬，易发生火灾，故最好慎用此方法。

（4）煤气加热法　此方法操作简单，加热时无煤灰，且温度易于掌握。对大型零件只要将煤气烧嘴布置合理，亦可做到加热均匀。在有煤气的地方推荐采用此法。

（5）电阻加热法　此方法是用镍－铬电阻丝绕在耐热瓷管上，放入被加热零件的孔里，对镍－铬电阻丝通电便可加热。为了防止散热，可用石棉板做一外罩盖在零件上，这种方法只适用于精密设备或有易爆易燃物品的场所。

（6）电感应加热法　此方法是利用交变电流通过铁心（被加热零件可视为铁心）外的线圈，使铁心产生交变磁场和感应电动势，此感应电动势以铁心为导体产生电流。这种电流在铁心内形成涡流现象，称为涡流电流，在铁心内，电能转化为热能，使铁心变热。此外，当铁心磁场不断变动时，铁心被磁化的方向也随着磁场的变化而变化，这种变化将消耗能量而变为热能，使铁心热上加热。此方法操作简单，加热均匀，无炉灰，不会引起火灾，适用于装有精密设备或有易爆易燃物品的场所，还适用于特大零件的加热（如大型转炉倾动机构的大齿轮与转炉耳轴就可用此方法加热进行热装）。

4. 测定加热温度

在加热过程中，可采用半导体点接触测温计测温。在现场常用油类或非铁金属作为测温材料，如全损耗系统用油的闪点是 200～220℃，锡的熔点是 232℃，铅的熔点是 327℃。也可以用测温蜡笔及测温纸片测温。

5. 检查孔尺寸

由于测温材料的局限性，一般很难测准所需加热温度，故现场常用孔尺寸量规进行检测，如图 6-20 所示。尺寸按实际过盈量 3 倍制作，当孔尺寸量规通过时，则加热温度正合适。

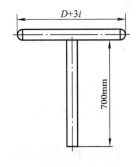

图 6-20　孔尺寸量规

6. 装配

装配时应去掉孔表面上的灰尘、污物；必须将零件装到预定位置，并将孔装在轴上，直到机件完全冷却为止；不允许用水冷却机件，避免造成内应力，降低机件的强度。

二、冷装

当孔尺寸较大而压入的轴尺寸较小时，加热包容件既不方便又不经济，甚至无法加热，这时可采用冷装配合，即用低温冷却的方法使被压入的零件尺寸缩小，然后迅速将其装入到带孔的零件中去。

冷装配合的冷却温度可按下式计算

$$t = \frac{(2 \sim 3)i}{k_a d} - t_0 \tag{6-5}$$

式中　t——冷却温度（℃）;

　　t_0——室温，即指零件最初的温度（℃）;

　　i——实测过盈量（mm）;

　　k_a——被冷却材料的线膨胀系数（1/℃）;

　　d——被冷却的公称尺寸（mm）。

常用冷却剂及冷却温度：

1）固体二氧化碳（也称为干冰）加酒精或丙酮，冷却温度为 -75℃，干冰冷却箱如图 6-21 所示。

2）液氨，冷却温度为 -120℃。

3）液氧，冷却温度为 -180℃。

4）液氮，冷却温度为 -190℃。

冷却前应将被冷却件的尺寸进行精确测量，并按冷却的工序及要求在常温下进行试装，其目的是为了准备好操作和检查的必要工具、量具及冷藏运输容器，检查操作工艺是否合适。此法适用于有制氧设备的冶金厂。

冷却装配要特别注意操作安全，预防冻伤操作者。

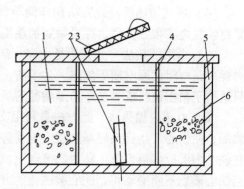

图 6-21　干冰冷却箱

1—冷却液　2—工件　3—压盖

4—薄壁　5—外壳　6—干冰

任务5　联轴器的安装

【任务描述】

联轴器是机械设备常用的一种连接件，它将主动机输出轴的动力传递给从动机的输入轴。联轴器有刚性联轴器和柔性联轴器两大类，刚性联轴器的安装对机械设备的振动、噪声、性能、使用寿命有直接的影响。

【任务分析】

1）了解联轴器安装的基本概念。

2）初校正固定主动机、从动机。

3）精确校正。

【知识准备】　联轴器安装

联轴器用来连接不同机构中的两根轴，使它们一同旋转，一同传递转矩。联轴器可以分为刚性联轴器与弹性联轴器两大类。刚性联轴器又分为固定式和可移式两类。

联轴器的装配包括两方面：一是将轮毂装配到轴上，轮毂与轴的装配大多采用过盈配合，装配方法可采用压入法、冷装法、热装法；二是联轴器校正和调整，固定式刚性联轴器所连接的两根轴的轴线应该保持严格的同轴度，所以联轴器在安装时，必须精确地找正、对中，否则将使轴、轴承、轴上其他零件承受额外负荷，影响正常运转，甚至造成机器事故。

弹性联轴器及可移式刚性联轴器允许两轴的旋转轴线有一定程度的偏移，这样机器的安装就要容易得多。

【任务实施】　安装固定式刚性联轴器

一、安装主、从动机

安装时，首先把从动机安装好，输入轴位于水平位置，试装主动机，用百分表找正，调整主动机的支座下面的垫片，主动机输出轴对正后，固定主动机。

二、联轴器的校正

刚性联轴器的安装主要是精确地找正、对中，保证两轴的同轴度。刚性联轴器的调整是安装工程中的重要环节。

1. 联轴器相互间的位置关系

联轴器在垂直面内相互间的位置关系如下：

1）两半联轴器的端面互相平行，主动轴和从动轴的轴线在一条水平直线上，这时两轴的端面之间存在轴向位移，如图 6-22a 所示。

2）两半联轴器的端面互相不平行，两轴的轴线相交，其交点正好落在主动轴的半联轴器的中心点上，这时两轴的轴线之间有角位移（倾斜角）α，如图 6-22b 所示。

3）两半联轴器的端面互相平行，轴线不同轴，这时两轴的轴线之间有径向位移，如图 6-22c 所示。

4）两半联轴器的端面互相不平行，两轴的中心线的交点又不落在主动轴半联轴器的中心点上，这时两轴的中心线之间存在综合位移，如图 6-22d 所示。

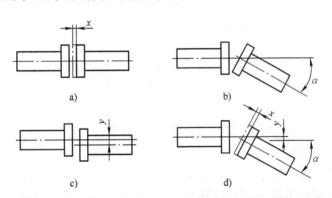

a)　　　　　　　　　b)

c)　　　　　　　　　d)

图 6-22　联轴器相互间的位置关系

a）轴向位移　b）角位移　c）径向位移　d）综合位移

2. 联轴器校正

1）利用直尺及塞尺测量联轴器的径向位移；利用平面量规及楔形间隙量规测量联轴器的角位移。这种测量方法简单，但精度不高，一般只用于精度不高的低速机器。

2）利用中心卡及千分表测量联轴器的径向间隙和轴向间隙。这种方法适用于精密机器和高速机器。

3）利用中心卡和塞尺测量联轴器的径向间隙和轴向间隙。利用中心卡及塞尺可以同时测量联轴器的径向间隙和轴向间隙。这种找正方法操作方便，精度高，应用广。

3. 联轴器的初校正

校正时，两轴不动，以直角尺的一边紧靠在联轴器外圆表面上，按上、下、左、右的次序进行检测，直至联轴器的两外圆表面齐平为止。

联轴器两外圆表面齐平，只表示联轴器的外圆轴线同轴，并不说明所连两轴轴线同轴，如：

1）尽管两外圆表面同轴，两轴线并不同轴，如图6-23a所示；最大偏心为两半联轴器的外圆与轴偏心之和；最小偏心为两半联轴器的外圆与轴偏心之差；实际上所产生的偏差常在两者之间。

2）当联轴器的外圆轴线与轴的轴线不平行而有一交角时，两轴的轴线也有交角，如图6-23b所示；最大交角为两半联轴器外圆轴线与轴的轴线交角之和；最小交角为两半联轴器外圆轴线与轴的轴线交角之差。

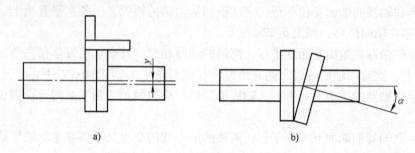

a)   b)

图6-23 联轴器初校正

a）联轴器与轴偏心 b）联轴器与轴有交角

由于有上述误差的存在，所以联轴器在初校正后还要进行精确校正。

【知识拓展】

一、无轴向窜动时联轴器的精确找正

如图6-24a所示，在两半联轴器相对应的两点 P、Q 上，分别固定中心卡的两边，然后 P 点对正 Q 点，使两轴同时转动，即 P 点与 Q 点之间不许有相对的位移（轴向位移、径向位移和位移角）。首先使中心卡在上方的垂直位置处（0°），用千分表测量出径向间隙 s_1 和轴向间隙 a_1，然后将两半联轴器顺次转到90°、180°、270°三个位置上，分别测量出 s_2、a_2；s_3、a_3；s_4、a_4。将测得的数值记在记录图中，然后进行比较，并调整要连接的主动轴的位置，直至四个位置的数值 a 和数值 s 都分别相等，这种情况下可以认为两轴同轴。

测量时产生误差，常常是由以下原因造成的：

1）中心卡在测量过程中位置发生变动。

2）测量时塞尺片插入各处的力不均匀。

3）在某次测量计算塞尺片厚度时产生错误。

测量的数据是否正确，可用以下两恒等式加以判别

$$a_1 + a_3 = a_2 + a_4 \tag{6-6}$$

$$s_1 + s_3 = s_2 + s_4 \tag{6-7}$$

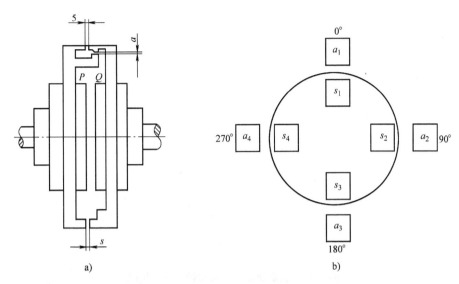

图 6-24　无轴向窜动时联轴器的精确找正

a）测量示意图　b）记录图

如实测量数据代入恒等式不相等，而有较大的误差（大于 0.02mm），则可以确定，所进行的测量中必然有一次或几次数据是不精确的。

二、联轴器安装时的调整

联轴器的径向间隙和轴向间隙测量完毕后，就可以根据偏移情况进行调整。调整时，先调整轴向间隙，使两半联轴器的轴线平行，然后再调整径向间隙，达到同轴度要求。

1. 加减垫片法

在调整时，根据偏移情况，通过多次测量偏差、多次试加或试减主动轴支点下面的垫片或在水平方向移动主动端位置逐渐接近的方法达到技术要求。

2. 计算法

对于精密和大型机电设备，用计算法来确定主动机底座下应加上或减去的垫片厚度。

（1）用两恒等式来判别检查测量结果的正确性：

$$a_1 + a_3 = a_2 + a_4$$

$$s_1 + s_3 = s_2 + s_4$$

两恒等式成立，则测量结果正确，否则要重新测量。

（2）判别主动轴相对于从动轴的偏移情况

1）$s_1 = s_3$，且 $a_1 = a_3$，如图 6-25a 所示，这表示两半联轴器的端面互相平行，主动轴和从动轴的轴线又同在一条水平直线上，这时两半联轴器处于正确的位置，不需调整。

2）$s_1 = s_3$，但 $a_1 \neq a_3$，如图 6-25b 所示，这表示两半联轴器的端面互相平行，两轴不在同一水平线上，这时两轴的轴线之间有径向位移，需要调整。

3）$s_1 \neq s_3$，但 $a_1 = a_3$，如图 6-25c 所示，这表示两半联轴器的端面互相不平行，两轴的轴线相交，其交点正好落在主动轴的半联轴器的轴点上，这时两轴的轴线之间有角位移（倾斜角），需要调整。

4）$s_1 \neq s_1$且$a_1 \neq a_3$，如图6-25d所示，这表示两半联轴器的端面互相不平行，两轴的轴线的交点又不落在主动轴半联轴器的中心点上，这时两轴的轴线之间既有径向位移又有角位移，需要调整。

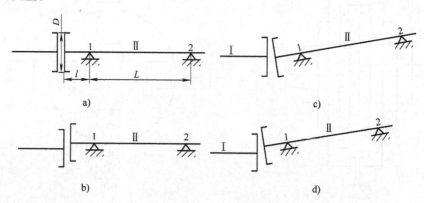

图6-25   主动轴相对于从动轴的偏移情况

a）正确位置   b）径向位移   c）角位移   d）既有径向位移又有角位移

3. 调整步骤

下面以$s_1 \neq s_3$且$a_1 \neq a_3$为例，说明调整步骤。

（1）先使两半联轴器平行   由图6-26a可知，为了要使两半联轴器平行，在主动机的支点2下加上厚度为$x(\text{mm})$的垫片，此处x的数值可以利用画有阴影线的两个相似三角形的比例关系算出。

$$x = bL/D \tag{6-8}$$

式中 b——$b = s_1 - s_3$，在0°与180°两个位置上测得的轴向间隙的差值（mm）；

D——联轴器的计算直径（mm）；

L——主动机轴纵向两支点间的距离（mm）。

由于支点2垫高了，而支点1底下没有加垫，因此，轴Ⅱ将会以支点1为支点发生很小的转动，这时两半联轴器的端面虽然平行了，轴Ⅱ的中心却下降了y（mm），如图6-26b所示。此处的y的数值同样可以利用图上画有阴影线的两个相似三角形的比例关系算出。

$$y = \frac{xl}{L} = \frac{bl}{D} \tag{6-9}$$

式中 l——支点1到半联轴器测量平面之间的距离（mm）。

（2）再使两半联轴器同轴   由于$a_1 > a_3$，即两半联轴器中心不在一条轴线上，其原有径向位移量（偏心距）为$e = (a_1 - a_3)/2$，再加上在初校正时又使联轴器中心的径向位移量增加了y，所以为了使两半联轴器同轴，必须在轴Ⅱ的支点1和2下同时加上厚度为$y+e$的垫片。

由此可见，为了保证轴Ⅰ、轴Ⅱ两半联轴器既平行又同轴，则必须在轴Ⅱ的支点1底下加上厚度为$y+e$的垫片，而在支点2底下加上厚度为$x+y+e$的垫片，如图6-26c所示。

按上述步骤将联轴器在垂直方向和水平方向调整完毕后，联轴器的径向偏移和角位移应在规定的公差范围内。

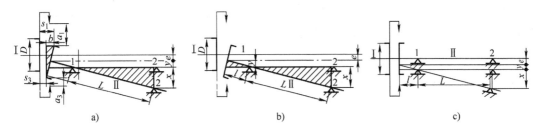

图 6-26　联轴器调整方法

任务 6　齿轮装配

【任务描述】

齿轮传动是机械设备常用传动之一，齿轮传动又分为圆柱齿轮传动、锥齿轮传动、蜗杆传动，齿轮、传动轴、轴承的装配质量对机械设备的噪声、振动、性能、寿命有直接的影响，齿轮装配及检查是设备故障诊断与维修的重要环节之一。

【任务分析】

1) 了解齿轮装配的基本概念。

2) 齿轮装配及装配精度检查。

3) 锥齿轮装配。

4) 蜗杆副装配。

【知识准备】

一、齿轮装配

齿轮的修理装配不是一个简单的装配过程，而是将齿轮、轴、轴承等多种零件装配起来，再经过调整，从而获得高的传动精度，小的噪声和冲击，并有较强的承载能力，使齿轮机构能长久可靠地工作。

1. 修理装配的复杂性

如果在修理中齿轮因严重磨损而需全部更换，其他零件如轴和轴承等仍符合要求，装配齿轮与装新机械相同；但若仅换某个齿轮，装配就比较复杂了，其原因是：

1) 新旧齿轮被磨损的程度不同，因此在装配时要尽可能使齿轮按照原来磨合的轨迹啮合，否则噪声就会加大。

2) 如果两个啮合的齿轮，一个齿轮齿数是另一个齿轮齿数的整数倍，则在运转过程中，两齿轮的轮齿将周期性地重合，而在修理装配后很可能破坏了这一啮合关系，降低了啮合的精度。

3) 重装后，齿轮的位置要改变，这也是噪声增大的因素。

2. 齿轮装配时应注意的问题

为了保证修理的装配质量，应注意以下的问题：

1) 对于传递动力的齿轮，应尽可能维持原来的啮合关系，以减少噪声。

2) 作分度的齿轮，装配时不仅要减少噪声，并且要保证分度均匀。在调整时尽量减小成对齿轮的传动间隙，同时使节圆半径的径向圆跳动量最小。

3）装配时应使轴承的松紧程度适当。太松，旋转时会产生噪声；太紧，则当轴受热时没有膨胀的余地，使轴弯曲变形，从而影响啮合。

3. 齿轮装配时的主要工作

检查齿轮及有关零件，装上齿轮并检查齿轮的圆跳动，把轴装入箱体，检查和调整齿轮啮合状况。

二、圆柱齿轮的装配

1. 圆柱齿轮的装配要求

（1）轴向定位　一般大齿轮宽度较小，应以其中心平面为基准与小齿轮对中，即齿轮的轴向定位要适中，如图6-27所示。

（2）啮合间隙　要检查径向间隙和齿侧间隙，在装配之前还应严格检查轴承孔的中心距和齿轮精度。在装配后可以用塞尺、百分表或压铅丝等方法进行检查。间隙大小应适当，间隙过小会出现卡涩现象，或不能形成润滑所需要的油膜而引起发热和加剧磨损；间隙过大会使传动精度下降或产生冲击。

（3）啮合位置　可用印痕法检验。常用的7级精度齿轮，以接触斑点反映齿轮啮合的位置，接触斑点的要求是：在齿高方向不少于45%；在齿长方向不少于60%；斑点应分布在节圆附近和齿长的中间。

在图6-28所示的齿啮合的几种情况中，图6-28a为正常接触，图6-28b为中心距过大，图6-28c为中心距过小，图6-28d的原因可能是轴弯曲，轴承松动或轴线不平行，也可能是齿轮制造精度不合格。

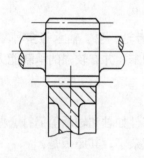

图6-27　圆柱齿轮的轴向对中

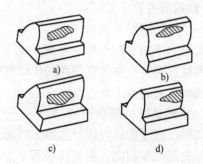

图6-28　齿轮的啮合印痕

2. 装配前零件的检查

齿轮与轴可制成一体，即齿轮轴，也可以用键（平键、半圆键和花键）、销钉与螺钉把齿轮固定在轴上，因此，装配前应对齿轮及有关的零件进行检查。

（1）齿轮的检查　新换的齿轮应与旧齿轮核对，各主要参数必须相符，轮齿表面粗糙度、硬度应合乎要求。检查硬度可用硬度计或用锉刀上下锉削（图6-29），如果锉刀打滑，则说明这个齿轮硬度是符合要求的。

（2）轴的检查　对轴进行检查与校正，确保其不弯曲，并修光键槽边缘毛刺。

（3）轴孔的检查　为了保证圆柱齿轮啮合正确，齿轮箱各有关轴孔应相互平行，中心距偏差应在公差范围内，否则应修复。检查方法如图6-30所示，并把检验棒1、2放进箱体孔内，用卡尺或千分表测量，如果读数一致，则说明轴平行。

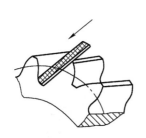

图 6-29　用锉刀检查齿轮硬度

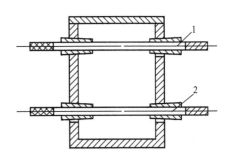

图 6-30　检查齿轮的轴孔

【任务实施】

一、装配顺序

装配的顺序最好是按传递运动相反的方向进行，即从最后的从动轴开始，以便于调整。安装一对旧齿轮时，要按原来磨合的轴向位置装配，否则会产生振动，并使噪声增大。

每装完一对齿轮，应检查齿轮的啮合情况和齿侧间隙。工作面的啮合情况用涂色法检查。通常是在小齿轮的齿面上涂上薄薄的一层涂料，然后转动齿轮，就在另一齿轮面上留下印痕。根据接触面的大小就可以判断装配质量的高低。机床工作时不仅正转而且反转，因此对齿的两面都要检查。齿轮精度等级与接触点要求见表6-7。

表 6-7　齿轮表面接触精度表

精 度 等 级		6	7	8	9
接触点（≥%）	按齿高度	50	45	40	30
	按齿宽度	70	60	50	40

二、检查齿侧间隙

为了在工作齿面上形成油膜，并防止齿轮在工作中卡住，要求齿轮安装后有一定的齿侧间隙。齿侧间隙指互相啮合的一对轮齿在非工作面之间沿法线方向的距离。测量方法如下：

1. 塞尺检查法

如图6-31所示，用塞尺直接插入两齿之间，分别量出齿的工作一侧和非工作一侧的厚度，两侧厚度相加即为齿侧间隙。此方法简单，应用广泛。

2. 用千分表检查

如图6-32所示，将千分表架1安放在箱体上，把检验杆2装在轴Ⅰ上，百分表测头3顶住检验杆。然后让一个齿轮不动，而转动另一个，记下千分表读数，并按下式计算齿侧间隙 δ_1：

$$\delta_1 = \delta_0 R / L \tag{6-10}$$

式中　δ_0——千分表读数；

R——转动齿轮的节圆半径（mm）；

L——从检验杆旋转中心线到检验杆被百分表测头触及点的距离（mm）。

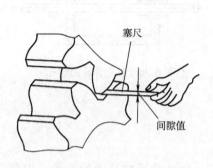

图 6-31　塞尺检查法

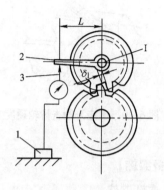

图 6-32　千分表检查法
1—千分表架　2—检验杆　3—百分表测头

3. 压铅法

如图 6-33 所示，用润滑脂（黄油）将铅丝贴在小齿轮上，然后均匀地转动齿轮，即将铅丝压扁。但整条铅丝被压扁的程度不一致，可用外径千分尺测量其厚度，薄的（图中 a）为工作一侧，厚的（图中 b）为非工作一侧，两侧厚度相加，即得齿侧间隙。

如果从齿的长度上所测量的几节铅丝的厚度一样，则表明装配正确。

对于圆柱斜齿轮或人字齿轮的齿侧间隙可按下式计算：

$$\delta_1 = \delta_0 / \cos\beta \tag{6-11}$$

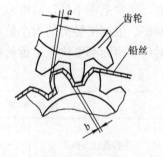

图 6-33　压铅法

式中　δ_1——齿轮的实际间隙（mm）；

δ_0——量得的齿轮间隙（mm）；

β——斜齿轮或人字齿轮的斜角。

如果齿侧间隙不均匀，可找出最小的齿侧间隙并在相应的轮齿上打上记号，然后把其中的一个齿轮转 180°，再重新啮合，间隙可能趋于一致，否则应对齿轮、轴及箱体进行检查。

三、检查轴的平行度

齿轮装配后，两轴的平行度可以用钢直尺紧靠在齿轮的侧面，用塞尺检查，如图 6-34 所示。

用百分表检查齿轮径向圆跳动和轴向圆跳动，如图 6-35 所示。

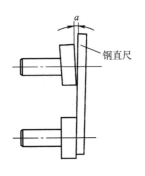

图 6-34　检查轴的平行度

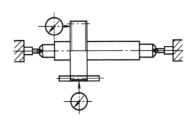

图 6-35　检查齿轮圆跳动

【拓展训练 1】　锥齿轮的装配

一、装配要求

1）两齿轮轴线应处在同一平面内，并相交于一点。

2）两齿轮轴交角必须正确。

3）装配后两齿轮啮合应正常，齿侧间隙应正确，接触点分布应均匀。以 7 级锥齿轮为例，接触斑点沿齿高方向不少于 60%，沿齿长方向不少于 60%。啮合印痕一般在从动齿轮的前进啮合受力面上检查，如图 6-36 所示。

二、装配前的检查

1）检验锥齿轮是否符合标准。

2）检查装配齿轮的轴是否有弯曲现象。

3）检查箱体的两轴孔轴线位置是否正确。

两齿轮的轴线是否相交在同一平面内，可用图 6-37 所示的方法检验，将检验棒 1 和 2 分别插入箱体孔内，如果检验棒 2 的小轴颈能顺利地穿入检验棒 1 的孔中，即说明两齿轮轴线是处在同一平面内。

图 6-36　锥齿轮的啮合印痕

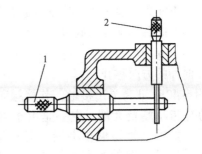

图 6-37　检查齿轮轴线相交（方法一）

还可把检验棒的一端沿轴线方向切去一半，做成半圆状，如图 6-38 所示，检验时把检验棒 1、2 分别插入箱体孔中，用塞尺 3 测定两检验棒切断面之间隙，应在允许范围之内。

锥齿轮轴交角的正确性，可用图 6-39 所示的方法检验，将检验棒 1 及检验样板 2 放置妥当，如果两孔的轴线互成直角，则样板 a、b 两点与检验棒 1 的间隙应一致，可用塞尺检查。

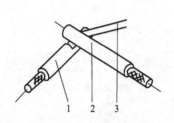

图 6-38　检查齿轮轴线相交（方法二）
1、2—检验棒　3—塞尺

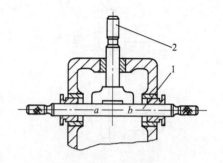

图 6-39　检查齿轮轴线夹角
1—检验棒　2—检验样板

三、装配后检查

锥齿轮工作面的啮合，也是用涂色法来检查，图 6-40 所示为锥齿轮装配后常出现的几种不正确啮合情况。

图 6-40a 为齿顶接触，其原因是中心距不准，可按图示箭头方向，将主动齿轮 1 向从动齿轮 2 的方向移动来加以调整。

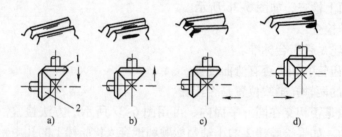

图 6-40　用涂色法检查齿轮工作面的啮合情况

图 6-40a 为齿顶接触，其原因是中心距不准，可按图示箭头方向，将主动齿轮 1 向从动齿轮 2 的方向移动来加以调整。

图 6-40b 为齿根接触，也是由于中心距不正确所造成的，调整时应将主动齿轮 1 自从动齿轮 2 向外的方向移开。

图 6-40c、d 为单边接触，其接触印痕分别分布在轮齿小端及大端，主要是由于轴线歪斜造成的。如果接触印痕在小端，则从动齿轮 2 应自主动齿轮 1 向外的方向移动；反之，从动齿轮 2 应向主动齿轮 1 的方向移近。

图 6-41 所示为装配正确的情况，其接触面略靠近齿的小端。图 6-41a 所示为无载荷时正常啮合的接触面分布情况；图 6-41b 所示为满载荷时正常啮合的接触面分布情况。如果得不到这种正确的位置，应选择厚度适当的垫片来加以调整，如图 6-41c 所示。锥齿轮的齿侧间

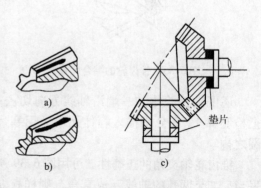

图 6-41　正确的装配

隙亦可用塞尺、压铅法和千分表检查。

【拓展训练2】　装配蜗杆副

蜗杆传动用于两交叉轴成90°的传动中，它的功用是减速和分度。

1. 装配应满足的要求

1）必须保证两轴交叉成90°，且两轴中心距准确，轴线在同一平面内，以保证蜗轮圆弧面中心线与蜗杆截面垂直中心线相重合。

2）啮合接触点分布均匀，用于分度的蜗轮、蜗杆在节圆上侧间隙值应最小，蜗杆轴向圆跳动值最小，运转轻便，没有噪声。

2. 检验方法

（1）啮合接触面检验　啮合接触面亦可用涂色法检验。在蜗杆的表面涂上一薄层涂料，用手慢慢转动蜗杆，然后检查蜗轮轮齿上的印痕，即可判断装配是否正确。图6-42所示为几种不同的啮合状况。

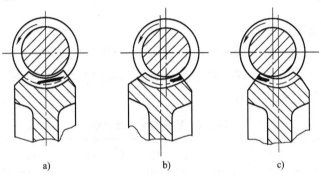

图6-42　蜗轮与蜗杆的啮合状况

其中图6-42a表示装配正确，图6-42b、c表示蜗轮圆弧面中心线与蜗杆截面垂直中心线有偏移，图6-42b蜗杆偏右，图6-42c蜗杆偏左。这可通过调整蜗杆中心线与蜗轮圆弧面中心线的位置来改进。

（2）两轴中心检验　两轴是否交叉成90°，中心距是否准确，可用图6-43所示的方法来检验。检验时，将检验棒1、2插入轴孔中，然后转动千分表记下a、b、c三个读数。如果其中a、b读数一致，表明两轴交叉成90°。从图还可知：

$$A = H_1 - H_2 - D_1/2 + D_2/2 \tag{6-12}$$

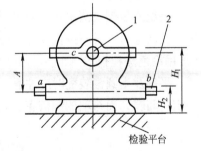

图6-43　检验两轴中心

式中　A——两轴中心距（测得的A应与理论中心距一致）；

　　H_1——检验棒1顶点c到检验平台的距离；

　　D_1——检验棒1的直径；

　　H_2——检验棒2顶点b（a）到检验平台的距离；

　　D_2——检验棒2的直径。

（3）啮合间隙检查　检验蜗杆副是否运转轻便，没有噪声。若用手转动时有困难，甚至咬住，则表示间隙太小、啮合不精确或歪斜过大，应予以调整。蜗杆副在节圆上的侧向间隙可用压铅法来测量。

【知识拓展】

一、螺纹连接的装配

1. 螺纹连接的装配要求

1）保证被连接零件的紧固性和正确的相对位置，且在工作过程中不松动、不破坏。

2）装配时应用机油清洗，以便于拧入。螺纹连接件应具有完整的外形，不弯曲，螺纹部分不允许有腐蚀损坏现象。被连接的有关表面应平整光洁，螺孔中不得有脏物。不合要求的螺栓、螺钉不能勉强使用，应该更换新件。

3）螺纹连接件的中心线应与被连接表面相垂直。

4）在工作中受振动、变载、冲击的螺纹连接件，不仅要拧紧，还要采用防松锁紧装置。

2. 装配时的注意事项

1）螺纹的配合松紧应符合要求。在不受力的情况下，应能用手拧动而又无松动现象。

2）承受工作负荷的螺纹连接，在装配时应达到规定的拧紧力矩以满足预紧力的要求。拧紧力矩的大小以35钢螺钉为例，见表6-8。

表6-8　螺纹装配拧紧力矩

公称直径/mm	6	8	10	12	16	20	24
拧紧力矩/N·m	40	10	18	32	80	160	280

对不同的材料，表中的数值应进行修正。如Q235钢的修正系数为0.75，45钢为1.1。

二、键的装配

装配前后彻底清洗键及键槽，修光毛刺、锐边等。如果拆下的旧键合格，可以继续使用。换新键时，键与键槽要通过锉削或刮削进行修配，使沿键槽全长的接触面积不小于2/3（可用涂色法检查）。

平键及半圆键装配时应注意，键的两侧面必须有一定的过盈，顶面和轮毂槽底部应留有一定的间隙，而与轴的键槽底部必须接触，装配后可用塞尺检查。

任务7　密封装置的装配

【任务描述】

机械设备的密封性是保证机械设备正常运行的重要条件之一，影响机械设备密封性能的因素除设计问题之外，还包括密封件的装配。

【任务分析】

1）密封装置装配的基本概念。

2）油封的装配。

3）密封圈的安装。

【知识准备】 密封装置的装配

为了防止润滑油脂从机器设备结合面的间隙中泄漏出来，并不让外界的脏物、尘土、水和有害气体等侵入，防止液压或气压的介质（如油、压缩空气、水和蒸汽等）的泄漏和防止吸入空气，机器设备必须进行密封。如果机器设备密封不良，不仅会使机器设备失去正常的维护条件，影响其寿命，而且往往会造成生产的停顿和带来事故。因此，必须重视和认真做好机器设备的密封工作。

机械设备的密封装置按密封结合面间的状态可分为两大类：①固定连接的密封，这是相对静止的结合面间的密封，称为静态密封，如箱体结合面、法兰盘连接等的密封。②活动连接的密封，这是相对运动的结合面间的密封，也称为动密封，如传动轴与孔的密封。密封装置的种类很多，应根据介质种类、工作压力、工作温度、外界环境等工作条件、设备的结构和精度进行选择。

一、固定连接密封

1. 密合密封

密合密封是利用机件有较高加工精度和较低的表面粗糙度值的表面密合进行密封。当配合要求结合面之间不允许加垫或密封漆胶时，就需要采用密合密封。这时，除了需要磨床精密加工外，还要进行研磨或刮削使其达到密合，其技术要求是有良好的接触面并通过泄漏试验。零件加工前，还需经过消除内应力退火。在装配时注意不要损伤其配合表面。

2. 漆胶密封

漆胶密封是将机件结合面用油漆或密封胶进行密封。为保证机件正确配合，在结合面处不允许有间隙时，一般不允许加衬垫，这时一般用漆片或密封胶进行密封。随着科学技术的发展，对于密封提出了更高的要求。近年来出现了高分子液体密封垫料和密封胶，可用于各种连接部位上，如各种平面、法兰连接、螺纹连接和承插连接等，它具有防漏、耐温、耐压、耐介质等性能，而且有效率高、成本低、操作简便等优点，可以广泛应用于许多不同的工作条件。

使用密封胶时应注意以下几点：

1）涂胶之前，清除干净结合面上的油污、水分、铁锈以及其他污物，以便密封胶填满结合面而达到紧密结合。

2）密封胶一般含有溶剂，因此涂敷后，需经一段时间干燥后方紧固连接，干燥时间与涂敷厚度、环境温度有关，一般为 3～7min。

3）胶膜越薄（大于 0.1mm），越易产生单分子效应，使粘结力增强，可与固体衬垫共同使用。

3. 衬垫密封

承受工作负荷的法兰连接，为了保证连接的紧密性，一般要在结合面之间加入较软的衬垫，常用的衬垫有纸垫、厚纸板垫、橡胶垫、石棉橡胶垫、石棉金属橡胶垫、纯铜垫、铝垫、软钢垫片等。垫片的材料根据密封介质和工作条件进行选择。在装配时，垫片的材料和厚度必须符合图样要求，不得任意改变；应进行正确的预紧；拆卸后如发现垫片失去了弹性或已破裂，应及时更换。

二、活动连接密封

1. 填料密封的装配

填料密封的结构如图6-44所示，装配工艺如下：

1）软填料可以是一圈圈分开的，各圈在轴上不要强行张开，以免产生局部扭曲或断裂。相邻两圈的切口应错开90°以上，软填料也可以做成整条，在轴上缠绕成螺旋状。

2）当壳体为整体圆筒时，可用专用工具把软填料推入孔内。

3）软填料由压盖压紧。为了使压力沿轴向分布尽可能均匀，以保证密封性能和均匀磨损，装配时，应由左到右逐步压紧。

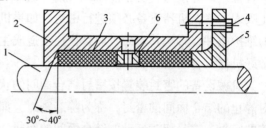

图6-44 填料密封
1—主轴 2—壳体 3—软填料
4—螺钉 5—压盖 6—孔环

4）压盖螺钉至少要有两个，必须轮流逐步拧紧，以保证圆周力均匀。同时用手转动轴，检查其接触的松紧程度，要避免压紧后再行松开。在负荷运转下继续观察填料密封的情况，如泄漏增加，应再均匀拧紧压盖螺钉，另外，填料密封允许有极少量泄漏，不应为完全无泄漏而压得太紧，以免摩擦使功率消耗增大导致密封部分发热烧坏。

2. 油封装配

油封是用于旋转轴或壳体孔的一种密封装置，如图6-45所示，按其结构可分为骨架式与无骨架式两类。装配时应防止唇部受伤，同时使拉紧弹簧有合适的拉紧力。

装配时应注意如下事项：

1）检查与油封相配的孔、轴的表面粗糙度是否完全符合要求，密封唇部有否损伤，在唇部和轴上涂以润滑脂。

2）用压入法装配时，要注意使油封与壳体孔对准，不可偏斜，孔倒角宜大些，在油封外圈或壳体孔内涂少量润滑油。

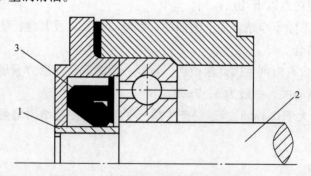

图6-45 油封密封结构及装配导向套
1—导向套 2—轴 3—油封

3）油封装配方向应使介质工作时能把密封唇部紧压在轴上，不可反装。如果仅作防尘用，应使唇部背向轴承，如果需要同时解决两个方向的密封，则可采用两个油封反向安装的结构或采用双主唇油封。

4）当轴端有键槽、螺钉孔、台阶等时，为防止油封后部装配时受伤，可采用导向套装置，如图6-45所示。

3. 密封圈装配

密封元件中最常用的就是密封圈，密封圈按断面形状划分有O形密封圈和V形密封圈、U形密封圈、Y形密封圈和唇形密封圈等。

（1）O形密封圈的装配　O形密封圈结构简单、安装尺寸小，价格低廉、使用方便，应用十分广泛。O形密封圈在装配前须涂润滑脂。装配时，不得过分拉伸O形密封圈，也不能使密封圈产生扭曲，如果O形密封圈需要越过螺纹、键槽或锐边、尖角的部位时，应采用装配导向套。装配O形密封圈时，应按图样或有关设计资料检查O形密封圈断面是否有合适的压缩变形：一般橡胶密封圈用于固定密封或法兰密封时，其变形量约为橡胶圆条直径的25%；用于运动密封时，其变形量约为橡胶圆条直径的15%。对于大直径的静密封，可将断面直径符合要求的O形橡胶条切取所需长度，在其两端涂上粘合剂（如氰基丙烯酸酯），稍风干后，放在带弧形槽的样板上用手压合成O形密封圈。此种O形密封圈可以现场制作，简便易行，但精度比模压的差，接头处较硬。

（2）V形密封圈的装配　V形密封圈如果重叠使用，应使各圈之间相互压紧，并注意使其开口方向朝向压力较大的一侧（U、Y形密封圈也有此要求）。

【任务实施】　机械密封的装配

图6-46所示的机械密封是一种用于旋转轴的典型密封装置，该类密封装置由两个在弹簧力和介质静压力作用下互相贴合、相对转动的动、静密封环构成。可在高压、高真空、高温、高速、大轴径以及密封气体、液化气体等条件下，难以采取其他密封方式时采用，具有寿命长、磨损量小、安全、泄漏量小、动力消耗小等优点。装配时应注意如下事项：

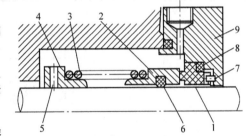

图6-46　机械密封原理图

1—静密封环　2—动密封环　3—弹簧
4—弹簧座　5—固定螺钉　6—密封圈
7—防转销　8—密封圈　9—压盖

1）动、静密封环与其相配的元件间，不得发生连续的相对转动，不得有泄漏。

2）必须使动、静密封环具有一定的浮动性，以便在运转过程中能适应影响动、静密封环端面接触的各种偏差，而且还要求有足够的弹簧力，这是保证密封性能的重要条件。浮动性取决于密封圈的准确装配、密封圈接触的轴或轴套的表面粗糙度、动密封环与轴的径向间隙以及动、静密封环接触面上摩擦力大小等。

3）轴的轴向圆跳动、径向圆跳动和压盖与轴的垂直度应在规定范围内，否则将导致泄漏。

4）在装配过程中应保持清洁，特别是轴类零件装置密封的部位不得有锈蚀，端面及密封圈表面应无任何异物或灰尘。在动、静密封环端面涂一层清洁的润滑油。

5）在装配过程中，不允许用工具直接敲击密封元件。

任务 8　机床维修工具、量具的使用

【任务描述】

正确使用机床维修工具、量具是机床维修、检查的前提，也是机床维修工的基本技能。

【任务分析】

1）常用平尺、平板、角尺、检验棒、水平仪和准直仪等维修量具的使用。

2）研磨棒和研磨套维修工具的使用。

3）水准管检定。

【知识准备】

一、平尺、平板、角尺

1. 平尺

平尺可用于检验工件的直线度、平面度误差，也可作为刮削的基准，还可用来检验零部件的相互位置精度。

平尺有两种基本形式，即只有一个平面的桥形平尺（表 6-9A）和具有两个平行平面的平行平尺（有矩形截面和"工"字形截面之分，见表 6-9B）。此外，有刀口形平尺（表 6-9C）、方形平尺（表 6-9D）等。常用检验平尺的规格尺寸见表 6-9。

表 6-9　平尺的规格尺寸

序号	名称	简图	精度等级	主要尺寸		
A	桥形平尺		1 级和 2 级	L	B	
				500	40	
				750	45	
				1000	50	
				1500	60	
				2000	70	
				2500	80	
				3000	90	
				4000	110	
				5000	130	
B	"工"字形平尺		0 级、1 级和 2 级	L	H	B
				300	40	12
				500	50	14
				750	55	15
				1000	60	16
			1 级和 2 级	1500	75	18
				2000	90	19
				2500	100	20
				3000	120	22
				4000	160	30

（续）

序号	名称	简图	精度等级	主要尺寸		
				L	H	B
C	刀口形平尺		0 级、1 级和 2 级	75	22	
				125	27	6
				175		
				225	30	
				300	40	8
				400	45	
				500	50	10
				L	a	
D	方形平尺		0 级和 1 级	225	30	
				300	35	
				400	40	
				500		

　　桥形平尺由优质铸铁材料经稳定性处理后制成，刚性好，使用时可任意支承。但受温度变化的影响较大。

　　"工"字形平尺共有九种规格。由于有上下两个相互平行的工作面，所以不仅用作直线度、平面度检查的测量基准，还可作相互位置精度的检查。因刚性较差，其自重产生的挠度不容忽视，使用时其最佳支承点应距两端 $2/9L$ 处，当不在最佳支承点使用时，要计入自然挠度。

　　"工"字形平尺受温度变化的影响少；且使用轻便，故应用比桥形平尺广。

　　角度平尺如图 6-47 所示，用于检查燕尾导轨的直线度、平面度及其与其他表面的相互位置精度。其结构形式、尺寸大小视具体导轨而定，如燕尾角度为 60°。则角度平尺的角度也应设计为 60°。

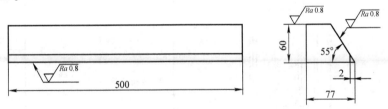

图 6-47　角度平尺

　　2. 平板

　　用涂色法检查零件的直线度、平面度误差时，平板可用作测量基准。平板与其他量具、量仪配合，还可检验尺寸精度、角度、几何误差，也常用作刮削基准。

　　平板（见图 6-48）结构好坏对刚性和精度有很大影响。平板由优质铸铁经时效处理后，按较严格的技术要求制成，工作面需经过刮削至 25 点/25mm × 25mm 以上。精度一般分为 00、0、1、2、3 共五级。00 级（公差为 0 级的一半），0 级及 1 级为检验平板，2、3 级为划线平板，机床精度检验应用 0 级或 00 级平板。

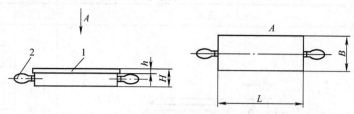

图 6-48 平板
1—平板 2—手柄

用大理石、花岗岩制造的平板获得了日益广泛的应用，如图 6-49 所示。其优点是不生锈，易于维护不变形，不起毛刺。缺点是受温度的影响，不能用涂色法检验工件，不易修理。

3. 角尺

90°角尺用于检验零、部件的垂直度误差，也可对工件划垂直线。各种形式和规格的角尺见表 6-10。

图 6-49 花岗岩平板

表 6-10 角尺的规格尺寸

名称	简图	精度等级	用途	规格尺寸	
				H	d
圆柱角尺		00 级和 0 级	用于精确地检测零、部件的垂直度误差，也可对工件划垂直线	200	70
				250	80
				315	90
				400	100
				500	110
				630	125
				800	140
				1000	160
				H	L
刀口形角尺		00 级和 0 级	与圆柱角尺相同	63	40
				100	63
				160	100
				200	125
				H	L
铸铁角尺		0 级和 1 级	与圆柱角尺相同，但检验精度比圆柱角尺稍差，适用于大型工件	500	315
				630	400
				800	500
				1000	630
				1250	800
				1600	1000
				2000	1250

（续）

名称	简图	精度等级	用途	规格尺寸	
				H	L
矩形角尺	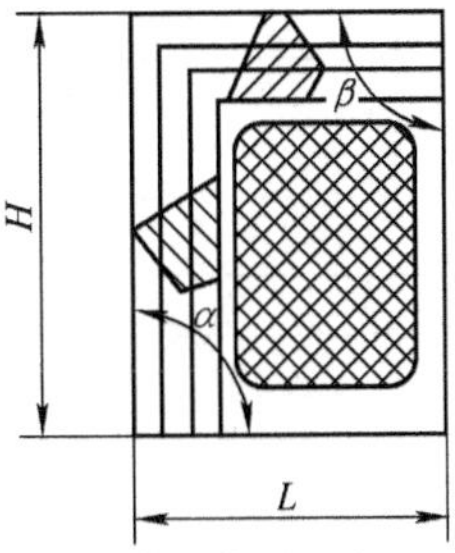 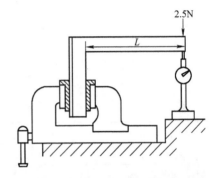	0 级和 1 级	与圆柱角尺相同，但检验精度稍差	63	40
				100	63

角尺用铸铁、钢或其他材料制成，最好经过淬硬和稳定性处理。角尺的刚度公差测量如图 6-50 所示。

二、检验棒

1. 锥柄检验棒

检验棒是机床检验的常用工具，如图 6-51 所示。主要用来检验主轴、套筒类零件的径向圆跳动、轴向圆跳动，也用来检验直线度、平行度、同轴度、垂直度等。

图 6-50 角尺的刚度公差测量

图 6-51 检验棒外形图

检验棒由插入被检验孔的锥柄和作测量基准用的圆柱体组成，如图 6-52 所示，用工具钢经精密加工制成，可镀铬处理。

对检验棒的技术要求如下：

1）两端具有供加工和检验用的经过研磨的带保护的中心孔。

2）具有四条基准线 r（1，2，3，4），机床检验时需要相隔 90°。圆柱部分有效测量距离 L 表示测量长度，常用的规格有 75mm，150mm，200mm，300mm 和 500mm。

3）自锁的莫氏锥度和公制锥度检验棒带有一段供上螺母后拆卸检验棒的螺纹，螺纹采用细牙。

4）当检验棒的锥度较大时，应提供紧固检验棒的螺纹拉杆的螺孔，如图 6-52b 所示。

5）检验棒的头部带有一长 14 ～ 32mm 的直径略小于检验圆柱的工艺用加长部分 P，如图 6-52c 所示。

检验棒的精度检验包括：在两顶尖间安装检验棒，沿其轴线的若干等距点处测量其径向圆跳动；在对应于四条标记母线的两个轴向平面的全长上实测其直径差，检验棒的精度应符合表 6-11 的规定。

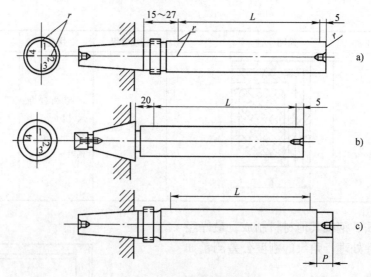

图 6-52　锥柄检验棒的结构

表 6-11　检验棒的精度

测量长度 L/mm	75	150	200	300	500
径向圆跳动/μm	2		3		
圆柱体直径差/μm	2		3		
锥柄精度	应与锥度量规的精度相一致				

在使用检验棒时应注意：

1）锥柄和机床主轴的锥孔表面须擦拭干净，以保证接触良好。

2）检验径向圆跳动时，检验棒在相隔 90°的四个位置依次插入主轴锥孔，误差以四次测量结果的平均值计。

3）检验零部件的侧向位置精度或平行度时，应将检验棒和主轴旋转 180°，依次在检验棒圆柱面的两条相对的母线上进行检验，误差以两次测量结果的平均值计。

4）检验棒插入主轴锥孔后，应稍待一时间，以消除操作者的手所传来的热量，使检验棒的温度稳定。

5）使用 0 号及 1 号莫氏锥度检验棒时应考虑其自然挠度。

2. 圆柱检验棒

如图 6-53 所示，圆柱检验棒两端有顶尖孔，其外圆柱面的母线作测量时使用的直线基准。

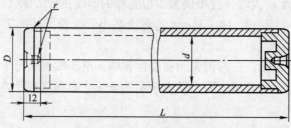

图 6-53　圆柱检验棒

圆柱检验棒一般用热拔无缝钢管制成，钢管的壁厚应有足够的强度。两端堵头上有带保护的中心孔，外表面需精磨，精磨前需经淬硬和稳定性处理，也可镀硬铬，以提高其耐磨性。

精度为 0.01mm/300mm 的检验棒，其直线度误差不大于 0.003mm/300mm。表 6-12 所列的四种圆柱检验棒适用于机床上需要的大多数检验。

表 6-12　圆柱检验棒的技术规格

总长度 L/mm	外径 D/mm	内径 d/mm	不带堵头的质量/kg	自然挠度/μm	精度		表面粗糙度
					直径差/μm	径向圆跳动/μm	
150 ~ 300	40	0	1.5 ~ 3	0.02 ~ 0.4	3	3	*Ra*0.4 ~ *Ra*0.1
301 ~ 500	63	50	2.7 ~ 4.5	0.1 ~ 0.7	3	4	
501 ~ 1000	80	60	8.3 ~ 16	0.5 ~ 8	4	7	
1001 ~ 1600	125	105	28.2 ~ 45	3 ~ 19	5	10	

使用圆柱检验棒检验平行度时，先在检验棒圆柱面上的一条母线上测取读数，然后将检验棒旋转 180°，在相对的母线上测取读数，将检验棒调头后在相同的那一对母线上再重复测取读数。四次读数的平均值即为平行度误差。用这种方法测量，可以消除检验棒自身误差所引起的测量误差。

三、研磨棒和研磨套

1. 研磨棒

研磨棒是一种用圆柱表面研磨的研磨工具，其结构有整体式和调整式两种。

1）整体式研磨棒如图 6-54 和图 6-55 所示。前者适用于研磨孔径大的孔，后者用于 $\phi5 \sim \phi8$mm 的小孔。

整体式研磨棒精度高，适用于精密孔和小直径孔的研磨，但整体式研磨棒磨损后尺寸无法补偿。为了使磨料和研磨液导入和均匀分布，整体式研磨棒外圆通常有左右旋两条油槽，其导程约为直径的 $1/3 \sim 1/2$。为保证研磨孔母线的直线度和圆柱度要求，研磨棒长度可取研磨孔的 $1 \sim 1.5$ 倍。

2）可调式研磨棒如图 6-56 和图 6-57 所示。

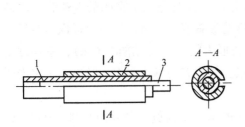

图 6-54　整体式研磨棒

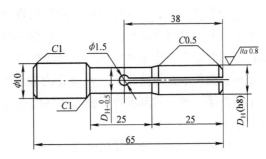

图 6-55　整体式研磨棒（$D_H = \phi5 \sim \phi8$mm）

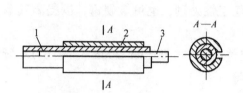

图 6-56　小孔径用可调研磨棒
1—研磨环　2—研磨棒托架　3—锥子

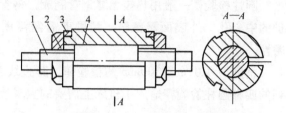

图 6-57　大孔径用可调研磨棒
1—心轴　2—调节螺母　3—套圈　4—研磨环

它们都是利用锥度调节，使研磨环胀大来补偿磨损量。常用的锥度为 1:50（用于 $\phi 20mm$ 以下的小孔）和 1:20（用于 $\phi 14 \sim \phi 90mm$ 的孔）。

2. 研磨套

研磨套是一种外圆研磨工具，一般做成可调节的，用锥度来补偿磨损（见图 6-58a）。常用的锥度为 1:10、1:25 和 1:30 等几种。此外，还有开合式的研磨套，利用研磨套本身的弹性来实现调节（见图 6-58b）。一般研磨套的长度与孔径之比为 1~2.5。研磨套是研磨中消除研磨轴轴颈圆度误差的主要工具。

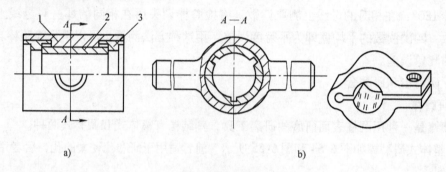

a)　　　　　　　　　　　　　　　　　b)

图 6-58　研磨套
1—夹具　2—研磨套　3—调节螺母

四、水平仪和准直仪

1. 普通水平仪

（1）水准管的结构原理　水平仪是一种以重力方向为基准的精密测角仪器。当气泡在管中停住时，其位置必然垂直于重力方向。即当水平仪倾斜时，气泡本身并不倾斜，反映了一个不变的水平方向，因而可以作为角度测量的基准。

水平仪的主要组成部分是水准管，如图 6-59 所示。水准管是一个密闭的玻璃管，内装精馏乙醚，并留有一定量的空气，以形成气泡，水准管倾斜度改变时，气泡永远保持在最上方，就是说液面永远保持水平。水准管内表面轴向截形为腰鼓形（见图 6-60a），是经过研磨加工的弧面，管上的刻度可观测出倾斜度的变化量。管内腔的母线曲率半径决定了水准器的分度值。

以机床精度检验中最常见的分度值为 0.02/1000 的水平仪为例。分度值 0.02/1000，即分度值为 4″，从图 6-60b 可以看出，由于角度 ϕ 很小，有 $\tan\phi \approx \phi \approx \alpha/R$。

如果 $\phi = 4'' \approx 0.0000193927rad \approx 0.02/1000$，取刻度间隔 $\alpha = 2mm$，则

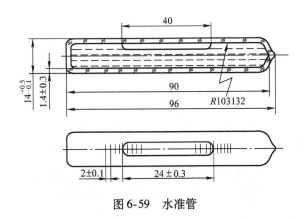

图 6-59　水准管

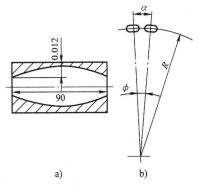

图 6-60　4″水准管内腔曲率

$$R = \alpha / \phi = 2/0.0000193927 = 103132\text{mm}$$

$$R \approx 100\text{m}$$

就是说水准管内腔轴向截面母线曲率半径为 100m。水准管气泡每移动一格，则说明其倾斜度变动为 4″，或者说斜率改变 0.02/1000。如果气泡偏移 3 格（见图 6-61），则两个表面之间的夹角为 12″，而在 400mm 长度上的高度差为：

$$\frac{0.02}{1000} \times 400 \times 3\text{mm} = 0.024\text{mm}$$

（2）水准管的灵敏度与稳定性　水准管的灵敏度是指水准管倾斜至肉眼刚能觉察出气泡移动时的微小倾角，应不超过分度值的 15%。如对 4″水准管，当倾斜 0.6″时，用肉眼应能觉察出气泡开始移动。

水准管的稳定性是指气泡由工作范围边缘（即水准管边缘的刻线处）回复并停止在居中位置所需要的时间，对 4″水准管应不多于 17s。

（3）水准管的示值精度　水准管的示值精度是指以下两项：

1）均匀性在 1 ± 0.2 格之内。测量时，相邻读数差都应在 0.8 ~ 1.2 格内。

2）平均直线度与公称直线度之差不应超过公称直线度的 10%。

水准管的灵敏度、稳定性以及示值精度的检定需要在水平仪检定仪上进行。水平仪检定仪（见图 6-62）是利用正弦原理以实现小角度测量的装置，主要作用是可以根据需要产生一定的微小倾角。工作台 1 可绕左端支点旋转，左支点与右方测微螺杆 5 的支点距离为429.7mm，测微螺杆螺距 $P = 0.25$mm，旋转手轮 3 周，工作台右端则升起（或降落）一个

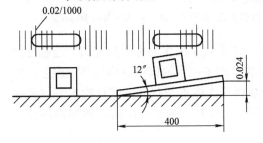

图 6-61　水平仪读数的换算

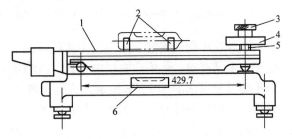

图 6-62　水平仪检定仪
1—工作台　2—V 形支架　3—手轮　4—分度盘
5—测微螺杆（$P = 0.25$mm）　6—仪器水准器

螺距，此时工作台倾角改变为 α，有：

$$\alpha = 0.25/429.7 = 0.0005818012\text{rad} = 120''$$

将分度盘 4 的圆周等分为 120 格，故每格对应工作台倾角 1″。转动手轮每转 4 格，水准管气泡应移动 1 格。

水准管示值精度的检定方法如下：

检定应在恒温室内进行，室温为 20 ± 2℃。检定前，被检水准管在恒温室内存放时间应不少于 1 ~ 2h。

将水平仪检定仪置于稳定的平台上，然后调整仪器底部的螺钉，使仪器本身的水准管气泡大致居中，在检定过程中应随时注意这个气泡位置是否变化，以断定仪器和平台是否平稳。

将被检水准管放在检定仪工作台的 V 形架上，转动手轮使气泡左端对准左部刻线内边线，每转动 4 格记录一次，向左直至最后一格为止；然后再使气泡右端对准右部刻线的内边线，同样检查至右端最后一格，并记录，要求每次读数值的相对误差不超过 20%。水准管在制造中，也如此检查，小于 0.8 格或大于 1.2 格时，则重新研磨，直至合格为止，使用中的水平仪应定期检定其示值精度。

（4）水平仪示值零位的检定与调整　常用的普通水平仪有框式水平仪和条形水平仪（钳工水平仪），如图 6-63 所示。

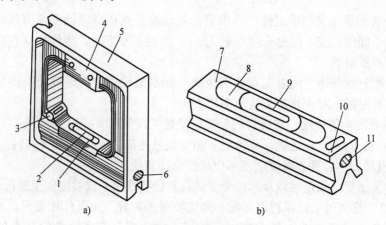

图 6-63　水平仪

a）框式水平仪　b）条形水平仪

1、8—盖板　2、9—主水准管　3、10—横向水准管　4—隔热手把　5、7—主体　6、11—零位调整装置

水准管牢固地安装于水平仪主体的可调支架上。水平仪下工作面称为基准面，当基准面处于水平状态时，气泡应在居中位置。气泡实际位置与居中位置的偏移值称为零位误差，要求不超过分度值的 1/4。其检定方法是：将 0 级平板调至大体水平状态，把被检水平仪放在平板上，按气泡任意一端读数，然后将水平仪原地转过 180°，在前一次读数的同侧再读一次，两次读数差的一半就是水平仪的零位误差。

图 6-64 所示为同一水平仪在原位转过 180°前、后气泡的位置。现按左侧读数：

$$\text{零位误差} = \frac{(-2) - (+1)}{2} = -1.5 \text{ 格}$$

若按右侧读数，则：

$$零位误差 = \frac{(+1) - (+4)}{2} = -1.5 \text{格}$$

显然，不管按哪侧读数，其零位误差都一样。

大部分水平仪的零位都是可调整的，即调整水准管与下工作面的平行度。图 6-64 中零位误差为 -1.5 格，超过了 1/4 格，就需要将水准管的 N 端调高。图 6-65 所示为国产水平仪较多采用的一种安装方式，在水准管 2 上套两只聚乙烯套管 1，然后粘在水准管座 3 上。转动调整螺钉 4，就可调整示值的零位。在调整合格后，经 4h 再复检一次。

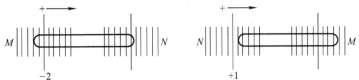

图 6-64　水平仪零位检定

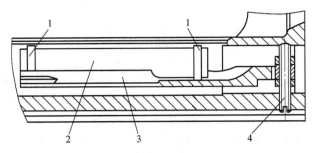

图 6-65　水平仪安装方式

1—聚乙烯套管　2—水准管　3—水准管座　4—调整螺钉

2. 精密水平仪

常见的精密水平仪有光学合像水平仪、电子水平仪、电感式水平仪，广泛应用于精密机床在修理中的测量，其测量精度可达 0.01/1000，0.005/1000 和 0.0025/1000。可精确地检验表面的平面度、直线度和相关零、部件安装位置的准确度，同时还可以测量工件的微小倾角。

（1）光学合像水平仪　光学合像水平仪与普通水平仪相比，其特点是测量范围大，有 0~10mm/m（33′20″）和 0~20mm/m（1°6′40″）两种规格。其次是读数精度高，一般分度值为 2″（0.01/1000）。水准器只起定位作用，通过光学放大合像提高对准精确度，其曲率误差对示值精度无直接影响。其缺点是价格较贵，易损坏，受温度影响很大，使用时应尽量避免受热。

图 6-66a 为光学合像水平仪的外形，其结构原理如图 6-66b 所示。主要由目镜、微分调节系统、水准器、棱镜、底座等组成。水准器安装在杠杆架上特制的底板内，其水平位置可以通过调节旋钮，经丝杠螺母和杠杆系统调整。

水准器内气泡两端圆弧，通过棱镜反射至目镜（图 6-66c）。形成左右两半合像。当水平仪不在水平位置时，两半气泡 AB 差 Δ 值不重合（图 6-66d），在水平位置时，两半气泡 AB 重合（图 6-66e）。

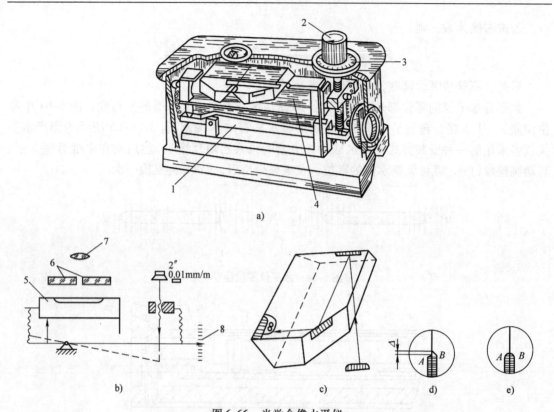

图 6-66　光学合像水平仪

1—杠杆　2—微分调节旋钮　3—微分刻度盘　4、5—水准器　6—棱镜　7—目镜　8—标尺指针

对于机床导轨或大平面的直线度和平面度误差，可像普通框式水平仪一样使用合像水平仪以节距法来测量（图 6-67a）。将被测面分成若干定长段 b，选用合适长度和形状的垫板，将合像水平仪放置其上。观察目镜，转动调节旋钮，使两半气泡 AB 重合，便可由侧面的标尺指针读出整数，再从微分刻度盘上读出小数。刻度盘分为 100 格，刻度盘转一圈，精密丝杠带动标尺指针移动 1mm。为此刻度盘的每一格，代表 1m 长度内的高度差 0.01mm。当标尺指针所指的刻线为 1mm，微分刻度盘上的格数是 6 格，那么它的读数就是 1.06mm，即 1m 长度内的高度差为 1.06mm。

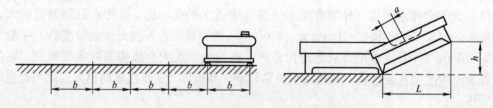

图 6-67　光学合像水平仪测量直线度误差

若被测导轨校平，则各段的高度差 h（图 6-67）可由下式计算

$$1000 : ai = L : h$$

$$h = a \frac{iL}{1000} \tag{6-13}$$

式中　i——水平仪的分度值（mm/m）；

　　　L——水平仪两支点间距（mm）；

　　　A——刻度的格数。

（2）电子水平仪　电子水平仪是一种测量灵敏度和精度更高的微小倾角测量仪器，读数方便，图6-68所示为电子水平仪的外形，其主要由指示器、传感器、控制开关和调零旋钮等组成。

电子水平仪的工作原理是传感器中的电子水准泡将微小角度变化转换成微小的电量变化。在密封的玻璃管内注有导电溶液，并留有一个气泡，这个气泡称为电子水准泡。管内壁的前后位置上对称地贴了四片铂金电极。测量时若气泡偏移，就改变了四片铂金电极间的导电溶液呈现的电阻值，从而将位移信号转变成电信号。电信号经过指示器中的电子电路的调制、放大、解调和滤波后形成一个具有线性和极性的直流电压输出，并由电表指示，表头指针的指示值即为相应的角度变化值。

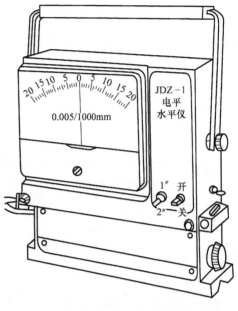

图6-68　电子水平仪

3. 光学准直仪

光学准直仪又称照直仪，由平行光管 a 和望远镜 b 组成，平行光管提供平行光束，望远镜用作瞄准方向。图6-69为光学准直仪的工作原理。

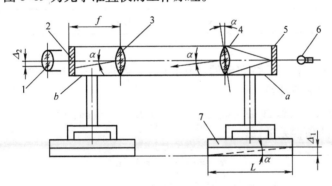

图6-69　光学准直仪的工作原理

1—目镜　2、5—分划板　3、4—物镜　6—光源　7—垫铁

平行光管由光源6、刻有十字线的分划板5和物镜4组成。光源发出的光经分划板5和物镜4，将十字线图像以平行光束射入望远镜内分划板2的物镜3的对焦平面上，平行光束中的十字线图像便成像在带有瞄准线的分划板2上。当被测导轨的直线度误差 Δ_1 使平行光管的测量基准面产生一个微小倾角 α 时，投射在分划板2上的十字线与瞄准线不重合，而有 Δ_2 的距离。由于 Δ_2 可从目镜的测微鼓轮上读得，且 L 和 f 为已知值，从而可得

$$\Delta_1 = \Delta_2 L/f \qquad (6\text{-}14)$$

测量时，将固定在测量基准上的平行光管放置在导轨一端的被测面上，调整设置在导轨另一端可调支架上的望远镜，使平行光管分划板上的十字线像与望远镜分划板的瞄准线对准。然后按水平仪测量直线度时分段测量的方法（节距法）测得一组 Δ_2 值，最后处理数据，用作图或计算法求得被测导轨的直线度误差。

【任务实施】 水准管的检定

检定仪读数度盘每格 $1''$，被检水准管分度值 $4''$，每次测量都将分度盘转过 4 格，对水准管的示值读到 0.1 格。测量记录如表 6-13，试判断水准管是否合格，并计算平均直线度误差 τ 值。

表 6-13　水准管示值检定记录

读　数序　号	分度盘转过格数累计值	左		右	
		读数/格	相邻读数差	读数/格	相邻读数差
0	0	0		0.2	
1	4	0.8	0.8	1.1	0.9
2	8	1.8	1.0	1.9	0.8
3	12	2.8	1.0	2.9	1.0
4	16	3.7	0.9	3.9	1.0
5	20	4.7	1.0	4.9	1.0
6	24	5.7	1.0	6.0	1.1
7	28	6.8	1.1	7.2	1.2
8	32	7.8	1.0	8.1	0.9

分析：由表可见，相邻读数差未超过 0.8 ~ 1.2 格的范围，故合格。

平均直线度误差 τ 值计算：

（1）简单平均法　先按首尾读数之差分别算出左、右两侧各自的平均值，然后再加以平均，作为水准管的角误差值。

$$\tau_{\text{左}} = \frac{32 \times 1''}{7.8 - 0} = 4.10''$$

$$\tau_{\text{右}} = \frac{32 \times 1''}{8.1 - 0.2} = 4.05''$$

$$\tau_{\text{平}} = \frac{\tau_{\text{左}} + \tau_{\text{右}}}{2} = \frac{4.10'' + 4.05''}{2} = 4.08''$$

因 $4.08'' - 4'' = 0.08''$，未超过公差 $4'' \times 10\% = 0.4''$，故合格。

（2）加权平均法　"加权"的含意是，在计算最后结果时为考虑各测量值不同的重要程序或不同的可靠程度，所以先分别乘上一个不同的系数（称"权因子"），然后再计算。

计算的方法见表 6-14，表中数字旁的虚线是指该相减的那一对数，相减后列在"读数差"栏中。

表 6-14 水准管示值检定记录（加权法）

读　数	分度盘转过格数		左		右	
序　号	累计值	读数差	读数/格	读数差	读数/格	读数差
0	0	32	0	7.8	0.2	7.9
1	4	24	0.8	6.0	1.1	6.1
2	8	16	1.8	3.9	1.9	4.1
3	12	8	2.8	1.9	2.9	2.0
4	16		3.7		3.9	
5	20		4.7		4.9	
6	24		5.7		6.0	
7	28		6.8		7.2	
8	32		7.8		8.1	
和		80		19.6		20.1

$$\tau = \frac{80 \times 1'' + 80 \times 1''}{19.6 + 20.1} = 40.3''$$

表 6-14 中读数差的和 19.6 和 20.1 实际上是表 6-14 中 "相邻读数差" 分别乘 "权因子" 1、2、3、4 后的平均值，即：

$19.6 = 1 \times 0.8 + 2 \times 1.0 + 3 \times 1.0 + 4 \times 0.9 + 4 \times 1.0 + 3 \times 1.0 + 2 \times 1.1 + 1 \times 1.0$

$20.1 = 1 \times 0.9 + 2 \times 0.8 + 3 \times 1.0 + 4 \times 1.0 + 4 \times 1.0 + 3 \times 1.1 + 2 \times 1.2 + 1 \times 0.9$

这里的权因子大小，基本上反映了使用机会的多少。例如中间两格最常用，权因子为 4；靠边上两格不常用，权因子为 1。就是说，这种加权后求直线度误差值平均的方法，让使用机会较多的区域，在检定结果中占较大的比重，因而是比较合理的。

【知识拓展】 零件的平衡

零件由于制造误差，内部组织不均匀或安装误差等原因产生重心偏移。重心离开了轴线，在旋转时会产生离心力，当机械设备转速高时就会发生振动。因此，在修理装配前对零件进行平衡是非常重要的。

1. 静平衡

对薄的盘形零件或转速不高的零件可采用静平衡法，即利用图 6-70 所示的各种平衡架，

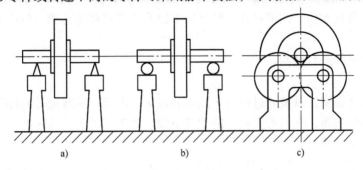

图 6-70 各种平衡架

a）刀形 b）圆柱形 c）滚轮

找出零件的偏重部位，然后在偏重处钻孔，或在与偏重部位相对的位置处增加重物（即配重），直到零件在任意一个位置上都能够静止不动为止，此时零件即达到平衡。

静平衡架安装水平，刀棱、圆柱表面必须坚硬、光滑。

2. 动平衡

对于细长的零件，在不同截面处偏重所产生的离心力会产生力偶，使轴扭曲摆动，因此还要进行动平衡。动平衡需要在动平衡机上进行，直到消除不平衡力偶为止。

任务9　普通机床修理后的检查

【任务描述】

部件或整机在装配后都必须按规定的项目及内容进行检验与试验，以保证修理的质量，使它重新获得应有的效能和精度，恢复再生产的能力。机床修理后的检验与试验工作应根据 GB/T 17421—1998～2016《机床检验通则》对机床几何精度和工作精度进行检验与试验。

【任务分析】

1）机床几何精度检测。

2）机床工作精检测。

3）机床大修质量检验通用技术要求。

【知识准备】

一、概述

1. 检验

检验的内容包括：

（1）检验零件的修理质量　经过修理的零件，在装配前就已检查过，但在装配后，应通过"零件送修单""零件修理检验单"等技术资料了解这些零件的修理质量，主要了解零件的机械加工和热处理质量以及旧零件修复后精度恢复的情况。

对于新配制的零件，应重点检查所采用的材料和加工工艺是否合理，如果选用的材料是代用材料，则应与原材料对照，进一步落实其主要力学性能是否一致。

（2）检查修理项目完成情况　查阅检修单上所规定的修理项目的完成情况，因为这些修理项目的全面完成并达到要求是保证机械设备修理质量的基础。

（3）检验装配质量　装配质量主要从零件位置的正确性、紧固的可靠性、滑动配合的平滑性、零件之间相对位置的准确性、外部质量以及几何精度等方面进行检查。重要的零件还应单独检验。

检验合格后才能进行试验。

2. 试验

装配是否符合要求，只有通过试验才能得到证实。因此，对装配后的部件或机械进行整体性试验乃至运转试验，是检查其质量的重要手段。修理试验的内容包括空转试验、负荷试验以及工作精度试验等。

（1）空转试验　通过空转试验，可以发现各部分动作是否正确，是否有卡涩、异响、过热、渗漏等现象。装配好的机械设备在进行空运转前，必须充分润滑，先手动检查各运动部位，然后再由低速开始空转试验并逐渐提高速度。

（2）负荷试验　负荷试验可鉴定工作时各部件位置的变动是否在许可范围之内，以及工作能力和性能等指标是否符合要求。对于机床来说，工作精度的检查也是必不可少的。

3. 调整

在机械装配中，某些项目是要通过运转试验才能完成最后调整的。如机械设备的传动系统中，离合器的松紧，液压系统流量及压力大小，调速器的速度是否合适，各部分的相互连接是否平滑等都要经过试运转才能调妥。在试运转中完成调整的项目是很多的，应根据具体设备确定调整的项目。

二、机床精度检测

1. 主轴旋转精度检验

旋转精度包括径向圆跳动、周期性轴向窜动和轴向圆跳动。

（1）径向圆跳动　径向圆跳动公差是指旋转表面某截面上各点轨迹的允许偏差，这个公差包括旋转表面的圆度（形状误差），该表面的几何轴线相对于旋转轴线的偏摆（位置误差），以及由于轴颈表面或孔不圆而引起的旋转轴线的偏移（轴承误差）。在规定平面内或规定长度上检验径向圆跳动。一般以指示器读数的最大差值作为径向圆跳动误差。

检验之前，应使主轴充分旋转，达到机床正常运转的温度。

1）外表面的检验如图 6-71 所示。将测头垂直地触及被检验的旋转表面上，使主轴缓慢地旋转，测取读数。在测量时，尤其测量锥面的径向圆跳动时，会受到轴向移动的影响，为消除轴向游隙可加一轴向恒定力。必要时（锥角较大时）要预先测量主轴的轴向窜动量，并根据锥角计算其对测量结果可能产生的影响。

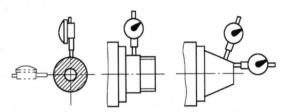

图 6-71　外表面径向圆跳动的检验

2）内孔的检验如图 6-72 所示。当主轴内孔不能直接用指示器时，可在该孔内装入检验棒，将测头垂直地触及检验棒的圆柱面而进行检验。

如果仅在一个截面上检验，则规定截面与轴端的相对位置。为了避免检验棒轴线有可能在测量平面内与旋转轴线交叉，一般在规定长度的 A、B 两个截面上检验。

为消除检验棒在孔内的安装误差，每测量一次，将检验棒旋转 90°重新插入，取四次测量的读数的算术平均值。每次检验应在垂直和水平两个位置分别进行。

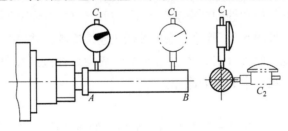

图 6-72　内表面径向圆跳动的检验

（2）周期性轴向窜动　周期性轴向窜动是在消除了最小轴向游隙的轴向压力作用下，旋转件旋转时，沿其轴线所做往复运动的范围，如图 6-73 所示。当轴向窜动保持在公差范围内时，则认为该旋转件的轴向位置是不变的。

图 6-73 中，J 为最大轴向游隙；j 为最小轴向游隙；d 为周期性轴向窜动。

最小轴向游隙是在静态下，绕其轴线旋转至各个位置时所测得的旋转件轴向移动的最小值。

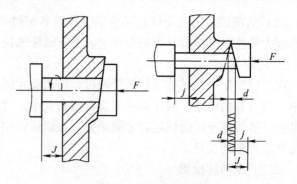

图 6-73　周期性轴向窜动

周期性轴向窜动的检验方法是首先在测量方向上对主轴按规定加一轴向力，测头触及前端面的中心，并对准旋转轴线，将主轴慢速旋转，测取读数。检验如图 6-74 所示。如主轴是空心的，则应安装短检验棒，将测头触及检验棒进行检验（图 6-74a、b）；如主轴有中心孔，可放一个钢球，用测头触及其上检验（图 6-74c）。

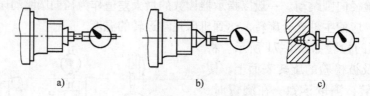

图 6-74　周期性轴向窜动的检验

主轴检验时用沿轴线方向加力和安放指示器的装置来检验（图 6-75）。该装置也适用于丝杠和花盘的检验。对丝杠，可将开合螺母闭合，以拖板运动的阻力作为轴向力；对水平旋转的花盘以其自重作为轴向力。

当轴向加力装置和指示器不能同时安置在轴线上时，指示器可放置在距轴线很小的距离处，可测得轴向窜动的近似值，检验时应将指示器放在相隔 180° 的两个位置上进行，误差以两次读数的平均值计。这种方法一般用于检验车床或铣床主轴的周期性轴向窜动，例如用表头检验花盘面或主轴端部的端面，如图 6-76 所示。

（3）轴向圆跳动　垂直于旋转轴线平面的轴向圆跳动公差，是指在被检平面规定的圆周上各点轨迹在轴向上的最大允许偏差。它包含端面的形状误差、端面相对于旋转轴线的垂直度、径向偏摆和主轴的周期性轴向窜动，但不包括旋转件的最小轴向游隙。

轴向圆跳动的检验如图 6-77 所示。主轴做低速连续旋转，并对主轴施加规定的轴向力，指示器放置在距中心规定距离 A 处，并垂直于被测表面，在圆周相隔一定间隔的一系列位置上检验，误差以测量结果中的最大值计。

2. 导轨直线度检验

直线度的几何精度检验包括一条线在两个平面内的直线度、部件的直线度和直线运动。其中部件的直线度适用于机床导轨，部件直线运动的精度是以运动部件上一点的轨迹相对于基准直线的最大公差来表示的，它比检验导轨或床身的直线度更能综合反映可能影响运动的所有因素。

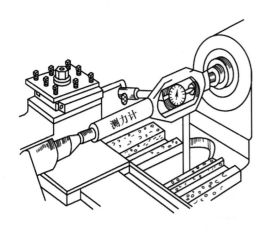

图 6-75　加轴向力和安放指示器的装置

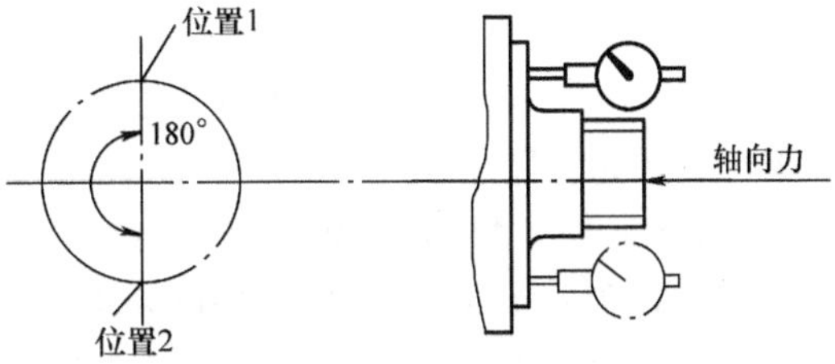

图 6-76　车床主轴周期性轴向窜动的检验

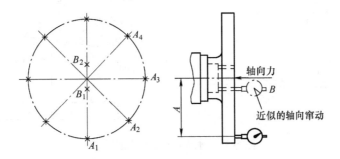

图 6-77　轴向圆跳动的检验

导轨的直线度分解为相互垂直的两部分，即垂直平面内的直线度和水平面内的直线度。通则规定：当一条规定长度线上各点到平行于该线总方向的两个相互垂直平面的距离变化均分别小于规定值时，则该线段被认为是直的。该线总方向为该线段两端点的连线。导轨直线度分解如图 6-78 所示。

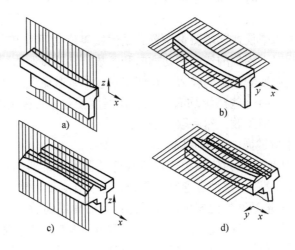

图 6-78　导轨的直线度

　　导轨直线度公差是相对于连接被检线两端点的基准直线的最大公差。检验方法规定长度小于或等于 1600mm 时，用平尺、水平仪或光学仪器检验；长度大于 1600mm 时，用水平仪或光学仪器（自准直仪、钢丝和显微镜）检验。

　　（1）水平仪读数的几何意义　如图 6-79 所示，如果水平仪置于平尺上并为水平状态，则读数为零，此时气泡对准水准管的长刻度线，若将平尺右端抬高 0.02mm，相当于形成 $4''$ 倾角，0.02/1000 水平仪的气泡应向右（向高处）移动一格，读数线值为 0.02/1000，按三角形相似关系，距平尺左端起则有：

1000mm 处：$\Delta H = (0.02/1000) \times 1000\text{mm} = 0.02\text{mm}$

500mm 处：$\Delta H_3 = (0.02/1000) \times 500\text{mm} = 0.01\text{mm}$

250mm 处：$\Delta H_2 = (0.02/1000) \times 250\text{mm} = 0.005\text{mm}$

200mm 处：$\Delta H_1 = (0.02/1000) \times 200\text{mm} = 0.004\text{mm}$

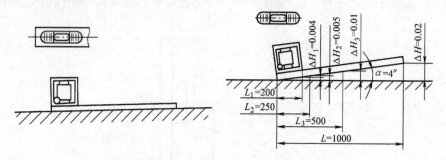

图 6-79　水平仪读数的几何意义

　　用水平仪检测直线度误差一般要将水平仪置于专用水平仪底座、移动部件或专用检验桥板之上，一是使水平仪安置稳定并防止磨损，二是符合被检导轨表面的形状并有一定的接触精度。在计算直线度误差时，与这些支承件支点间的距离（通常称为"跨距"）有密切的关系。

　　（2）水平仪的读数方法　水平仪的读数方法有绝对读数法和相对读数法两种。

　　绝对读数法是气泡居中时，即气泡与水准管上的基准长刻度线相切时，读作 0（按绝对水平位置读数），偏向起端时读为"－"，偏离起端时读为"＋"，或用箭头表示气泡移动的方向。相对读数法是将水平仪在起端测量位置总是读做零位（不管其是否绝对水平）。然后依次移动记下每一次相对于零位的气泡移动方向和读数，其正负读法同上。

　　水平仪气泡长度受温度变化影响较大，在使用中应尽量避免温度变化，如远离热源，包括照明灯、手、呼吸等，因这些热源均有影响。在温度变化不可避免时，可采用平均读数法，即从气泡两端边缘分别读数，然后取其平均值。

　　（3）水平仪测量中应遵循的几项原则

　　1）基准。测量直线度时作为依据的理想直线称"测量基准"。评定误差数值时作为依据的理想直线称"评定基准"。这两者通常不重合，也没有必要一致，可以在测量后再做基准转换（数据处理）。测量基准的位置可以任意选择，前面提到的两种读数法的实质实际上就是测量基准选择得不同，绝对读数法是采用水平面为测量基准进行测量读数的，而相对读数法是以起端测量位置为测量基准进行读数的，相对读数法不仅可以起端位置为测量基准，还可以被测直线中间的任一档为测量基准,不管选择什么位置作测量基准,其直线度误差都是恒定不变的。评定基准的选择主要采用以下两种:

① 以曲线两端连线为评定基准。

② 按最小条件确定的理想直线作评定基准。

前者比较直观,数据处理简便,易判断曲线的"凸""凹"方向,在生产中使用比较适宜。后者符合国标原则,可以作为仲裁方法。在实际生产中,对导轨的最终加工无论采用磨削、精刨、还是手工刮削,大多呈凸或凹状态,在这种情况下,上述两种评定基准是重合的,因而评定结果是一致的。若导轨呈波折形(凸凹相间),则两者的评定结果不一致,以两端连线为评定基准的直线度误差稍大。机床精度检验通则是以两端连线作为评定基准来定义直线度误差的。

2) 计量方向不变的原则。一般测量基准和评定基准不重合,理论上计量方向应垂直于评定基准,但实际采取"计量方向不变"的原则来处理,即垂直于测量基准(x 轴)。这是因为直线度误差值很微小,而且测量前被测表面相对于测量基准已经大体调平,测量基准与评定基准之间的夹角极其微小,由此而产生的误差可忽略不计。这个原则使数据容易进行,否则无法进行数据处理。

3) 有限点测量原则。测量直线度误差一般不做连续测量,仅测量等距分布的若干点,并根据这些点的测量结果来评定表面的直线度误差。

4) 节距测量法原理。由于测量时是以假想的理想直线作为测量基准,桥板或其他移动部件档距应和跨距相等。例如若拖板长度为 500mm,而每次测量只移动 300mm,或超过 500mm,均不符合节距测量法原理,所以也无法计算直线度误差。

(4) 直线度误差的图解法　用水平仪只能检测导轨在垂直平面内的直线度。以车床纵向导轨在垂直平面内的直线度检验为例,按上述原则,根据测量结果,把各测量点的误差顺次标在坐标图上,其横坐标为各测量点的顺序(即测量长度或称分段距离),纵坐标为各测量点相对于测量基准的高度差(即读数的累计值),把这些点连起来,所得折线就称为误差曲线或运动曲线。横坐标轴为测量基准在图上的体现,根据两端点连线画出评定基准后,按计量方向不变的原则,取纵坐标方向的误差为直线度误差。如果是根据读数的"格"画出的误差曲线,则图中的直线度误差为格值,最后还要根据水平仪的分度值和跨距换算为线值。也可以先将测量读数化为线值,再画误差曲线,则可从图中沿纵坐标方向直接量取直线度误差的线值。

如最大工件长度 2000mm 的车床,拖板 500mm,当拖板处于近主轴端的极限位置时,记录一次水平仪的读数,移动溜板,每隔 500mm 记录一次,共记 5 次。5 次的读数见表 6-15。

表 6-15　数据表

测量顺序	0	1	2	3	4	5
气泡位置						
读数(格)	0	+1	+2	-1	-0.5	-1
累加值	0	+1	+3	+2	+1.5	+0.5

将各累加值依次在直角坐标中画出，将首尾两点相连接，即为导轨在垂直平面内的直线度误差曲线，如图 6-80 所示。

误差曲线 $Oabcde$ 相对其评定基准 Oe 连线的最大纵坐标值 bb' 就是导轨全长上的直线度误差。线段 Oa，ab，bc，cd，de 的两端点，相对 Oe 连线的坐标差就是它们的局部误差，其中最大差值是 $bb' - aa'$，即为该导轨的局部误差值。如果水平仪的分度值为 0.02/1000，则

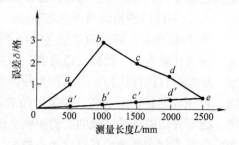

图 6-80 误差曲线

全长误差 $\delta_{全}$ = 0.02/1000 × 500 × bb' = 0.02/1000 × 500 × 2.8mm = 0.028mm。

局部误差 $\delta_{局}$ = 0.02/1000 × 500（$bb' - aa'$）= 0.02/1000 × 500 ×（2.8 − 0.9）mm = 0.019mm。

以上采用的是绝对读数法和"格值"画误差曲线并求出误差值，下面采用相对读数法和画误差曲线并求误差值，以示比较。

先求出跨距为 500mm 时的分度值 f，即

f =（0.02/1000）× 500mm = 0.01mm

再按相对读数法读数，取起端原始测量位置为测量基准，其五次的读数见表 6-16。

表 6-16 数据表

测量顺序	0	1	2	3	4	5
气泡位置	0	⫴⫴⫿	⫴⫴⫿	⫿⫴⫴	⫿⫴⫴	⫿⫴⫴
读数（格）	0	0	+1	−2	−1.5	−2
线值读数/μm	0	0	+10	−20	−15	−20
累加值/μm	0	0	+10	−10	−25	−45

将各累加值依次在直角坐标中画出，连接 $Oabcde$ 各点，即为误差曲线。按两端点连线法作两平行直线包容误差曲线 $Oabcde$，其直线度误差就是两平行包容线之间沿纵坐标方向的坐标值，从图 6-80 可直接量出 $\delta_{全}$ = 0.028mm，$\delta_{局}$ = $bb' - aa'$ = 0.019mm，由此可以看出，测量基准选择不同，误差曲线的形状会有很大差异，但最终的结果是完全一样的。

导轨面要求凸时，即当导轨误差曲线上点均位于两端点连线 Oe 之上时，则认为该导轨是凸的，否则为凹。

按机床检验通则的规定，测量数据应从床头到床尾测得数值与从床尾至床头按相同点读取数值，对应计算平均值作为画误差曲线的数据。

直线度误差也可用计算法。

3. 平面度检验方法

在测量范围内，被检面上的各点，到平行于该面总轨迹的基准平面的垂直距离的变化，

小于规定值时，则该面是平的。基准平面可用平板或用移动平尺的一组直线来表示，也可用水平仪或光束来表示。

（1）平板研点法 对小尺寸较精密的平面，用平板在均匀涂以红丹粉的被检面上来回拖动，研磨点分布均布，每 25mm×25mm 接触点达到规定数值时为合格。此法不能测出误差值，主要适用于刮削或磨削过的平面。

（2）移动平尺检验法 在被检平面上选择 a、b、c 三点作为基准点，如图 6-81 所示。将三块等厚的量块放在这三点上，这些量块上表面就是用作与被检平面相比较的基准平面。将平尺放在 a 和 c 点上，在被检平面上的 e 点放可调量块，使其与平尺的下表面接触，这时 a、b、c 和 e 量块的上表面都在基准面内。再将平尺放在 b 和 e 点上，在 d 点处放可调量块并做同样调整。将平尺放在 a 和 d、b 和 c、a 和 b、d 和 c 上，即可测得被检面上各点的偏差。

（3）用水平仪检验 如图 6-82 所示，由两条直线 Omx 和 $OO'y$ 确定测量基准面，O、m、和 O' 是被检平面上的三点。

直线 Ox 和 Oy 最好分别与被检平面的轮廓边平行且相互垂直。检验从 O 沿 Ox 方向开始，按检验直线度的方法检验。沿直线 OA 和 OC 测定其轮廓，然后沿直线 $O'A'$、$O''A''$、… 和 CB 测定它们的轮廓包括整个平面。

可沿直线 mM、$m'M'$、… 测量作为辅助检验，以验证上述测量结果。

当被检平面的宽度与长度的比值较大时，一般按十字交叉检验，沿对角线测取读数。

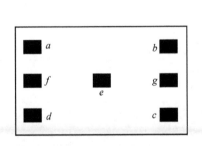

图 6-81 用平尺检验平面度

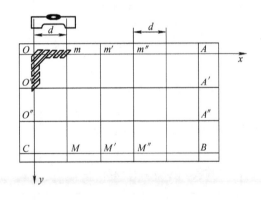

图 6-82 用水平仪检验平面

【任务实施】

一、装配质量的检验

机床的装配质量主要从零部件安放的正确性，紧固的可靠性，滑动配合的平稳性，零部件之间相对位置的准确性，外部质量以及几何精度等方面进行检查。对于重要的零部件应单独进行检查，以确保修理质量。普通机床的精度检验内容及公差要求见表 6-17。

表 6-17　机床精度检验记录（卧式车床）

设备编号　　　　　型号　　　　　主要规格　　　　　修理类别

序号	检验内容		公差/(mm/mm)	修前差	修后差
1	拖板移动在垂直平面内的直线度（只许凸）		0.02/1000 全程：≤0.04/2000 0.06/4000		
2	拖板移动时的倾斜		0.02/1000 全程：≤0.03/2000 0.04/4000		
3	拖板移动在水平面内的直线度（只许向机床后方凸）		0.02/1000 全程：≤0.03/2000 0.04/4000		
4	尾座移动时对拖板移动的平行度	a. 沿上素线 b. 沿侧素线	a.：0.03/1000 b.：0.02/1000 全程：0.05/2000 0.04/2000		
5	主轴锥孔中心线的径向圆跳动 距主轴端300mm处		≤0.01/φ400　　0.015/φ800 0.02mm　　0.025mm		
6	拖板移动时对主轴轴线的平行度	a. 沿上素线（只许向上） b. 沿侧素线（只许向前）	0.03/300 0.015/300		
7	小刀架移动方向对主轴轴线的不平行度		≤0.03/100 ≤0.04/300		
8	主轴定心轴颈的径向圆跳动		≤0.01/400 ≤0.015/800		
9	主轴轴承支承端面的径向圆跳动		≤0.02/400 ≤0.025/800		
10	主轴定心轴颈的轴向圆跳动		≤0.01/400 ≤0.015/800		
11	拖板移动对尾座顶尖套锥孔中心线套筒的平行度	a. 沿上素线 b. 沿侧素线	0.03/300		
12	拖板移动对尾座顶尖套伸出方向的平行度	a. 沿上素线 b. 沿侧素线	0.03/100 0.01/100		
13	主轴轴线及尾座中心线对床身导轨的等高度（只许尾座高）		≤0.06/400 ≤0.10/800		

（续）

序号	检验内容		公差/(mm/mm)	修前差	修后差
14	丝杠两轴承中心线和开合螺母中心线与床身导轨的等距性	a. 沿上素线	≤0.15/400		
		b. 沿侧素线	≤0.20/800		
15	丝杠轴向窜动		≤0.01/400 ≤0.015/800		
16	从主轴到丝杠间传动链的精度	a. 在 100mm 上积累差	0.03mm		
		b. 在 300mm 上积累差	0.04mm		
17	精车外圆的几何精度	a. 圆度	0.01/100　0.015/300		
		b. 锥度	0.01/100　0.03/300		
18	精车端面平面度（端面只许凹）		≤0.015/200 ≤0.02/300		

对机床装配质量，可按机床精度标准或按机床大修所规定的精度恢复标准进行检验。下面根据 GB/T 4020—1997《卧式车床　精度检验》对卧式车床几项主要几何精度进行检验。

1. 纵向导轨在垂直平面内的直线度

如图 6-83 所示，在溜板上靠近刀架的地方，放一个与纵向导轨平行的水平仪 1。移动溜板，在全部行程上分段检验，每隔 250mm 记录一次水平仪的读数。然后将水平仪读数依次排列，画出导轨的误差曲线。曲线上任意局部测量长度的两端点相对曲线两端点连线的坐标差值，就是导轨的局部误差（在任意 500mm 测量长度上应 ≤0.015mm）。曲线相对其两端点连线的最大坐标值就是导轨全长的直线度误差（$\Delta \leq 0.04$mm，且只许向上凸）。也可将水平仪直接放在导轨上进行检验。

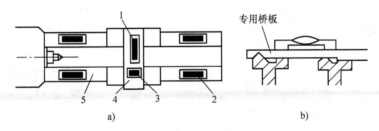

图 6-83　纵向导轨在垂直平面内直线度的检验
1、2、3—水平仪　4—拖板　5—导轨

2. 横向导轨的平行度检验

实质上就是检验横向导轨在垂直平面内的平行度。如图 6-83a 所示，检验时在溜板上横向放水平仪 2，等距离移动拖板 4 检验，移动的距离等于局部误差的测量长度（250mm 或 500mm），每隔 250mm（或 500mm）记录一次水平仪读数。

水平仪在全部测量长度上读数的最大代数差值就是导轨的平行度误差（$\Delta_{平} \leq 0.04/1000$）。

也可将水平仪放在专用桥板上，再将桥板放在前后导轨上进行检验，如图 6-83b 所示。

3. 拖板移动在水平面内直线度的检验

如图 6-84 所示，将长圆柱检验棒用前后顶尖顶紧，将指示器 2（如百分表）固定在拖板 3 上，使测头触及检验棒的侧素线（表头尽可能在两顶尖间轴线和刀尖所确定的平面内），调整尾座，使指示器在检验棒两端的读数相等。移动拖板在全部行程上检验。指示器读数最大代数差值就是直线度误差（Δ≤0.03mm）

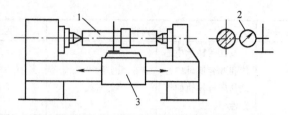

图 6-84　拖板移动在水平面内的直线度的检验
1—检验棒　2—指示器　3—拖板

4. 主轴锥孔轴线的径向圆跳动

此项精度包括两个方面：一是主轴锥孔轴线相对主轴回转轴线的几何偏心引起的径向圆跳动；二是主轴回转轴线本身的径向圆跳动。

检验时如图 6-85 所示，将带有锥柄的检验棒 2 插入主轴内锥孔，将固定于机床床身上的测头触及检验棒表面，然后旋转主轴，分别在 a 和 b 两点检查，a、b 相距 300mm。为防止产生检验棒的误差，须拔出检验棒，相对主轴旋转 90°，依次重复检查三次，a、b 两点的误差分别计算。百分表四次测量结果的平均值就是径向圆跳动误差。

如果在 300mm 处 b 点检查超差，很可能是后轴承装配不正确。应加以调整，使误差在公差范围之内。a 点公差为 0.01mm，b 点公差为 0.02mm。

5. 主轴定心轴颈径向圆跳动的检查

主轴定心轴颈与主轴锥孔一样都是主轴的定位表面，即都是用来定位安装各种夹具的表面，因此，主轴定心轴颈的径向圆跳动也包含了几何偏心和回转轴线的径向圆跳动。

检验时，如图 6-86 所示，将百分表固定在机床上，使测头触及主轴定心轴颈表面，然后旋转主轴，百分表读数的最大差值，就是主轴定心轴颈的径向圆跳动量，$\Delta_{径}$≤0.01mm。

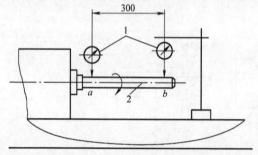

图 6-85　主轴锥孔轴线径向圆跳动的检验
1—百分表　2—检验棒

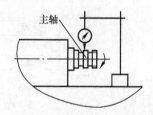

图 6-86　主轴定心轴颈径向圆跳动的检查

6. 主轴轴向窜动的检验

主轴的轴向窜动量允许 0.01mm，如果主轴轴向窜动量过大，加工平面时将直接影响平面度，加工螺纹时将影响螺纹的螺距精度。

对于带有锥孔的主轴，可将带锥度的检验棒插入主轴锥孔，在检验棒端面中心孔放入钢球，用润滑脂粘住，旋转主轴，在钢球上用百分表测量，其指针摆动的最大差值即为主轴轴向窜动量。

如果主轴不带锥孔，可按图 6-87 所示的方法检验。检验时将钢球 2 放入主轴 1 顶尖孔中，平头百分表 3 顶住钢球，回旋主轴，百分表指针读数的最大差值即为主轴轴向窜动量。

7. 主轴轴肩支承面轴向圆跳动的检验

实际上这就是检验主轴轴肩支承面对主轴轴线的垂直度，它反映主轴轴肩支承面的轴向圆跳动，此外它的误差大小也反映出主轴后轴承装配精度是否在公差范围之内。

由于轴肩支承面轴向圆跳动量包含着主轴轴向窜动量，因此该项精度的检查应在主轴轴向窜动检验之后进行。

检验时如图 6-88 所示，将固定在机床上的百分表测头触及主轴 2 轴肩支承面靠近边缘的地方，沿主轴轴线加一力，然后旋转主轴检验。百分表读数的最大差值就是轴肩支承面的轴向圆跳动误差（$\Delta_1 \leqslant 0.02\text{mm}$）。

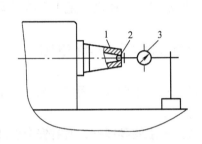

图 6-87　主轴轴向窜动的检验
1—主轴　2—钢球　3—百分表

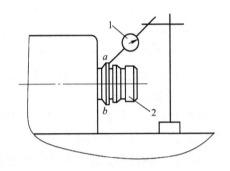

图 6-88　主轴轴肩支承面轴向圆跳动的检验
1—百分表　2—主轴

8. 主轴轴线对拖板移动的平行度的检验

这项精度是通过对检验棒上素线与侧素线进行测量而间接测得的。如图 6-89 所示，锥柄检验棒 3 插入主轴 1 孔内，百分表 2 固定于拖板 4 上，测头触及检验棒的上素线 a，即使测头处在垂直平面内，移动拖板，记下百分表最小与最大读数的差值，然后将主轴旋转 180°，也如上述记下百分表最小与最大的读数差值，两次测量读数值代数和的一半，即为主轴轴线在垂直平面内对拖板移动的平行度误差，要求在 300mm 长度上小于等于 0.02mm，检验棒的自由端，只许向上偏。

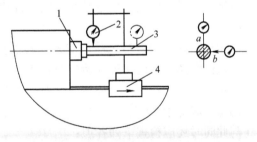

图 6-89　主轴轴线对拖板移动平行度的检验
1—主轴　2—百分表　3—检验棒　4—拖板

旋转主轴 90°，用上述同样方法测得侧素线 b 与拖板移动的平行度误差，要求在 300mm 长度上小于等于 0.015mm，检验棒右端只允许向车刀方向偏。

如果该项精度不合格，将产生锥度，从而降低零件加工精度。因此该项精度检查的目的在于保证工件的正确几何形状。

9. 主轴轴线和尾座轴线的同轴度的检验

检验主轴轴线与尾座顶尖孔轴线的同轴度。如果轴线同轴度不合格，当用前后顶尖顶住零件加工外圆时会产生误差。尾座上装铰刀铰孔时，加工出的孔径会变大。因此规定尾座轴线对主轴轴线的同轴度公差为 0.06mm。

　　检查时如图 6-90 所示。检验棒放于前后顶尖之间，顶紧，百分表固定于拖板上，测头触及在检验棒的侧素线，移动拖板，如果百分表读数不一致，应对尾座进行调整，使主轴轴线与尾座顶尖孔轴线同轴。然后调换百分表位置，使其触及检验棒的上素线，移动拖板，百分表最大与最小读数的差值，即为主轴轴线与尾座顶尖孔轴线的同轴度误差。

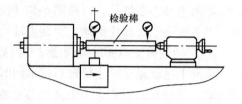

图 6-90　主轴顶尖与尾座顶尖同轴度的检验

　　二、机床试验

　　机床试验的目的，是通过预定的试验方法，考核机床的修理质量。尽管机床在总装后已对其装配精度进行过检验，但这是在静止状态（无机械运动和力的作用）下进行检查的，因此这不能完全反映机床的修理质量。机床在运动状态下各部件之间的可靠性（温升及噪声），特别是在力的作用下，各部件之间的变动如何，以及把力去掉之后是否保持原有的几何精度，则必须通过机床的各种试验才能鉴定。

　　机床修理试验的内容，主要包括机床空转试验、负荷试验以及工作精度试验等。

　　1. 机床空运转试验

　　机床空转试验的目的，在于进一步鉴定机床各部件动作的正确性、固定可靠性、操作是否方便正常，以及各运动部位的温升、噪声等是否正常。

　　机床空转试验之前，须对机床外部进行认真的检查。各主要零部件，所有安全设施，润滑、冷却装置、电气照明、手柄、标牌和各附件等，都应装配妥当，齐备无缺。零件的配合质量，应达到规定的标准，用手拨动主轴，应能旋转自如，导轨面之间的滑动应平稳、均匀。同时检查机床修理所规定的内容是否全部完成。待确认全部达到技术要求之后，再进行空运转试验。

　　机床空转试验的主要内容是在试验主轴转速、进给移动速度的同时，检查有关部位的运转情况。

　　机床在正式开始运转之前，应先对各油池加油，并对各润滑点加油。当试验主轴速度时，应从最低速度开始，逐次达到最高速度。在最高速度时，应连续旋转 1～2h，使主轴温度达到稳定温度，随即停车检查。此时，主轴上安装的滚动轴承的温度应低于 70℃，滑动轴承的温度应低于 50℃。

　　与此同时还应检查下列各项：

　　1）所有手柄拨动灵活，固定牢靠，开停位置准确。

　　2）润滑系统效果良好，油路畅通，供油无中断现象。

　　3）冷却系统，应保证有足够的切削液。

　　4）电气设备的开关动作（特别是终点开关）必须保证可靠。

　　5）拖板移动平稳，没有振动。

　　6）齿轮传动啮合正确，无噪声。

　　此外，不应有漏油、渗油等现象，严重时，应立即停车检查。

　　2. 机床负荷试验

　　机床负荷试验的目的，在于鉴定加力之后，各部件之间的位置是否有变动，变动是否在允许范围之内，在力的作用下各部件工作是否正常，最终试验它承受载荷的能力，在允许载荷范围内机床的振动、噪声和温升等是否正常。

如图 6-91 所示，机床负荷试验，主要是进行切削负荷试验，即选择合适的刀具，试件材料和切削用量进行切削。一般以中等切削速度达到满负荷。

如果机床修理合格，在试验过程中机床应无振动，运动均匀，没有噪声，运转部位温度不超过规定范围，摩擦离合器应结合可靠，安全装置应十分可靠，机床全部机构工作正常。

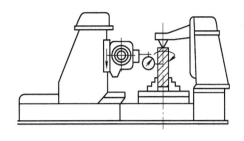

图 6-91　滚齿机负荷试验

机床在此负荷情况下，实际主轴转速以及进给量与理论数据相比，允许偏差在 5% 以内。

3. 机床工作精度试验

试验的目的在于试验机床在加工过程中，各个部件之间的相互位置精度能否满足被加工零件的精度要求。

在试验之前，必须对其几何精度进行复查，根据情况，必要时应做动态检查。

如果几何精度合格，则可选用适当切削刀具、试件材料和切削用量，通过对试件进行切削加工的方法进行机床工作精度试验。

被加工零件表面，其几何精度应在有关机床标准所规定的公差范围之内，而表面粗糙度不低于所规定的表面粗糙度标准。

【知识拓展】　机床大修理质量检验通用技术要求

1. 零件加工质量

1）更换和修复零件的加工质量，应符合图样要求。除特殊规定外，不得有锐边和尖角，已加工表面不得有磕、碰、划、伤、锈等缺陷。

2）滑移齿轮的齿轮端面应倒角。丝杠、蜗杆等第一圈螺纹端部的厚度应大于 1mm，小于 1mm 部分应去掉。

3）刮削面不应有机械加工的痕迹和明显的刀痕，刮削点应均匀，用涂色检验时，在规定计算面积内计算，每 25mm×25mm 面积内，接触点数不得少于表 6-18 中的规定。

表 6-18　各类机床刮削面的接触点数

刮研面性质 接触点数 机床类别	静压滑（滚）动轴承		移置导轨		主轴滑动轴承		镶条压板 滑动面	特别重要的 固定结合面
	每条导轨宽度/mm				直径/mm			
	≤250	>250	≤100	>100	≤120	>120		
高精度机床	20	16	16	12	20	16	12	12
精密机床	16	12	12	10	16	12	10	8
普通机床	10	8	8	6	12	10	6	6

4）各类机床刮削接触点计算面积按下列规定：高精度机床、精密机床和 10t 以下的普通机床按 100cm²，10t 以上的普通机床按 300cm²。

5）配合件的结合面一件采用机械加工，另一件是刮削面，用涂色法检验刮削面接触面积不低于表 6-19 规定的 75%。

表6-19 各类机床配合结合面接触指标

机床类别 \ 结合面性质 接触面积%	滑滚动导轨		移置导轨		特别重要的固定结合面	
	全长上	全宽上	全长上	全宽上	全长上	全宽上
高精度机床	80	70	70	50	70	45
精密机床	75	60	65	45	65	40
普通机床	70	50	60	40	60	35

6）配合件的结合面均采用机械加工时，用涂色法检查，接触应均匀，接触面积不得低于表6-18的规定。

7）零件刻度部分的刻线、数字和标记应准确均匀清晰。

2. 装配质量

1）装配到机床上的零件、部件，要符合质量要求。不允许放入总装图样上未规定的垫片和套等。

2）变位机构应保证准确定位。啮合齿轮宽度≤20mm时，轴向错位不得大于1mm；齿轮宽度>20mm时，轴向错位不得超过齿轮宽的5%，且不得大于5mm。

3）重要固定结合面应紧密贴合，紧固后用0.04mm塞尺检验时，不得插入。特别重要的固定结合面，除用涂色法检验外，在紧固前、后均用0.04mm塞尺检验，不得插入。

4）滑动结合面除用涂色法检验外，还用0.04mm塞尺检验，插入深度按下列规定：机床重量≤10t，插入深度小于20mm；机床重量>10t，插入深度小于25mm。

5）采用静压装置的机床，其"节流比"应符合设计要求，"静压"建立后，运动轻便，灵活。静压导轨空载时，运动部件四周的浮升量差值不得超过设计要求。

6）装配可调整的轴承和镶条时，应有调修的余量。

7）有刻度装置的手轮、手柄反向空程量不得超过下列规定：高精度机床：1/40r；10t以下的普通机床和精密机床，1/20r；10t以上的普通机床和精密机床，1/40r。

8）手轮、手柄操纵力，在行程范围内应均匀，不得超过表6-20的规定。

表6-20 转动手柄、手轮的操纵力

机床质量/t \ 操纵力/kg \ 类别	高精度机床		精密机床和普通机床	
	常用的	不常用的	常用的	不常用的
≤2	4	6	6	10
>2	6	10	8	12
>5	8	12	10	16
>10	10	16	16	20

9）机床的主轴锥孔与检验棒锥体的接触面积采用涂色法检验，锥孔的接触点应靠近大端，且接触面积不得低于下列数值：高精度机床，工作长度的85%；精密机床，工作长度的80%；普通机床，工作长度的75%。

10）机床在运转时，不应有不正常的周期性尖叫声和不规则的冲击声。

11）机床上滑（滚）动配合面，结合缝隙，润滑系统，滑动（滚动）轴承，在拆、装时应清洗干净，机床内部不应有切屑和污物。

3. 机床液压系统装配质量

1）液压设备拉杆、活塞、缸、阀等零件修复或更换后，工作表面不得有划伤。

2）液压传动在所有速度下，不应发生振动，不应有噪声，以及显著的冲击、停滞和爬行现象。

3）压力表必须灵敏可靠，字面清晰。调节压力的安全装置可靠，并符合说明书的规定。

4）液压系统工作时，油箱内不应产生泡沫，油温不得超过60℃，当环境温度高于35℃时，连续工作四小时，油箱油温不得超过70℃。

5）液压的油路应排列整齐，管路尽量缩短，油管内壁要清洗干净，油管不得有压扁、明显坑点和敲击的痕迹。

6）储油箱及进油管口应有过滤装置及油面指示器，油箱内外清洁，指示器清晰明显。

7）所有回油路的出口，必须深入油面以下防止产生泡沫和吸入空气。

4. 润滑系统的质量

1）润滑系统必须完整无缺，所有润滑元件油管、油孔必须清洗干净，保证畅通。油管排列整齐，转弯处不得弯成死角，接头处不准有漏油现象。

2）所有润滑部位，都应有相应的注油装置，如油杯、油嘴、注油孔。油杯、油嘴、油孔须有盖或堵，防止切屑、尘土落入。

3）油位的标志要清晰，能观察油面或润滑油滴入情况。

4）用毛细管作润滑滴油的均须装置清洁的毛线绳，油管必须高出储油部位的油面。

5. 电气部分质量

1）对不同的电路如电力电路、控制电路、信号电路、照明电路等，应采取不同颜色的电线，如用一色电线，必须在端部装有不同颜色的绝缘管。

2）在机床的控制电路中，电线两端与接线板上应装有表示接线位置的数字标志。标志数字应不易脱落和被污损。

3）机床电气部件应保证安全，不受切削液和润滑油及切屑等有害物影响。

4）机床电气部件，全部接地处的绝缘电阻不低于1MΩ，绕组（不包括电线）的绝缘电阻不得小于0.5MΩ。

5）用磁力接触器操纵的电动机，应有零压保护装置，在突然断电或供电电路电压降低时，能保证电路的切断，电压复原后能防止自行接通。

6）为了保护机床电动机和电气装置不发生短路，必须安装熔断器或类似的保险装置，并要符合电气装置的安全要求。

7）机床照明电路电压应低于36V。

8）机床底座及电气箱、柜上，应装有专用的接地螺钉和地线。

9）电气箱、柜的门盖，应装有扣锁。

6. 机床外观质量

1）机床不加工的外表面，用浅灰色或按规定的其他颜色涂装。

2）电气箱及储油箱包括主轴箱、变速箱和其他箱体内壁涂装成白色或其他浅色。

3）漆面应符合标准，不得有起皮、脱落、皱纹的现象。

4）机床各种标牌应齐全、清晰、装置位置正确牢固。

5）操纵手轮、手柄表面光亮，不得有锈蚀。

6）机床所有护罩及其他孔盖等均应保持完整。

7）机床的附属电气及附件的未加工表面，均应与机床的表面涂装颜色相同。

7. 机床运转试验

1）机床主传动机构应从最低速度起，依次进行运转，每级速度运转不得少于2min，最高转速运转不得少于30min，并使主轴轴承达到稳定温度。用交换齿轮、带传动变速和无级变速的机床，可作低、中、高速运转。

2）在主轴轴承达到稳定温度时，检验主轴轴承的温度和温升，不得超过下列规定：滑动轴承温度60℃、温升30℃；滚动轴承温度70℃，温升40℃。温度上升幅度每小时不得超过5℃。

3）进给机构应做低、中、高进给移动速度空运转试验，快速移动机构应做快速空运行试验。

4）机床在运转试验中，各机构的起动、停止、制动、自动动作变速转换、快速移动等均应灵活可靠。

5）所有液压、润滑、冷却系统，不得有渗漏现象。

6）气动系统及管道不得有漏气现象。

7）安全防护、保险装置齐全、牢固、灵敏可靠。

8）负荷试验前后，均应检验机床的精度，不做负荷试验的机床在空转试验后进行精度检验。

项目7　数控机床故障诊断与维修

【学习目标】

数控机床是现代机械制造系统中的重要组成设备，它的特点是通用、灵活、效率高、精度高、加工质量高。掌握数控机床主要组成部件故障诊断与维修方法，了解数控机床精度检查方法是设备维修与管理人员的基本技能。

【知识目标】

1）了解数控机床主要部件的机械结构。

2）掌握数控机床主要部件的故障诊断与维修方法。

3）了解数控机床精度检查方法。

【能力目标】

1）主传动系统及主轴部件常见故障排除。

2）滚珠丝杠副常见故障排除。

3）导轨面磨损的修复。

4）自动换刀装置故障诊断与维修。

5）数控机床的安装及精度检查。

任务1　主传动系统及主轴部件常见故障排除

【任务描述】

与普通机床相比，数控机床主传动链短、动力大、转速高。数控机床主轴具有自动变速、准停、夹紧刀具等功能，因而数控机床故障原因更复杂（从机械、液压与气动、电气三方面综合考虑），这里主要分析机械原因并排除故障。主传动系统及主轴部件常见故障有变速时挂不上档、强力切削停转、主轴不准停、夹紧刀具装置故障等。

【任务分析】

1）主传动系统结构分析。

2）主传动常见故障排除。

3）主轴部件结构分析。

4）主轴部件常见故障排除。

【知识准备1】　主传动系统结构分析

1. 数控机床机械结构的组成

图7-1所示为 JCS–018A 型立式加工中心示意图。图中所示 10 是床身，横向导轨支承拖板 9，拖板沿床身导轨的运动为 Y 轴。工作台 8 沿拖板导轨的纵向运动为 X 轴。5 是主轴箱，主轴箱沿立柱导轨的上下移动为 Z 轴。1 为 X 轴的伺服电动机。2 是换刀机械手，它位于主轴和盘式刀库 4 之间。盘式刀库 4 能储存 16 把刀具。3 是数控柜，7 是驱动电源柜，它们分别位于机床立柱的左右两侧，6 是机床的操作面板。

2. 主传动系统

数控机床的主传动是承受主切削力的传动运动，它的功率大小与回转速度直接影响着机床的加工效率，对数控机床的性能有着决定性的影响。

由于数控机床的主轴驱动广泛采用交、直流主轴电动机，这就使得主传动的功率和调速范围较普通机床大为增加。同时，为了进一步满足对主传动调速和转矩输出的要求，在数控机床上常采用机电相结合的方法，即同时采用电动机调速和机械齿轮变速这两种方法。其中，通过齿轮减速来扩大输出转矩，利用齿轮换档来进一步扩大调速范围。尽管如此，数控机床的主传动变速机构仍较以往的普通机床有了极大的简化，主轴箱内各种零件如轴、齿轮、轴承等的数量都大为减少，这就使得可能出现机械故障的部位也大为减少。

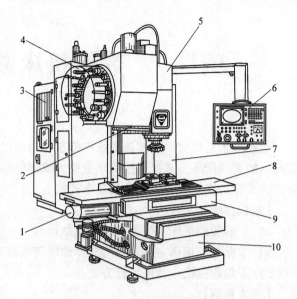

图 7-1　JCS–018A 立式加工中心

1—X 轴伺服电动机　2—换刀机械手　3—数控柜
4—盘式刀库　5—主轴箱　6—操作面板
7—驱动电源柜　8—工作台　9—拖板　10—床身

图 7-2 所示是数控机床的主轴传动系统常采用的配置形式。

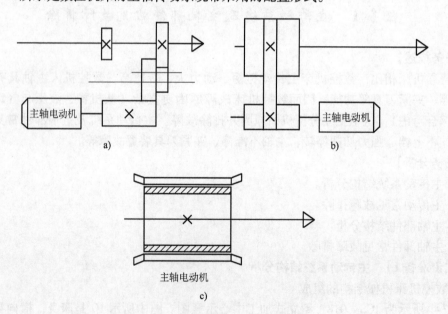

图 7-2　数控机床主轴传动配置形式

（1）齿轮变速　通过少数几对齿轮降速，使之成为分段无级变速，确保低速大转矩，以满足主轴输出转矩特性的要求；滑移齿轮的换档大都采用液压拨叉或直接由液压缸带动齿轮来实现，还可通过电磁离合器直接实现换档。这种配置方式在大中型机床中采用较多。如图 7-2a 所示。

（2）带传动　常用 V 带或同步带来完成，其优点是结构简单、安装调试方便，且在一定程度上能够满足转速与转矩输出要求，但主轴调速范围比受电动机调速范围的约束，这种形式可避免齿轮传动引起的振动与噪声，但输出转矩相对齿轮变速形式低。这种配置适用于高速、低转矩、变速范围不大的中、小型机床，如图 7-2b 所示。

（3）调速电动机直接驱动　电动机的转子装在主轴上，主轴就是电动机的轴，用内置电动机实现主轴变速。这是近来高速加工中心主轴发展的一种趋势。这种传动形式简化了机构、提高了主轴的刚度，是一种非常好的传动形式，如图 7-2c 所示，控制方便，机械结构简单，但其输出转矩比较小，多用在小型加工中心机床上。

【任务实施 1】　主传动系统常见故障排除

1. 噪声过大

主传动系统产生噪声的原因是多种多样的。对于齿轮变速的形式，一般是由齿轮啮合间隙不均匀或轮齿损坏造成的，而造成齿轮啮合间隙不均匀的主要因素是加工与装配精度不高。如果发现轮齿已损坏，应立即更换新齿轮，同时应注意提高齿轮的制造及装配精度，精度越高，噪声越小。另外，在设计时应尽量减少齿轮的对数，适当限制齿轮的直径（尤其在高速传动链中），这是因为齿轮直径越大，在工作时相对同样转速条件下的线速度就越大。据实验证明，齿轮的线速度降低 50%，噪声可降低至 60dB。因此，在机床设计时应尽量减少使用线速度超过 10 ~ 12m/s 的高速齿轮，这是避免主传动系统噪声的非常有效的措施。

减小齿轮噪声的方法还有：在传动轴刚度允许的条件下采用斜齿轮或人字形齿轮，以减小齿轮的啮合角，从而降低齿轮噪声；提高传动箱箱体的刚性，箱体刚性越好，振动越小，噪声也越小；尽量减小齿轮轴、孔间的配合间隙和传动间隙，即采用消除传动间隙的结构；改善润滑条件，确保齿轮啮合面及支承轴承处润滑正常等。

对于带传动的形式，产生噪声的主要原因有主轴与电动机连接的传动带过紧，大带轮与小带轮传动平衡情况不佳。此时应移动电动机座，使传动带松紧度合适，对带轮重新进行静、动平衡。

有时主传动系统的噪声是由于系统中传动轴承损坏或传动轴弯曲造成的，此时应修复或更换轴承，校直传动轴，以消除噪声。

2. 变速时挂不上档

这一类机械故障多出在采用齿轮变速的形式时，当用液压拨叉来带动齿轮换档时，因滑移齿轮严重撞击而使倒角处打毛翻边所造成。产生这一故障的原因通常是由于液压变速系统中的液压元件（如变速液压缸）不具有良好的速度调节功能，或相应的电磁元件（如电磁换向阀）不具有"记忆"功能所致。在数控机床中，由于变速换档都是由机床根据指令自动完成的，所以组成变速系统的各元件均应适应这一特点。有的数控机床在控制变速液压缸运动时采用信号杆配行程开关的组合方式，对解决这一类机械故障是行之有效的方法。即使这样，也应该定期检查行程开关是否因机床振动而产生松脱、移位等现象，从而避免同类故障的发生。

　　另外，对于使用电磁离合器的主传动系统，必须掌握离合器需在低于 1～2r/min 的转速下才能安全可靠地变速这一特点。

　　3. 主轴在强力切削时停转

　　这种情况往往出现在带传动的形式中，电动机与主轴连接的传动带过松，或是传动带表面有油、传动带使用过久而失效等，均会造成上述故障。此时只需采用移动电动机，张紧传动带，继而将电动机座重新锁紧；或是用汽油清洗传动带表面油污，使之清洁后再重装上；更换新传动带等措施，即可排除故障。

　　有时在齿轮传动的系统中也会出现此类故障，这常常是由于在传动系统中采用了摩擦离合器，而摩擦离合器调整过松或磨损过大的原因造成的。此时只需重新调整摩擦离合器，或是修磨、更换摩擦片即可。

　　【知识准备 2】　主轴部件结构分析

　　数控机床的主轴部件主要有主轴本体及密封装置、支承主轴的轴承、主轴转速反馈装置、配置在主轴内部的刀具自动夹紧及吹除铁屑装置、主轴的准停装置等。

　　数控机床的主轴部件在结构上必须很好地解决刀具和工具的装夹、轴承的配置、轴承间隙调整、润滑密封等问题。

　　机床主轴带动刀具或夹具在支承中做回转运动，能传递切削转矩，承受切削抗力，并保证必要的旋转精度。目前，数控机床主轴轴承常见的配置形式主要有三种，见表 7-1。

表 7-1　数控机床主轴轴承常见配置

序号	配置形式	特　　点	应　　用
1	图 7-3a	前支承采用双列圆柱滚子轴承和 60°角接触双列向心推力球轴承组合，后支承采用成对安装的角接触球轴承： 1）使主轴获得较大的径向和轴向刚度，可以满足机床强力切削的要求 2）前支承能承受轴向力时，后支承也可用圆柱滚子轴承	适用于各类数控机床的主轴，如数控车床、数控铣床、加工中心等
2	图 7-3b	前轴承采用高精度的双列角接触球轴承，后轴承采用单列（或双列）角接触球轴承： 1）这种配置提高了主轴的转速 2）满足了这类机床转速范围大、最高转速高的要求 3）为提高这种形式配置的主轴刚度，前支承可以用四个或更多的轴承组配，后支承用两个轴承组配	适用于高速、轻载和精密的数控机床主轴，如立式、卧式加工中心等
3	图 7-3c	前后轴承采用双列和单列圆锥轴承： 1）能使主轴承受较重载荷（尤其是承受较强的动载荷），径向和轴向刚度高，安装和调整性好 2）这种配置限制了主轴最高转速和精度 3）这种轴承径向和轴向刚度高，能承受重载荷，但这种配置限制了主轴的最高转速和精度	适用于中等精度、低速、重载的数控机床主轴

【任务实施 2】 主轴部件常见故障排除

主轴部件质量的好坏将直接影响加工质量，因此对主轴部件的故障诊断及排除就显得非常重要。下面对主轴部件较常见的故障进行分析：

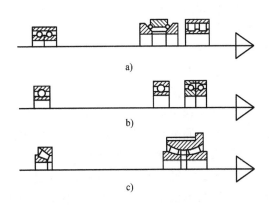

图 7-3 数控机床主轴轴承配置形式

1. 主轴润滑不良及主轴密封处故障

数控机床的主轴在工作时应保持良好的状态，主轴的运转温度和热稳定性是至关重要的。主轴工作时如温升过高，将会导致主轴发热，从而给主轴轴承的正常运转带来影响，轻则降低主轴回转精度，严重的甚至会烧毁轴承。要避免此类故障发生，就要确保主轴具有良好的润滑，同时与主轴相配的密封结构应能满足主轴润滑方式的要求。

数控机床主轴部件的润滑方式通常有：

（1）循环式润滑方式 此方式采用液压泵供油强力润滑，可有效地把主轴组件的热量带走，同时在油箱中使用油温控制器控制油液温度，以保证主轴不发热。这种润滑方式因润滑油的交换量比较大，所以需要液压泵专门负责抽吸润滑后存留在箱内的油液。此时，吸油管要尽量位于最低处，尤其是在主轴为立式时更应如此。

采用此方式较易出现的故障是，因抽油时间调整的不合适导致润滑油外溢以及密封装置本身有破损等缺陷造成的润滑油渗漏。在此情况下，首先应检查吸油管位置是否合适，然后仔细调整好供油量及回抽油量的关系，适当延长吸油时间，最后认真检查主轴端部的密封结构，保证其有一定的存油空间，同时更换破损密封件，以确保不漏油。

（2）高级润滑脂与润滑油混合润滑方式 采用此方式往往是主传动部分用润滑油润滑，而主轴部件特别是主轴轴承用高级润滑脂润滑。这种方式可大大简化结构，降低制造成本、维护保养简单。因为密封存放于主轴轴承处的高级润滑脂可长期使用（8 年左右），在正常工作条件下既不会稀化流出，也不会因润滑不充分导致主轴端部产生较高的温升。

但采用此方式较易出现的故障为，错误地认为将润滑脂填充的越多越好，从而人为地将润滑脂涂抹过多，这样反而容易造成工作时主轴端部发热严重。排除方法是按照主运动参数要求和主轴轴承的型号及规格，严格地计算填入轴承中的润滑脂的量，以避免因轴承润滑脂过少或过多引起的主轴发热。

另一个较常见的故障是润滑油与润滑脂出现混合，最后导致润滑脂稀化并逐步流失，从而造成主轴端部润滑不良，出现故障。这种情况发生后的排除方法是：严格区分油润滑区与脂润滑区，在主轴部件结构上确保润滑油与润滑脂各自独立封闭。对于润滑油，如果是飞溅润滑，则应预留油池，且保证油池液面高度不会翻越密封装置进入脂润滑区，同时对密封装置的设计既要考虑不许油液自下而上漫过去，也不许飞溅后落下的油液自上而下渗漏过去。如果是强制喷淋润滑，则应在保证前面所述条件的基础上，另外增加回油装置。

对于润滑脂，通常采用迷宫封闭式密封，只要润滑脂的填充量计算准确，便可保证正常工作。

（3）油气润滑方式 随着高速加工技术的不断发展，数控机床主轴的转速越来越高。

传统的主轴润滑冷却方式已不能满足高转速的要求，取而代之的是新型的润滑冷却方式。目前较常见的是油气润滑及喷油润滑。

就喷油润滑而言，较类似于循环式润滑方式，由于需把润滑油送入到主轴轴承内部，故其所能达到的主轴转速最高，但此时需配备附加的供油设备。而油气润滑是在考虑避免环境污染的情况下，用以取代油雾润滑而出现的一种新型润滑方式。这种方式为每个轴承单独供油，且定时定量，既保证了所需的油量，又无油雾扩散，为环保所兼容。

2. 刀具不夹紧故障

在现代数控机床上，为实现刀具在主轴上的自动装卸，主轴上必须带有刀具的自动卡紧机构。通常刀杆都是采用7:24的大锥度锥柄和主轴锥孔定心，从而保证刀具回转轴线每次装夹后与主轴回转轴线都同轴，而且大锥度的锥柄有利于定心，也为松夹带来方便。另外，主轴端面有一键块，通过它既可传递主轴的转矩，又可用于刀具的周向定位。实现刀具夹紧的机构是由一组碟形弹簧配以一套液压装置组成的。碟形弹簧自动拉紧刀具，而用液压缸放松刀具，从而保证在工作中，即使突然断电，刀杆也不会自行松脱。

自动换刀装置常出现的故障有以下几种：

1）整个装置未能实现内力的封闭。在松开刀具时需要由液压油缸来克服碟形弹簧的夹紧力以松开刀柄，而液压缸传给拉刀刀杆的力全部由主轴轴承承受了。久而久之，会使主轴轴承精度、寿命降低，严重的甚至造成主轴轴承的破损。其解决办法是在进行结构改进时考虑采用卸载措施，使拉紧刀具或松开刀具的力不传给主轴轴承，而由主轴体承受，这样就可避免产生上述故障。图7-4是卸载结构的实例。

图中液压缸体1上端进油，推动液压缸体1向上运动，直至法兰座4与法兰5接触后停止（零件1、3、4由螺钉紧固在一体）。在液压缸体1上移的同时，活塞2下移，从而压缩碟形弹簧7松刀，此时克服碟形弹簧的力由主轴体6承受（主轴体6与法兰5由螺钉紧固在一体），不传到

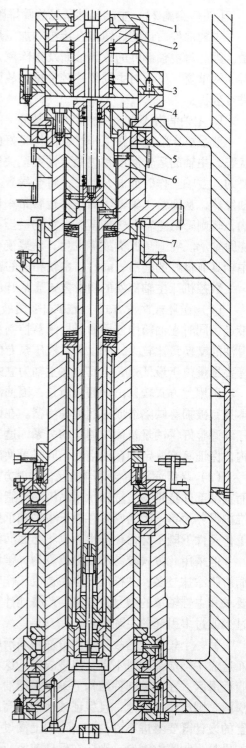

图7-4　主轴刀具夹紧机构
1—液压缸体　2—活塞　3—调整垫片　4—法兰座
5—法兰　6—主轴体　7—碟形弹簧

主轴轴承上，即实现了内力的封闭。

2）拉不紧刀或拉紧后不能松开。产生此类故障的因素或部位很多，但归纳起来，主要因为刀具夹紧的某个环节出现了异常的尺寸变化或性能变化。排除这一类故障时应仔细地逐个环节进行检查，找出其真实原因，再有针对性地采取措施。如碟形弹簧组位移量较小所造成的刀具不能夹紧，此时只需调整碟形弹簧组的行程长度即可解决；又如松刀时液压缸的压力或行程不够导致刀具夹紧后不能松开，只需重新调整液压缸液压力或活塞行程开关位置，就能完成松开刀具动作（如松刀电磁阀失灵或感应开关失灵，只需更换相应元件即可）。还有的情况是刀具夹紧环节的某个零件（如拉杆）受损（变形或断裂），从而导致拉不紧刀或松不开刀，此时应更换该零件并找出零件受损的原因，修改结构或更换材料，以确保同样故障今后不再发生。

3）还有一类产生于刀具夹紧过程中的故障是因为主轴锥孔掉进了切屑或其他污物，在拉紧刀杆时，造成主轴锥孔表面、刀杆锥柄表面划伤，并使刀杆发生偏斜造成定位不准，最后致使零件加工尺寸出错。为避免这一类故障发生，必须要确保压缩空气喷气装置能正常工作，以便在刀具安装前可自动清除主轴锥孔的切屑、灰尘及其他污物。

3. 主轴准停装置定向不准或错位

数控机床主轴准停装置很多，主要分机械方式和电气方式两种。而电气方式又可分别通过磁传感器、编码器和数控系统控制等来实现主轴准停。

在采用电气方式时，由机械部分引起的定向不准或错位等故障，多半是由于连接电气元件的紧固装置因机床工作时的振动或其他意外碰撞而产生了松动，从而导致电气元件移位造成的，较易解决。

在采用机械方式时，造成同类故障的原因较多。要检查液压缸定位销伸出动作是否灵活，各电器及液压元件工作是否正常、反应是否灵敏等诸多因素。在诊断时应认真检查，逐项排除。但值得注意的是采用这种准停方式，必须要有一定的逻辑互锁作保证，才能使得主轴电动机最后能够正常运转。而此工作可由数控系统所配的可编程控制器来完成。

任务 2　滚珠丝杠副常见故障排除

【任务描述】

进给传动系统是数控机床关键组成之一，进给传动精度影响机床定位精度及零件加工误差。滚珠丝杠副是关键的进给传动部件，半闭环传动误差主要误差源就是滚珠丝杠副。滚珠丝杠副预紧故障是传动系统典型故障之一。

【任务分析】

1）进给传动系统结构分析。

2）齿轮消隙。

3）滚珠丝杠副预紧故障排除。

4）静压蜗杆副与双齿轮齿条传动故障。

【知识准备】

1. 进给传动系统结构分析

数控机床进给传动系统在没有实现直线电动机伺服驱动方式时，机械传动机构还是必不可少的。它主要包括齿轮传动副、滚珠丝杠副、静压蜗杆副、齿轮齿条副及其相应的支承部件等。由于数控机床功能及性能上的要求，这些部件用在数控机床上与用在普通机床上是有不同点的。换言之，用于数控机床上时，就必须要满足数控机床进给系统的要求。数控机床对进给传动有稳、准、快、宽、足五大要求，而其中稳、准、快这三项指标都是与机械传动结构密切相关的。这是由于数控机床的进给运动是数字控制的直接对象，被加工工件的最终坐标位置精度和轮廓精度都与其传动结构的几何精度、传动精度、灵敏度和稳定性密切相关。可以说，影响进给传动系统精度的因素除了伺服驱动单元和电动机外，还有机械传动机构。因此，进给伺服系统中机械传动机构的故障诊断及排除是保证数控机床正常工作的非常重要的环节。

2. 齿轮消隙

进给系统采用齿轮传动装置，是为了使丝杠、工作台的惯量在系统中占有较小的比重，以实现惯量匹配；同时可使高转速低转矩的伺服驱动装置的输出变为低转速大转矩，以适应驱动执行件的需要；另外，也便于计算所需的脉冲当量；有时也为便于机械结构位置的布局。但同时应看到在进给伺服系统的机械结构中增加齿轮传动副，也会带来一些弊端，即增大系统出现故障的概率；增大了机械传动的噪声；由于传动环节增多，加大了传动间隙，从而使精度降低；使伺服系统产生振荡而不稳定；增大机械动态响应时间，造成反应滞后等。想要避免或减少这些可能出现的故障，需采取一些措施。较为有效的办法是在非十分必要的情况下尽量减少齿轮传动环节，一旦使用也应尽量消除齿轮传动副的间隙。消除齿轮传动副间隙如下：

（1）直齿齿轮传动 直齿齿轮传动时常用的消隙方法有偏心轴套调整法和双片齿轮错齿法，如图7-5所示。

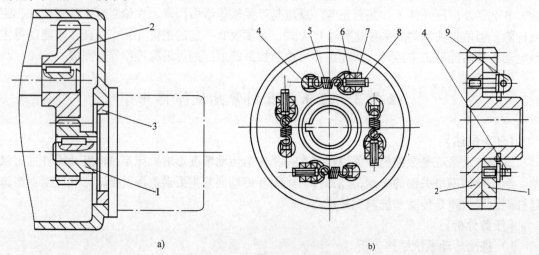

a)   b)

图7-5 直齿齿轮传动消除间隙法

1、2—齿轮 3—偏心轴套 4、9—螺纹凸耳 5—弹簧 6、7—螺母 8—调节螺钉

偏心轴套调整法，常用于电动机与丝杠之间的齿轮传动。齿轮1装在偏心轴套3上，调整偏心轴套3可以改变齿轮1和齿轮2之间的中心距，从而消除齿轮传动副的间隙，如图7-5a所示。

双片齿轮错齿法，常用于一般负载传动。两个齿数相同的薄片齿轮1和2与另一个宽齿轮相啮合，两个薄齿轮套装在一起，并可做相对回转运动。每个齿轮端面分别均匀装有四个螺纹凸耳 4 和 9，齿轮 1 的端面还有四个通孔，凸耳 9 可从中穿过。弹簧 5 分别钩在调节螺钉 8 和凸耳 4 上。旋转螺母 6 和 7 可以调整弹簧 5 的拉力，弹簧的拉力可使薄片齿轮错位。即两片薄齿轮的左、右齿面分别与宽齿轮齿槽的右、左面贴紧，从而消除齿轮传动副的间隙，如图 7-5b 所示。

（2）斜齿齿轮传动　斜齿齿轮传动时常用的消隙方法有轴向垫片调整法和轴向压簧调整法，分别如图 7-6a、b 所示。

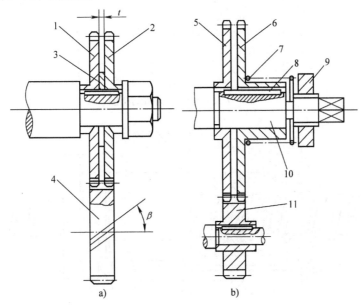

图 7-6　斜齿齿轮传动消除间隙法
1、2、5、6—薄片斜齿轮　3—垫片　4—宽齿轮　7—压力弹簧　8—键　9—螺母　10—轴　11—宽斜齿轮

对于轴向垫片调整法，在两个薄片斜齿轮 1 和 2 之间加一垫片 3，将垫片厚度增加或减少 Δt，两薄片斜齿轮的螺旋线就会错位，分别与宽齿轮 4 的齿槽左、右侧面都可贴紧，从而消除齿轮传动间隙，如图 7-6a 所示。

对于轴向压簧调整法，两个薄片斜齿轮 5 和 6 用键 8 滑套在轴 10 上，用螺母 9 来调节压力弹簧 7 的轴向压力，使薄片斜齿轮 5 和 6 的左、右齿面分别与宽斜齿轮 11 齿槽的左、右侧面贴紧，从而消除齿轮传动间隙，如图 7-6b 所示。

对于锥齿轮传动消除齿轮传动间隙的方法，其基本原理与上述相同，不再赘述。

【任务实施】　滚珠丝杠副预紧故障排除

在数控机床的进给传动链中，将旋转运动转换为直线运动的方法有多种，但滚珠丝杠副传动使用最广泛，这是由滚珠丝杠副的诸多优点决定的。但是使用滚珠丝杠副传动方式时，如果安装、预紧不当便会产生故障，影响数控机床的工作精度，甚至使机床停止工作。使用滚珠丝杠副传动时常出现的故障及相应的排除方法如下。

1. 调整轴向间隙时预紧力控制不当引起的故障

滚珠丝杠副的轴向间隙，是指负载时滚珠与滚道接触的弹性变形所引起的螺母位移量和螺母原有间隙的总和。滚珠丝杠副的轴向间隙直接影响其传动刚度和传动精度，尤其是反向传动精度。因此，滚珠丝杠副除了对本身单一方向的进给运动精度有要求外，对其轴向间隙也有严格的要求。滚珠丝杠副轴向间隙的调整和预紧，通常采用双螺母预紧方式，其结构形式通常有三种，即垫片调整间隙，螺母调整间隙及内外齿轮啮合变化调整间隙，如图7-7～图7-9所示。

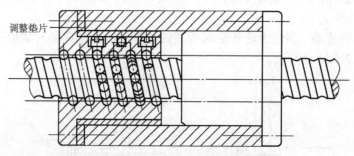

图 7-7　垫片调整间隙结构图

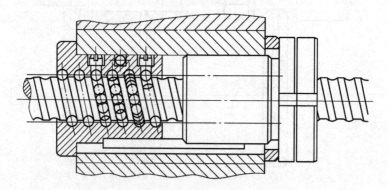

图 7-8　螺母调整间隙结构图

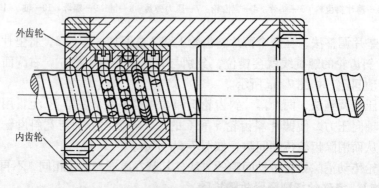

图 7-9　内外齿轮啮合变化调整间隙结构图

图 7-8～图 7-9 的基本原理都是使两个螺母间产生轴向位移，以达到消除间隙和产生预紧力的目的。但应控制好螺母预紧力的大小。如预紧力过小，不能完全消除轴向间隙，达不到预紧作用；如预紧力过大，又会使空载力矩增加，从而降低传动效率，缩短使用寿命。

在采用上述三种调整间隙方法时应充分掌握各自的特点，有选择地使用。这其中，垫片调整间隙结构简单可靠、刚性好，但调整费时，且不能在工作中随意调整。螺母调整间隙结构是应用较广泛的一种形式，有结构紧凑、工作可靠、调整方便等诸多优点，但此方式调整位移量不易精确控制，所以预紧力也不能准确控制。内外齿轮啮合变化调整间隙结构具有调整准确可靠、精度较高的优点，但本身结构较为复杂。

2. 滚珠丝杠副不能自锁造成的故障

滚珠丝杠副有很高的传动效率，但不能自锁。因此，在使用时，当滚珠丝杠副用于垂直传动或水平放置的高速大惯量传动时，一定要安装制动装置。否则，会使移动部件因自重或惯性运动造成异常故障，严重的会损坏机床零部件。常用的制动方法有采用超越离合器、电磁摩擦离合器或使用具有制动装置的伺服驱动电动机。

3. 滚珠丝杠副在传动过程中的噪声

滚珠丝杠副是高精度的传动部件，在工作中产生噪声的原因主要是因为在装配、调整过程中存在着某些缺陷。如紧固件出现松动，轴承压盖不到位，支承轴承或丝杠螺母出现破损以及润滑不良等现象。排除这些故障的办法是根据相应的故障类型逐项检查各零、部件，然后采取更换零、部件，重新调整，改善润滑条件等措施加以解决。

4. 滚珠丝杠副运动不灵活

运动不灵活，也是采用滚珠丝杠副传动经常会遇到的一类故障，出现这类故障的原因如下。

滚珠丝杠轴线与导轨不平行或螺母轴线与导轨不平行。这是因为丝杠或螺母轴线距定位基面的理论尺寸与实际加工尺寸有较大误差或者是由于在装配时未能调整好丝杠支座或螺母座的位置造成的。不管是何种原因，排除此故障的方法是重新调整丝杠支座或螺母座的位置（通常采用加调整垫板的方法），使之与导轨平行。

如果预紧时轴向预加载荷加的过大或丝杠本身因各种原因已产生了弯曲变形，只需重新调整预加载荷，使之既能完全消除间隙又不会使预紧力过大，即可排除故障。如丝杠已变形，必须重新校直丝杠，再按预定步骤调整后使用。

【知识拓展】　静压蜗杆副与双齿轮齿条副故障

对于行程过长的进给运动，一般不宜采用丝杠传动，这主要是因为长丝杠制造困难，且容易因自重产生弯曲下垂，影响传动精度，其轴向刚度和扭转刚度也难提高；如加大丝杠直径，又会因转动惯量增大，使伺服系统的动态特性不容易得到保证。在这种情况下，最常采用的传动方式是静压蜗杆传动和双齿轮齿条传动。这两种传动方式均可以完全消除传动间隙，且都具有很高的传动效率及传动刚度。

1. 静压蜗杆副的故障诊断及排除

采用静压蜗杆副传动时，就蜗杆、蜗轮所使用的材料不同通常可分为：钢蜗杆配铸铁蜗轮；钢蜗杆配铸铁基体涂有 SKC3 耐磨涂层的蜗轮；铜制蜗杆配钢制蜗轮或铸铁蜗轮这三种形式。就其实用性和经济性而言，前两种用得较多。

由于蜗杆蜗轮传动副是利用压力油在蜗杆与蜗轮啮合面间形成的油膜减小摩擦的，所以从理论上讲是无磨损的。但事实上静压蜗杆副发生故障最多的部位恰恰是在此处。

故障现象为：蜗杆与蜗轮表面直接发生接触，使二者啮合面研伤；或者因受冲击载荷影响，使啮合面发生损坏等。

造成上述故障的原因是多方面的。如装配调整时，蜗杆轴线与蜗轮轴线发生偏斜；多块蜗轮拼接时，接头处间距控制不好；形成油膜的压力油过滤精度不够或未过滤干净；进给速度过高，配油阀封油区内压力油来不及供给，造成供油暂时停顿；供油压力下降时保护装置失灵，使压力油膜不能建立；装卸时发生撞击，使蜗轮或蜗杆齿面产生伤痕等原因均会造成蜗杆副在后续的工作过程中发生齿面研磨损伤、静压不能建立等故障。另外，对于使用耐磨涂层的蜗轮，因涂层材料脆性大，遇冲击载荷或意外碰撞极易使齿面损坏，这也是造成静压蜗杆副故障的原因之一。

在查清故障原因之后，排除故障的相应办法也就产生了。要解决上述故障，可以选用下列方法：装配调整时，仔细检查、调整蜗杆和蜗轮位置，使其轴线同轴；加工蜗轮时应留有足够的备用件，同时将多块蜗轮拼接时，可采用适当的工艺手段（如加工一个与工作蜗杆相同的短工艺蜗杆）来确保接头处的间距；严格控制油的清洁度，必要时可采用多道过滤的方法来保证油的过滤精度，并严防二次污染；合理选用进给速度，避免速度过高而带来的供油不足故障；经常检查保护装置，最好设置互锁信号装置，油膜不建立不能工作；装卸时避免大行程动作及意外冲击，以确保啮合齿面不受损伤。

2. 双齿轮齿条副传动故障

双齿轮齿条副传动也是目前数控机床大行程传动的主要形式之一，这种传动方式与静压蜗杆副传动相比较，最突出的优点就是双齿轮齿条副传动进给移动速度高。但它也有较为明显的缺陷，如传动不平稳和传动精度不够高等。

在采用双齿轮齿条副传动时，由于必须采取消除间隙措施，其传动结构中用于消除齿轮传动间隙的两个齿轮与齿条之间的磨损较为严重，这是该传动经常会遇到的故障形式。其解决方法是，在机构中设

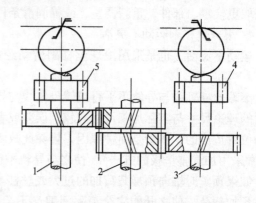

图 7-10　双齿轮齿条消除间隙原理图
1、2、3—轴　4、5—齿轮

置调整结构，不断消除因齿面磨损而产生的新的磨损间隙，如图 7-10 所示。

进给运动由轴 2 处输入，该轴上装有两个螺旋线方向相反的斜齿轮，当在轴 2 上施加轴向力 F 时，能使斜齿轮产生微量的轴向移动。此时，轴 1 和 3 便以相反的方向转过微小的角度，使齿轮 4 和齿轮 5 分别与齿条齿槽的左、右侧面贴紧，从而消除了齿轮传动间隙。

双齿轮齿条副传动可能发生的另一类故障是由于该传动机构不能自锁，而其所驱动的对象往往是需要高速运动且具有很大惯量的移动部件（如工作台等），这时如传动系统中未设置专门的制动装置，则容易发生移动部件因惯性与其他零部件撞击的故障。所以，这一点在进行结构设计时是必须注意的。

任务3　导轨面磨损的修复

【任务描述】

微量进给时，爬行现象是造成定位误差和零件加工误差的主要原因，发生爬行现象是由于拖板移动时，拖板与导轨静摩擦因数大于动摩擦因数。消除爬行现象的根本措施是使拖板与导轨静摩擦因数等于动摩擦因数或减小摩擦力，常见措施是贴塑。机床大修时，导轨面修复，贴塑也是常用方法之一。

【任务分析】

1）机床导轨结构分析。

2）镶嵌粘贴塑料导轨。

【知识准备】　机床导轨结构分析

机床导轨是机床基本结构之一。从机械结构的角度来说，机床的加工精度和使用寿命在很大程度上取决于机床导轨的质量。数控机床对导轨的要求则更高，如高速进给时不振动；低速进给时不爬行；有高的灵敏度；能在重负载下，长期连续工作；耐磨性高；精度保持性好等。数控机床所用的导轨，从其类型上看，用得最广泛的是塑料滑动导轨、滚动导轨和静压导轨三种。

1. 塑料滑动导轨

塑料滑动导轨具有摩擦因数小，且动、静摩擦因数差值小；减振性好，具有良好的阻尼性；耐磨性好，有自润滑作用；结构简单、维修方便、成本低等特点。这一类导轨通常可分为两种。

（1）聚四氟乙烯导轨软带　它是以聚四氟乙烯为基体，加入青铜粉、二硫化钼和石墨等填充物混合烧结，并做成软带状。与之相配的导轨多为铸铁导轨或淬硬钢导轨。这种导轨能使部件运行平稳、无爬行、定位精度高；无振动、噪声小；磨损小且嵌入性能好，与其配合的金属导轨不会被拉伤；可在原导轨面上进行粘结，不受导轨形式的限制。

（2）环氧耐磨涂层　它是以环氧树脂和二硫化钼为基体，加入增塑剂，混合成膏状为一组分，固化剂为另一组分的双组分塑料涂层。这种导轨在满足数控机床对导轨的各项要求的基础上还有一个突出的优点，即有良好的可加工性，可经车、铣、刨、钻、磨削和刮削。另外这种导轨的使用工艺也很简单，特别是可在调整好固定导轨和运动导轨间的相对位置精度后注入涂料，可节省许多加工工时。特别适用于重型机床和不能用导轨软带的复杂配合面上。

2. 滚动导轨

滚动导轨的摩擦因数小，动、静摩擦因数差值小。其起动阻力小，能微量准确移动，低速运动平稳，无爬行，因而运动灵活，定位精度高。预紧后可提高刚度和抗振性，承受较大的冲击和振动，且寿命长，是适合数控机床进给系统应用的比较理想的导轨元件。

数控机床常用的滚动导轨有两种，一种是滚动导轨块，一种是直线滚动导轨。

（1）滚动导轨块　滚动导轨块是一种滚动体做循环运动的滚动导轨，与之相配的导轨多用淬硬钢导轨，在行程较大的数控机床上常常使用。

这种滚动导轨较常见的故障是由于对滚动导轨预紧时，预紧力不当或调整时未达到要求所造成的滚动导轨块在工作过程中出现的噪声过大，振动过大以及与之相配的淬硬钢导轨在导轨全长上硬度不均匀而预紧力过大所造成的对导轨面的损伤等。因此对滚动导轨块的调整预紧非常重要。为了确保滚动导轨块在工作中不出现上述故障，应注意滚动导轨块的安装方法，既能使安装调整方便又可确保导轨工作精度的一种行之有效的方法是，将滚动导轨块紧固在可进行调整的楔块或镶条上，这样只需楔块或镶条留有足够的余量，就能保证滚动导轨安装调整方便且工作精度有保障（可较容易地控制预紧力的大小）。

（2）直线滚动导轨　直线滚动导轨是为适应数控机床的需要而发展的另一种滚动导轨，其最突出的优点为无间隙，并能施加预紧力。由于直线滚动导轨具有自动调整功能，运动精度可达微米级，且能承受任意方向的载荷。这种导轨装配简单方便，有多种型号规格可供选择。只要维修人员在调整时认真细致，使用时注意防护，故障就会很少出现。

3. 静压导轨

静压导轨是在两个相对运动的导轨面间通入压力油，使运动件浮起。工作过程中，导轨面上油腔中的油压能随着外加负载的变化自动调节，以平衡外加负载，保证导轨面间始终处于纯液体摩擦状态。这种导轨的摩擦因数小，机械效率高，能长期保持导轨的导向精度；承载油膜有良好的吸振性，低速时不易产生爬行，所以在机床上得到日益广泛的应用。

在数控机床上使用静压导轨也有其独自的特点。

静压导轨特点之一是基于静压装置、静压结构的复杂性以及高昂的制造成本，目前多应用在大型、重型数控机床上。另一特点是随着多头泵技术的日渐成熟，数控机床上所用的静压导轨多为闭式恒流静压导轨。采用闭式导轨是因为它能有效地承受偏载荷及颠覆力矩，而采用恒流供油的方式，可有效地提高导轨的油膜刚度，从而避免传统方式因为采用恒压供油的闭式静压导轨而导致的调试困难，油膜刚度不理想，油容易发热等不足。

按承载方式的不同，液压静压导轨可分为单面式和封闭式两种。

图 7-11a 所示为单面式液压静压导轨工作原理图，液压泵 2 起动后，油的压力 P_s 经节流阀调节至 P_r，（油腔压力），油进入导轨油腔，并通过导轨间隙向外流回油箱 8。油腔压力形成浮力将运动部件 6 浮起，形成一定的导轨间隙 h_0。当载荷增大时，运动部件下沉，导轨间隙减小，液阻增加，流量减小，从而油经过节流阀时的压力损失减小，油腔压力 P_r 增大，直至与载荷 W 平衡。单面式液体静压导轨只能承受垂直方向的负载，不能承受颠覆力矩。

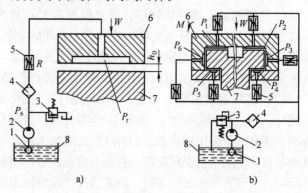

图 7-11 液压静压导轨工作原理图

1、4—滤油器 2—液压泵 3—溢流阀 5—节流阀 6—运动部件 7—固定部件 8—油箱 $P_1 \sim P_6$—油腔内各处压力

图 7-11b 所示为封闭式液压静压导轨工作原理图，封闭式液压静压导轨各方向导轨面上都开有油腔，所以它能承受较大的颠覆力矩，导轨刚度也较大。

另外，还有以空气为介质的空气静压导轨。它不仅内摩擦阻力低，而且还有很好的冷却作用，可减小导轨热变形。

使用封闭式恒流静压导轨时较易出现的故障有以下几种：油液过滤精度不高，有杂质混入，使多头泵受损，导致导轨不能正常工作；静压系统油路被堵塞或不畅，导致最终静压不能建立；静压导轨油膜厚度不均匀导致局部静压不能形成。

造成上述故障的原因主要是油液的清洁度未达到标准或液压管路中已有的杂质未清除干净，再有就是对静压系统的调整尺度未掌握好。

要解决上述故障，较为有效的办法是：在静压系统中增设几道滤油装置并确保滤净油不受二次污染，这样就可避免因杂质进入多头泵，造成多头泵损坏。另外，非常重要的一点是，在静压系统进行工作的最初阶段，应将多头泵断开而直接用油液冲洗整个静压管路，目的是将管路中的原有杂质冲洗干净，然后再联上多头泵，这样才能保证工作中不会因油液二次污染造成故障。

对于静压系统的调整，由于涉及的因素比较多，在具体操作中既要有正确的理论作指导，还要有丰富的实践经验作基础，才能较好地完成此项任务。在调整时应重点注意地基与床身水平在经过长期使用后是否有变化，是否已造成导轨原始精度超差。如发现有此类情况，应及时进行床身导轨的水平调整，重新修复导轨精度，否则会直接影响静压的建立。另外，在工作过程中要加强对机床导轨的防护，各主要导轨均应设置专门的防护罩，以避免灰尘和切屑侵入导轨面使导轨发生研磨损伤。

【任务实施】　镶嵌粘贴塑料导轨

机床修理时由于导轨的磨损，经刨削、磨削或刮削后破坏了机床原来的尺寸链，可用粘贴塑料板或火焰喷涂塑料等方法进行补偿。这种铸铁和塑料的摩擦副不但恢复了机床原有的尺寸链，而且具有良好的抗咬合性、抗爬行，使导轨耐磨性大大提高。镶嵌粘贴塑料导轨的工艺流程如图 7-12 所示。

1. 塑料板的选择

常用的镶嵌塑料板有聚甲醛板、尼龙 1010 板、MC 尼龙板、氯化聚醚板以及胶木板，少数防爬行要求高的导轨可以使用聚四氟乙烯板。

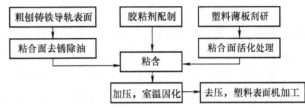

图 7-12　镶嵌粘贴塑料导轨的工艺流程

2. 粘贴面的预处理

为保证足够的粘接力，塑料板与铸铁导轨面必须平整，接触吻合面达 50% 左右（由刮削达到），塑料表面除了用汽油除去油污外，对表面活性小的塑料表面，还要经过化学活化处理。

3. 胶粘剂的配制

作为导轨胶粘剂，应能在常温下快速固化，能耐油并具有一定韧性，同时操作简便，容易掌握，价格低廉，如聚氨酯胶、420、501、502 胶。

420 胶在室温下 24h 即可固化，配方如下：

634 环氧树脂	100 份
690 稀释剂（环氧苯基醚）	10 份
662 甘油环氧树脂	20 份
氧化铝粉（<0.045，900℃灼烧 2h）	7 份
B201 处理液（Y-二乙烯三胺丙基三乙氧基硅烷）	3 份
650 聚酰胺树脂	140 份

先将前五种材料按上述比例调均匀，然后在使用前加入 650 聚酰胺树脂，调匀后即可使用。如胶液太黏稠，可在热水中稍微加热。配好后要在 1~2h 内使用，否则会自行固化。

4. 粘贴步骤

先在塑料板与铸铁导轨两个胶合面分别涂刷胶液，胶层厚 0.2mm 左右，涂好后即可对合，然后垫纸和橡胶各一层（厚 2~3mm），上面再加压铁和重物（压力在 30~50kPa 为宜，过大会使胶液挤出）。最后，温度保持在 20~25℃固化。

5. 检查

用塑料及铸铁等材料制备拖板导轨与床身铸铁对摩，并用机油润滑，其动、静摩擦因数应为 0.05 ~ 0.22。

任务 4　自动换刀装置故障诊断与维修

【任务描述】

统计数据反映，自动换刀装置故障是数控机床故障的主要原因之一，占数控机床故障的 40% ~ 50%。自动换刀装置故障属于综合故障，包含机械故障、液压故障、气动故障。

【任务分析】

1）自动换刀装置故障分析。

2）自动换刀装置常见故障排除。

3）液压、气动系统故障诊断与维修。

【知识准备】自动换刀装置故障分析

为进一步提高数控机床的加工效率，数控机床向一次工件装夹、完成多工序加工的方向发展，因而就出现了各种加工中心。加工中心要完成对工件的多工序加工，必须要在加工过程中自动更换刀具，要做到这一点，就要配置刀库及自动换刀装置。刀库与自动换刀装置是影响数控机床或加工中心自动化程度及工作效率的至关重要的部分，及时正确诊断并排除刀库、自动换刀装置的故障对于数控机床或加工中心有着极其重要的现实意义。

在带有换刀库和自动换刀装置的数控机床或加工中心中，刀库与自动换刀装置中的换刀机械手是可靠性最为薄弱的环节。其中刀库的主要故障模式通常为：刀具不到位、换刀的刀具不动、刀库不回零、定位销松动、刀具套松开刀具或刀具套抓不住刀具等。而换刀机械手所表现出来的主要故障模式通常为：掉刀、卡刀、机械手动作不到位或根本无动作，机械手夹持刀柄不稳定甚至产生抖动，机械手臂弯曲或下沉等。

【任务实施】　自动换刀装置常见故障排除

1. 故障原因

1）刀库、机械手的机械结构复杂。刀库、机械手是机、电、液、气相结合的部件。机构越复杂，发生故障的隐患可能越多。经分析可知，直接由机械零件失效造成的故障并不多，机械部件的故障大部分是由于非机械因素造成的，大多数与电气控制与反馈、动力、液压、气动元件等有关。

2）刀库、机械手的定位精度要求高，刀具不到位、不回零的现象占很大比例。

3）位置开关故障。换刀机构的工作过程是步进式的，即每一动作完成后，均需有反馈信号给数控系统确认，确认后才能开始下一个动作。要避免对换刀位置开关的撞击，应选用可靠性高的开关。在装配、调试时避免开关过压或压不上。

4）掉刀。换刀机械手掉刀，不仅与刀具超重有关，还与提供夹紧力的活动销、锁紧销、弹簧等有关。

2. 维护及故障排除

1）提高传感器、液压元件、气动元件的可靠性。对刀库、自动换刀装置中大量采用的传感器、液压、气动元件的可靠性要予以足够的重视。在日常维护中，一旦发现这些元件有故障苗头就要马上加以处理甚至更换，避免或减少加工过程中可能出现的事故隐患。

2）制订严格的操作规程。选刀时，要制订严格的操作规程，严禁把超重、超长及其他方面不符合要求的刀具装入刀库，以防止机械手换刀时掉刀，或刀具与工件、夹具等发生碰撞；配置刀具时要检查，要确保刀具安装到位且安装牢靠，同时检查刀座上的锁紧是否可靠；在顺序选刀时，一定要严格检查刀具是否按顺序放置，即使采用其他选刀方式，也要确认程序上规定的刀具号与所配刀具是否一致，以免出现错换刀具导致严重事故发生。

3）空运行。工作之前应先对刀库、自动换刀装置进行空运行，以检查各部分工作是否正常。这里特别应说明的是，各行程开关和电磁阀是否能正常动作是非常关键的，在有可能的情况下，应采用非接触式反馈，以避免开关过压或压不上的现象出现。有的加工中心生产厂家，引进机械凸轮曲线代替接触开关发出确认信号，消除了换刀时，刀具不动或动作不到位的故障。

另外，还需检查装置中各液压系统、气动系统的压力是否正常，发现问题尽早处理，以免出现机械手换刀速度过快或过慢的故障。

4）工作前还应仔细检查机械手上的锁紧销、活动锁及各种弹簧是否可靠，如发现有故障或损坏，应及时修理或更换。同时还应检查各动力源与其所带动的零部件连接是否牢靠，如有松动，应及时加以紧固。

发生了故障进行及时的排除固然是必要的，但是，在总结了故障产生的原因后，有目的地预防故障的发生或减少故障发生的次数，也是我们必须要做的。因此，刀库、自动换刀装置故障的诊断、排除一定要建立在有着良好维护措施的基础之上。换言之，必须要把对刀库、自动换刀装置的维护和对其故障的排除结合起来，方能取得良好的效果。

3. 液压、气动系统故障诊断及维修

液压、气动系统是现代数控机床的重要组成部分，各种液压、气动元件在机床工作过程中的状态直接影响着机床的工作状态。因此，液压、气动系统的故障诊断及维护、维修对数控机床的影响是至关重要的。

（1）液压系统　液压系统可能出现的故障是多种多样的，不同的数控机床由于所用的液压装置的组合元件不同，出现的故障也就不同。即使同类数控机床因装配调整等诸多外界因素影响，所出现的故障也各不相同。如有的故障是某一液压元件失灵而引起的，有的故障是系统中各液压元件综合性因素造成的。而机械、电气以及外界因素也会引起液压系统出现故障。

液压系统的故障往往因为液压装置内部的情况观察不到，所以不能像有些机械故障那样一目了然，这就给我们的故障诊断及后续的维修带来了许多的麻烦。但是液压系统中一些带有共性的特点能为我们在进行故障诊断及维护、维修时提供参照。

1）以维护为主，维修为辅。认真加强维护管理工作，尽可能减少设备故障的发生。维护工作就是及时发现一切不利因素，并将它们消除在故障发生之前。

为做好维护工作，通常需根据液压系统的情况和实际经验，制订维护规章，规定各项工作的要求和检修周期，这时通常采用日常维护与定期检查相结合的方法来保证液压系统的工作效能。

对于日常维护，每天都要检查，通过检查，可以及早地发现一些异常现象，如外泄漏、压力不稳定、温升较高、声音异常和油液变色等。同时还应对液压泵起动前后、运转和停止等各种情况进行检查，以便建立起保养维护档案，为日后掌握和分析故障情况积累资料，摸索规律，从而取得解决问题的主动权。

定期需要检查的内容为：规定必须做定期维修的基础零部件，日常检查中发现的不利现象而又未及时排除的，潜在的故障预兆等。这样做好定期检查工作可及早发现潜在故障，及时进行修复或排除，从而有效地提高液压系统的寿命及可靠性。

2）液压系统常见的故障。做好对液压系统的日常维护与定期检查工作，可减少故障发生的次数，但仍然不能完全避免液压系统的故障。这种情况是由液压系统的复杂性所决定的。

① 液压系统外漏。液压系统产生外漏的原因是错综复杂的，主要是由于振动、腐蚀、压差、温度、装配不良等原因造成的。另外，液压元件的质量、管路的连接、系统的设计、使用维护不当也会引起外漏。产生外漏的部位也很多，例如：接头、接合面、密封面以及壳体（包括焊缝）等。外漏是液压系统最为常见，且需认真对待的故障。过去，国产普通机床的外漏现象比较多，人们往往也不把它当成很重要的问题来对待。但现在，对机床尤其是数控机床的要求有了很大的提高，外漏不仅会影响机床的外在形象，严重的还会直接影响机床的使用，所以必须杜绝。

排除此类故障通常采用提高几何精度，降低表面粗糙度和加强密封的方法。这里面尤其要注意容易被人们忽视的管接头漏油，该情况约占漏油故障比例的30%～40%。无论采用何种形式的管接头，都要确保其密封面能够紧密接触，且紧固螺母和接头上的螺纹要配合适当，然后再用合适的扳手拧紧，还要防止拧得过紧而使管接头损坏。另外，元件接合面间、液压控制阀、液压缸等的漏油多数情况是由于密封装置因设计、加工、装配、调整时的不正确导致密封装置失效或受损造成的。解决这些故障的最有效的办法就是严格检查各处的密封装置，发现失效要及时更正，发现密封件破损要及时更换，这样才能防止漏油情况的发生。

② 液压系统压力提不高或建立不起压力。产生该类故障的主要原因是系统压力油路和回油路短接，或者有较严重的泄漏；也可能是液压泵本身根本无压力油输入液压系统或压力不足；或者是电动机方向反转、功率不足以及溢流阀失灵等因素。

排除该故障可采用下列方法：对照元件仔细检查进、出油口的方位是否接错、管路是否接错、电动机旋转是否反向；检查各元件（尤其是液压泵）有否泄漏，紧固各连接处，严防空气混入，如元件本体有砂眼等缺陷影响元件正常工作，应立即更换；对于磨损严重的元件应进行修整，当杂质微粒卡住元件时应进行清洗或更换；检查压力表或压力表开关是否堵塞，如堵塞应进行清洗，以防系统中的压力不能正常反映。

③ 噪声和振动。液压系统的噪声和振动也是较常见的故障之一，这一类故障可使人大脑疲劳，影响液压系统的工作性能，降低液压元件寿命，严重的还会影响工件的加工精度，降低生产率，甚至使机床及部件加速变形、磨损和损坏。

这类故障的产生原因有多种，较常见的为：各种液压元器件的间隙因磨损增大后，导致高、低压油路互通，引起压力波动、油量不足，发出噪声；各液压元件精度不高，密封不严，产生漏气现象或油液中混入的空气析出形成空穴现象，工作油液不清洁，有杂质混入液压元件，使元件内零件运动不灵活而产生噪声以及电动机与液压泵连接时所产生的松动、碰撞等造成的振动；电动机由于动平衡不良或轴承损坏等产生的振动等等。

其解决办法为：及时修复、配换液压元件中有关零件；认真检查液压元件（尤其是液压泵）的接合面是否牢靠，密封件有否损坏，进出油口管接头是否拧紧；在管路安排上，使进、回油管尽可能相距远一些，同时避免液压油回油飞溅产生气泡；及时清洗各元件中的杂质，更重要的是努力提高油液的清洁度，使各种液压元件运动灵活，以此来消除噪声或将噪声减小。另外，努力提高零件的加工精度，使电动机主轴与液压泵传动轴的同轴度尽可能提高；将电动机主轴、转子、风扇等旋转件一同进行动平衡，并检查轴承精度；在电动机机座与机床接触处加垫等措施可有效地减少振动的发生。

④ 油温过高。数控机床的各种液压系统在使用过程中都是以油液作为工作介质传递动力和动作信号的。在传递过程中，由于油液沿管道流动或流经各种阀时而产生压力损失，以及整个液压系统如液压泵、液压缸、液压马达等的相对运动零件间的摩擦阻力而引起的机械损失和油泄漏等损耗的容积损失，组成了总的能量损失。这些能量损失转变为热能，使油温升高。

油温升高到超过一定的限度，将会给数控机床的正常工作带来极为恶劣的影响。如机床热变形将破坏数控机床的精度，影响加工质量；使油的物理性能恶化，油液变质产生氧化物杂质，堵塞液压元件间的配合间隙或缝隙，甚至会使热膨胀系数不同的零件配合间隙变小而卡住，从而丧失正常工作能力；也可能使零件配合间隙增大及油的黏度降低，致使泄漏增加，从而降低工作速度，造成工作速度不稳定，降低工作压力而影响切削力和夹紧力等。

引起油温过高的因素很多，最主要的是液压系统在工作时及工作过程中大量的油液由压力阀流回油箱，从而使压力变为热能。

排除因油温过高而引起的故障的办法如下。

1) 在选用液压元件时，应合理选用相应的泵、阀等元件，使其规格尽量合适，尽量采用简单的回路，使系统中无多余元件，这样就可避免因能量损失过大而引起的发热。

2) 优化液压系统的设计，在压力超高时系统能自动卸荷，使非工作过程中的能量损耗尽量减小；在管路布置时，尽量减少弯管，缩短管道长度，减少管道截面突变等。有条件时应定期进行保养、清洗，经常保持管道内壁光滑，合理选择油液的黏度和品质。

3) 在制造加工时，应努力提高相对运动件的加工精度和装配质量，改善其润滑条件；改善油箱的散热条件，有效地发挥箱壁的散热效果；适当地增加油箱的容积，适时采取强制冷却的办法等。

（2）气动系统　气动系统在现代数控机床上的应用是较为普遍的。如对工件、刀具定位面（如主轴锥孔）和交换工作台的自动吹屑，封闭式机床安全防护门的开关，加工中心上机械手的动作和主轴松开刀柄等都离不开气动系统。因此，气动系统的故障诊断及排除对于数控机床能否正常工作将起到非常重要的作用。

1) 日常维护与定期检查。

① 注意压缩空气的质量。压缩空气因种种原因含有水分、油分、粉尘等污染物，而这些污染物是造成气动元件及其系统产生故障的主要原因。据有关资料介绍，采用气压传动操作的系统中故障有50%属于气动回路，25%属于气动元件，而这中间，因压缩空气质量造成的故障占90%。因此，为保证各类气动元件以及系统、设备能正常运转，需对压缩空气进行净化处理，处理后的压缩空气应满足数控机床的使用要求。

具体指标为：压缩空气中污染物的排除能力达到固体颗粒在 $0.3\mu m$ 以下，滤油、滤水在99.9%以上。

② 确保气动系统密封良好。气动系统的密封直接关系到气动元件的性能水平、可靠性、质量好坏和寿命等，是至关重要的。在工作过程中，要严禁漏气现象发生，如有漏气不仅会增加能量的消耗，也会导致供气压力的下降，甚至造成气动元件工作失常。所以日常工作时

应经常检查各元件是否有泄漏现象（尤其是用得最多且最易出泄漏故障的各种管接头），如发现此现象应查清原因，马上采取解决措施。

③ 采取合适的降噪措施。由于气动元件排气噪声大，在工作时，均应采用相应的降噪措施，通常是根据数控机床对噪声的要求和排气管径的大小来选择合适的消声器。

④ 对气动系统的管路进行点检，对各气动元件进行定检。点检的主要内容是对冷凝水和润滑油的管理。即每当气动装置运行结束后，就应开启放水阀门将冷凝水排出，尤其当环境温度低于0℃时，为防止冷凝水冻结，更应重点执行此规程。另外，应注意检查油雾器中油的质量和滴油量是否符合要求，注意经常补充润滑油。

定检时应重点检查各气动元件是否能正常工作，有无泄漏现象，动作是否灵敏，润滑是否良好。同时还应检验测量仪表、安全阀和压力继电器等的动作是否可靠，表上显示数据是否在规定范围内等。

2）常见的故障。

① 执行元件的故障。对于数控机床而言，较常用的执行元件是气缸，气缸的种类很多，但其故障形式却有着一定的共性。主要是气缸的泄漏；输出力不足，动作不平稳；缓冲效果不好、负载过大造成的气缸损伤等。

产生上述故障的原因有以下几类：密封圈损坏、润滑不良、活塞杆偏心或有损伤；缸筒内表面有锈蚀或缺陷，进入了冷凝水杂质，活塞或活塞杆卡住；缓冲部分密封圈损坏或性能差，调节螺钉损坏，气缸速度太快；由偏心负载或冲击负载等引起的活塞杆折断。

排除上述故障的办法通常是在查清了故障原因后，有针对性地采取相应措施。常用的办法有：更换密封圈，加润滑油，清除杂质；重新安装活塞杆使之不受偏心负荷；检查过滤器是否工作正常，如有损坏要更换；更换缓冲装置调节螺钉或其密封圈；避免偏心载荷和冲击载荷加在活塞杆上，在外部或回路中设置缓冲机构。在采用这些办法时，有时要多管齐下才能将同时出现的几种故障现象消除。

② 控制元件的故障。数控机床所用气动系统中控制元件的种类较多，主要是各种阀类，如压力控制阀、流量控制阀和方向控制阀等。这些元件在气动控制系统中起着信号转换、放大、逻辑程序控制作用以及压缩空气的压力、流量和流动方向的控制作用，对可能出现的故障进行诊断及有效的排除是保证数控机床气动系统能正常工作的前提。

在压力控制阀中，减压阀常见的故障有：二次压力升高、压力降很大（流量不足）、漏气、阀体泄漏、异常振动等。

造成这些故障的原因有：调压弹簧损坏，阀座有伤痕或阀座橡胶有剥离，阀体中进入灰尘，阀活塞导向部分摩擦阻力大，阀体接触面有伤痕等。排除方法较为简单，首先是找准故障部位，查清故障原因，然后对出现故障的地方进行处理。如将损坏了的弹簧、阀座、阀体、密封件等更换；同时清洗、检查过滤器，不再让杂质混入；注意所选阀的规格，使其与系统要求相适应等。

安全阀（溢流阀）常见的故障有：压力虽已上升但不能正常溢流，压力未超过设定值却溢出，有振动发生，从阀体和阀盖向外漏气。

产生这些故障的原因多数是由于气阀混入杂质或异物，将孔堵塞、阀的移动零件卡死；调压弹簧损坏，阀座损伤；膜片破裂，密封件损伤；压力上升速度慢，阀放出流量过多引起振动等。解决方法也较简单，将破损了的零件、密封件、弹簧进行更换；注意清洗阀内部，微调溢流量使其与压力上升速度相匹配。

流量控制阀较为简单，即使用节流阀控制流量，如出现故障可参考前面所述进行解决。

方向控制阀中以换向阀的故障最为多见、典型。常见故障：换向阀不换向、阀泄漏、阀振动等。造成这些故障的原因如下：润滑不良，滑动阻力和始动摩擦力大；密封圈压缩量大或膨胀变形；尘埃或油污等被卡在滑动部分或阀座上；弹簧卡住或损坏；密封圈压缩量过小或有损伤；阀杆或阀座有损伤；壳体有缩孔；压力低（先导式）、电压低（电磁阀）等。其解决办法也很简单，即针对故障现象，有目的地进行清洗，更换破损零件和密封件，改善润滑条件，提高电源电压、提高先导操作压力。

任务5　数控机床的安装及精度检查

【任务描述】

随着数控机床在工业生产中的广泛应用，数控机床安装与验收成为设备维修管理人员的日常工作。了解数控机床安装与验收知识，掌握数控机床精度检查技能可更好地为企业技术改造服务。

【任务分析】

1）数控机床采购。

2）数控机床安装。

3）数控机床精度检查。

【知识准备】

1. 数控机床采购

数控机床采购是一项较为复杂的工作，需要根据企业生产或技术改造的需要，确定典型零件（加工对象不固定时，结合企业技术发展情况，将可能采用该设备加工的所有零件的材料、形状、尺寸、公差要求的典型反映）或直接根据工艺要求，提供零件工序图样，咨询数控机床制造企业，按下列原则，选购数控机床。

（1）工艺适应性原则　工艺适应性原则主要指所选用的数控设备功能必须适应被加工零件的形状尺寸、尺寸精度和生产节拍等要求。

形状尺寸适应性。所选用的数控设备必须能适应被加工零件合理群组的形状尺寸要求。这一点应在被加工零件工艺分析的基础上进行，这里要注意的是防止由于冗余功能而付出昂贵的代价。

加工精度适应性。所选择的数控设备必须满足被加工零件群组的精度要求。为了保证加工精度满足要求，必须保证生产厂家给出的数控设备精度指标有三分之一的储备量。但要注意不要一味地追求不必要的高精度，只要能确保零件群组的加工精度就可以了。在考察数控设备给出的精度指标时，要注意采用的是什么标准。国际上常用的精度标准有 ISO、JIS、ASME 和 VDI（分属于国际、日本、美国和德国），此外还有中国的 GB 和英国的 BS。

生产节拍适应性。根据加工对象的批量和节拍要求来决定是用一台数控设备来完成加工，还是选择几台数控设备来完成加工，或者是选择柔性单元、柔性制造系统来完成加工，或者是选择柔性生产线、专用机床和专用生产线来完成加工。数控设备的最大特点是具有柔性化和灵活性，最适合轮番生产和产品更新换代快的要求。如果产品生命周期较长且批量大，选用专机、专线来保证生产率和生产节拍要求也许更为合理。选用数控设备还要注意上下工序间的节拍协调一致，要注意外部设备的配置、编程、操作、维修等支撑环境。如果它们都不能协调运行，再好的数控设备也不能很好地发挥作用。

（2）市场占有率原则　市场占有率高的数控设备说明是旺销产品，已受到多数用户的青睐和肯定，一般不会有太多质量低劣的情况。市场占有率高的旺销数控设备必须是批量产品，其设计结构和工艺基本上是经过多次修改和考验的，应该是比较成熟的产品，产品质量应该能得到保证。

（3）可靠性原则　数控设备的可靠性是广大数控设备用户特别关心的焦点问题，因此在选用数控设备时必须认真对待。数控设备是否经过可靠性考核，是否达到国家规定的平均无故障时间标准。

（4）优化配置原则　数控设备的配置既要满足被加工零件的功能要求，又要保证质量稳定可靠，还要做到经济合理。机械结构是否经过优化设计，结构是否合理，是否有足够的刚性和稳定性，是否选用了优质材料和有效的工艺处理，以保证其稳定性，对这些应进行考察。应要求数控设备生产厂家提供各种关键配套产品的配置清单及其生产厂家（附在合同后），防止数控设备生产厂家以次充好，影响整机质量。配套产品应从国内外著名厂家批量生产的优良产品中选用，特别是数控系统、进给伺服系统、主轴驱动系统、主轴和滚珠丝杠用轴承、滚珠丝杠系统、PC及电气件、液压件等，必须选择好的批量生产的配套产品。

（5）维修备件供应原则　对于进口数控设备来讲，用户经常遇到维修备件供应难的问题。要么是供应渠道不畅，供应时间周期长，要么是原来的备件已淘汰，厂家专门做此种备件价格十分昂贵，要么就是无法弄到。解决的办法应考虑以下情况：第一，在订货时对于关键易损件要同时订购维修备件；第二，供应商能通过中国备件保税库供应备件，可随时选购；第三，供货商应保证备件淘汰后能以合理的价格提供功能代替备件或原设计采用的备件，否则造成的损失也是可观的。

（6）质量保证原则　选用数控设备时，不但要考核数控设备本身的质量，还要考核数控设备生产企业质量保证体系的完善性和可信性。考核数控设备整机生产企业是否通过ISO 9000有关标准的认证。因为，是否通过ISO 9000有关标准的认证，对于企业产品的质量保证的差别是很大的。通过认证，在质量管理和质量保证物质条件上都会全面得到保证。考核数控设备整机生产企业质量体系的运行情况。选择重大昂贵数控设备时应该由数控设备用户的技术专家和自己企业的质量管理人员共同到数控设备生产厂进行实地考察。考核数控设备整机生产企业的分承包方，即数控设备配套产品生产企业是否通过ISO 9000有关标准的认证，所需配套产品应该从通过ISO 9000标准认证的企业中选配。考核数控设备生产企业工艺装备水平。工艺装备是保证产品质量的重要物资手段。派驻质量监察员。对于重大昂贵的成套数控设备，在选定生产企业后，必要时可派有经验的质量管理专家以质量监察员的身份进驻该企业，对重点关键质量环节进行监察，以保证制造质量，避免造成损失。

（7）维修服务网络原则　在选择数控设备时，一定要考核数控设备生产企业及其配套产品生产企业的售前和售后服务网络是否健全，服务队伍的素质是否能胜任工作，服务能否及时，是否能履行承诺。这一点非常重要，不容忽视，应该在合同条款中加以明确，并规定索赔事项。对于在中国没有维修服务网点，或者虽然有维修网点，但形同虚设不起作用的企业，原则上是不能订货的。

（8）避免风险原则　避免技术性风险，对一技术复杂而昂贵的数控设备，选用时应采取交钥匙工程的方法签署技术合同和商务合同。要求订货前做工艺设计、动态模拟仿真或实际切削实验，订货时要求供应商提供全套工艺及刀具，到货后要求负责安装调试，要求负责操作人员的编程、操作和维护的培训，要求负责典型加工零件的试切，直以全部满足用户零件加工要求和生产节拍要求以及稳定用于生产为止（批量大、精度要求高时，要进行工艺能力考核，使工序能力指数 $CP > 1.33$）。

（9）环保安全原则　数控设备也有漏油、漏水、漏气的现象，这会污染环境和造成浪费，应该坚持标准，严格要求，对于工艺过程材料，如果含有对人身有害的物质，则不应该超标。目前，我国已开始对企业进行环保标准认证，通过此项认证的企业，也应该成为我们订货时优先选择的企业。数控设备配套的电气产品往往都有安全要求，这些产品要达到安全标准，最好能通过安全认证。

（10）科学验收原则　常常发现一些企业，可以以昂贵的代价购买数控设备，而不肯花钱请权威机构进行品质验收。有的外商就抓住了这个弱点，或者以次充好，或者发出他们的不合格品给中国的用户。而中国用户又没经过权威机构进行科学严格的验收，让他们蒙混过关，当用户发现时也过了索赔期，造成企业重大财产损失。除了请权威机构进行科学的、严格的验收外，还要明确拟定试验的生产零件和批量，以便实地考核数控设备的质量和工艺适应性。

（11）性能价格比原则　数控设备的价格主要取决于技术水平的先进性，质量和精度的好坏，配置的高低以及质量保证费用等。对数控设备的价格必须进行综合考虑，不要一味追求低价格。但也要防止价格上的欺骗，出了高价而没有买到好的产品；或者是买的设备水平、质量都不错，但却不值那么多钱。要货比三家，比产品水平、比质量、比配置、比功能、比运行费用，最后再比价格，才能买到性能价格比合理的数控设备的。招标采购也要采用货比三家的选购办法，要按照性能价格比的原则进行评标。

2. 数控机床安装

数控机床的安装是按合同要求，由制造企业提供安装资料，在制造企业技术人员指导进行的技术工作。

（1）熟悉设备施工的图样，了解设备的工作性能　数控机床在安装前，有关人员要仔细审阅被安装机械设备的图样，了解其工作性能和安装要求。

1）大型数控机床在安装时，一般是以组件或部件形式运到安装现场。在审阅图样时，要了解设备零部件间的装配关系，确定安装方案和装配质量要求。

2）掌握机械设备的长、宽、高尺寸以及中心标高，再根据其附属设备，确定设备的安装空间。

3）根据设备图样、设备安装图样和设备实物进行核对。其主要内容是：

① 安装图样的地脚螺栓孔是否与设备底座的安装孔一致。

② 安装图样中的轴承座预埋位置的中心距、中心标高与设备主轴的中心距、中心标高。

③ 土建部门提供的安装图样是否能保证设备的组装，是否有足够的安装空间。

④ 附属设备的安装位置是否符合设备的运转要求。

⑤ 安装图样中管道、电缆沟等是否与设备的接口一致。

4）根据设备的图样、结构特点、总体尺寸等技术参数，讨论和初定安装工序和安装进度。

5）根据设备的结构和总体尺寸，初步确定设备运输方案。

（2）设备开箱检查　设备到货后，设备管理部门要严格进行验收工作，主要内容有：

1）设备技术文件是安装工作的重要技术资料，要送交档案部门归档。

2）安装箱清单，检查设备组件、部件的数量和规格，特别要防止设备装箱错误，专用工具、特制螺栓等要严格检查。否则很可能在安装时，因缺少一个特制螺栓而影响安装进度。

3）设备的部件在运输或保管中是否有碰伤、锈蚀等现象，发现后要及时处理或与制造厂家协商处理方案。大型设备的缺陷处理需要较长时间，处理不及时将影响安装工期。

4）设备开箱后，应对零部件、附件、附属材料和工具进行编号分类，要有专人妥善保管。设备的防护包装，应在施工工序需要时拆除，不得过早拆除或乱拆，致使设备受损。对一时不能进行安装的设备，在检查后，应将箱板重新钉好，或采取其他措施，防止损失和丢失。

5）设备的转动和滑动部件，在防锈油料未清除前，不得转动和滑动；由于检查而除去的防锈油料，在检查后应重新涂上。

6）开箱检查记录要由管理部门认真填写并交档案部门存档，若在开箱检查中，发现设备的规格或性能与订货要求不符，要请技术监督部门检验，出具报告，作为索赔的依据。

（3）编制施工组织设计　负责安装工程的领导和工程技术人员，要结合安装设备的实物，在熟读图样及安装使用说明书的基础上，编写出施工组织设计，并组织安装人员学习，贯彻执行。

施工组织设计的内容主要有：

1）施工程序。数控机床的安装顺序是地基建筑、安装中心线找正、设备部件运输、部件装配、整机装配与调试、设备试运行等，也可根据实际情况或安装工艺、安装设备的不同，采用不同的安装方法。例如，采用设备整体安装法时，可预先进行清洗、装配或试运转，然后安装到地基上。施工程序不是一成不变的，要注意采用先进的安装设备和安装工艺。

2）施工进度表和劳动组织表。工种和工作人员数量可在进度表上列出，也可按工序进度单独列表表示。进度图表是以工期要求和施工程序进行制定的。

确定劳动组织时，要在保证安装质量的前提下，进行平行作业和交叉作业，要注意安装用工特点，防止窝工。

在超高、超宽特大型部件运输安装时，要提前与运输、交通部门协调。

对各工种人员，不但应有人员的数量要求，还必须有安装人员的技术等级要求，如焊接、设备吊装、设备的调试等。

3）分部、分项的工程施工方法及质量要求。质量要求可按制造厂家提供的安装质量标准执行。各部件的安装质量技术标准要有量化指标，并且要有安装记录备查。

4）安装中的安全技术措施及安全规程。数控机床安装是多工种、多工序作业，防火与安全施工是十分重要的。在吊装及易燃易爆环境或在可能有有毒气体泄漏环境中的施工及高空作业和在施工环境下用电（特别是高压）等情况下，设备的搬运必须有严格的施工安全措施。

安全施工措施要依据国家标准和行业标准。施工时要有监测设备，施工单位必须要有专职的安全监察人员和相应的组织机构。

【任务实施】　数控机床验收

1. 开箱检验和外观检查

2. 机床性能及数控功能检验

1）机床性能的验收：主轴、进给、换刀、机床噪声、电气装置、数控装置、气动液压装置、附属装置的运行是否达到设计要求或出厂说明书要求。

以一台加工中心为例，设计一个机床性能测试报告。

2）数控功能的检验：使用考机程序检查系统性能：包括运动指令功能、准备指令功能、操作功能、显示功能等。

编制简单的考机程序、连续运行考机程序，观察并记录数控机床运行情况。

3. 验收时的检验内容

（1）几何精度　精密水平仪及其他检验工具外形图分别如图 7-13、图 7-14 所示。机床精度检查项目及公差要求见表 7-2。

图 7-13　精密水平仪外形图

铸铁方箱　　　　　　　　　直角尺　　　　　　　各种规格镀铬圆柱角尺

各种规格角度的燕尾角尺　　平直度检测可调桥板　　0-6# 的各种规格锥柄检验棒

铣、镗床刀杆　　　　　　　千斤顶　　　　　　　高低规

图 7-14　其他检验工具外形图

表7-2　机床精度检查表

序号	简图	检查项目	公差	实测
G1		a. 纵向导轨在垂直平面的直线度	全长 0.025mm （＋）	
		b. 横向导轨的平行度	0.06mm/ 1000mm	
G2		尾座移动对拖板移动的平行度 a. 在垂直平面内 b. 在水平面内	a. 0.03mm/ 500mm b. 0.025mm/ 500mm	
G3		主轴定心轴颈的径向圆跳动		
G4		主轴锥孔轴线径向圆跳动 a. 靠近主轴端面 b. 距主轴端300mm	a. 0.01mm b. 0.03mm/ 300mm	
G5		主轴轴线对拖板移动的平行度 a. 在垂直平面内（只许向上偏） b. 在水平面内（只许向前偏）	a. 0.02mm/ 300mm b. 0.02mm/ 300mm	
G6		主轴顶尖跳动	0.02mm	

（续）

序号	简图	检查项目	公差	实测
G7		尾座套筒锥孔轴线对拖板移动的平行度 a. 在垂直平面内 b. 在水平面内	a. 0.023mm/200mm b. 0.03mm/200mm	
G8		主轴头与尾座顶尖等高度 （只许尾座高）	0.06mm	
G9		主轴 a. 主轴轴向窜动 b. 主轴轴向圆跳动	a. 0.015mm b. 0.02mm （包括轴向窜动）	
G10		横刀架横向移动对主轴轴线的垂直度	0.02mm/150mm α>90°	
G11		小刀架移动对主轴轴线的平行度	0.04mm	
G12		丝杠的轴向窜动	0.03mm	
P1		精车外圆的精度 a. 圆度 b. 圆柱度	a. 0.015mm b. 0.04mm/300mm	

（续）

序号	简图	检查项目	公差	实测
P2		精车端面的平面度（只许凹）	0.015mm（在 ϕ160mm 直径上）	
P3		精车两顶尖间圆柱试件60°普通螺纹（钢件）	7g	

（2）定位精度及检验

定位精度是指机床各坐标轴在数控装置控制下运动所能达到的位置精度。定位精度决定于数控系统和机械传动误差。定位精度的主要检测内容，有如下几项。

1）各直线运动轴的定位精度和重复定位精度。

2）各直线运动轴机械原点的复归精度。

3）各直线运动轴的反向误差。

4）各回转运动轴（回转工作台）的定位精度和重复定位精度。

5）各回转运动轴原点的复归精度。

6）各回转运动轴的反向误差。

检测工具：双频激光干涉仪（图 7-15）、成组块规、标准刻度尺、光学读数显微镜。

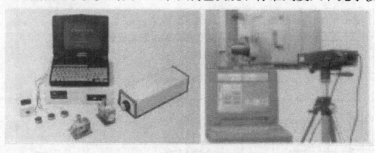

图 7-15　激光干涉仪外形图

重复定位精度指数控机床的运动部件在同样条件下在某点定位时，定位误差的离散度大小。定位精度是系统误差，重复定位精度是随机误差，定位精度包含重复定位精度。重复定位精度是呈正态分布的偶然性误差，它影响一批零件加工的一致性，是反映轴运动稳定性的一个基本指标。

当移动部件从正、反两个方向多次重复趋近某一定位点时，正、反两个方向的平均位置偏差是不相同的，其差值称之为反向差值。

从不同方向趋近某一定位点时，其定位精度和重复定位精度也有所不同。线性轴定位精度公差见表7-3。双向定位精度和双向重复定位精度如图7-16 所示，单向定位精度和单向重复定位精度如图7-17 所示。

表7-3 线性轴定位精度公差   （单位：mm）

序号	检验项目	代号及符号	轴线的测量行程			
			≤500	>500~800	>800~1250	>1250~2000
1	双向定位精度	A	0.022	0.025	0.032	0.042
2	单向定位精度	$A\uparrow$ 和 $A\downarrow$	0.016	0.020	0.025	0.030
3	双向重复定位精度	R	0.012	0.015	0.018	0.020
4	单向重复定位精度	$R\uparrow$ 和 $R\downarrow$	0.006	0.008	0.10	0.013
5	轴线的反向差值	B	0.010	0.010	0.012	0.012
6	平均反向差值	$\bar{B}$	0.006	0.006	0.008	0.008
7	双向定位系统偏差	E	0.015	0.018	0.023	0.030
8	单向定位系统偏差	$E\uparrow$ 和 $E\downarrow$	0.010	0.012	0.015	0.018
9	轴线的平均双向位置偏差范围	M	0.010	0.012	0.015	0.020

注：符号↑表示正向趋近，符号↓表示负向趋近。

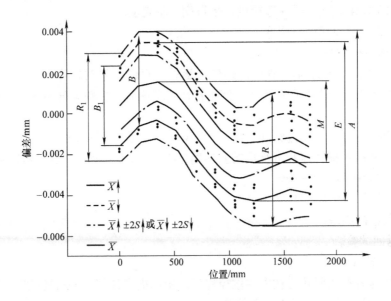

图7-16 双向定位精度和双向重复定位精度

4. 切削精度及检验

机床的切削精度是一项综合精度，切削精度检验可分为单项加工精度检验和加工一个标准的综合性试件精度检验。

卧式加工中心切削精度检验内容如下。

1）镗孔精度 – 圆度、圆柱度。

2）面铣刀加工平面精度 – 平面度、阶梯差。

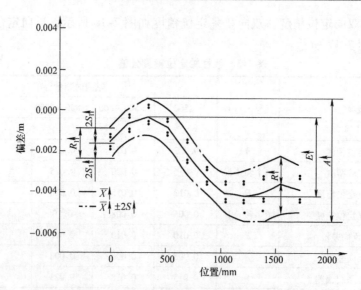

图 7-17　单向定位精度和单向重复定位精度

3）面铣刀加工侧面精度 – 垂直度、平行度。

4）镗孔孔距精度 – X 轴方向、Y 轴方向、对角线方向、孔径偏差。

5）立铣刀加工四周面精度 – 直线度、平行度、厚度差、垂直度。

6）两轴联动铣削直线精度 – 直线度、平行度、垂直度。

7）立铣刀铣削圆弧精度 – 圆度。

5. 数控机床运行试验

1）空运转试验。主运动从低速向高速依次运转，每级运转时间不少于 2min（无级低、中、高），最高转速运行时间不少于 1h，使主轴达热平衡后，主轴温度不超过 60℃，温升不超过 30℃。

进给运动部件低、中、高进给和快速运动平衡可靠，高速无振动，低速时无爬行。

有级传动的各级主轴转速和进给量的实际偏差小于 – 2% ~ 6%，无级变速的各级主轴转速和进给量的实际偏差小于 ± 10%。

2）整机噪声声压级不超过 83dB（A）。

3）最小设定单位试验。

4）原点返回试验。

6. 连续空运转试验

采用包括机床各种主要功能在内的数控程序，操作机床各部件进行连续空运转，时间不少于 48h。运转正常、平稳、可靠，无故障。

7. 机床负荷试验

1）机床承载工件最大重量试验（抽查）。

2）机床主传动系统最大转矩试验。

3）机床最大切削抗力试验（抽查）。

4）机床主传动系统达到最大功率试验（抽查）。

参 考 文 献

[1] 余仲裕. 数控机床维修 [M]. 北京：机械工业出版社，2001.

[2] 夏庆官. 数控机床故障诊断与维修 [M]. 北京：高等教育出版社，2002.

[3] 杨兰. 设备机械维修技术 [M]. 北京：机械工业出版社，2016.

[4] 晏初宏. 机械设备修理工艺学 [M]. 2版. 北京：机械工业出版社，2010.